Schadstoffe im Baubestand

Mit Katalog nach Bauteilen und Gewerken

3., aktualisierte und erweiterte Auflage

mit 339 Abbildungen und 5 Tabellen

+ mit den Tabellen 2.4 und 2.5 zum Download

Dipl.-Ing. Hans-Dieter Bossemeyer
Dipl.-Geol. Stephan Dolata
Dipl.-Geoökol. Olaf Dünger
Dipl.-Ing. Chem. Uwe Schubert (†)
Dr. rer. nat. Dipl.-Chem. Gerd Zwiener

RM Rudolf Müller

Bibliografische Information der Deutschen Nationalbibliothek
Die Deutsche Nationalbibliothek verzeichnet diese Publikation in der Deutschen Nationalbibliografie; detaillierte bibliografische Daten sind im Internet über https://dnb.de abrufbar.

3., aktualisierte und erweiterte Auflage 2025

Maßgebend für das Anwenden von Regelwerken, Richtlinien, Merkblättern, Hinweisen, Verordnungen usw. ist deren Fassung mit dem neuesten Ausgabedatum, die bei der jeweiligen herausgebenden Institution erhältlich ist. Zitate aus Normen, Merkblättern usw. wurden, unabhängig von ihrem Ausgabedatum, in neuer deutscher Rechtschreibung abgedruckt.

Das vorliegende Werk wurde mit größter Sorgfalt erstellt. Verlag, Herausgeber und Autoren können dennoch für die inhaltliche und technische Fehlerfreiheit, Aktualität und Vollständigkeit des Werkes keine Haftung übernehmen.

Wir freuen uns, Ihre Meinung über dieses Fachbuch zu erfahren. Bitte teilen Sie uns Ihre Anregungen, Hinweise oder Fragen per E-Mail: fachmedien.bau@rudolf-mueller.de mit.

Lektorat: Dr. Doris Kliem, Urbach
Umschlaggestaltung: Satz+Layout Werkstatt Kluth GmbH, Erftstadt
Umschlagbild: Foto© Nikolay N. Antonov
Satz: WMTP Wendt-Media Text-Processing GmbH, Birkenau
Druck und Bindearbeiten: Westermann Druck Zwickau GmbH, Zwickau
Printed in Germany

ISBN 978-3-481-04780-1 (Buch-Ausgabe), Produktionscharge *001
ISBN 978-3-481-04782-5 (E-Book als PDF)
ISBN 978-3-481-04781-8 (Buch-Ausgabe + E-Book als PDF), Produktionscharge *001

PEFC
PEFC/04-31-3513
PEFC-zertifiziert
Dieses Produkt stammt aus nachhaltig bewirtschafteten Wäldern, Recycling und kontrollierten Quellen
www.pefc.co.uk

Geleitwort zur 3. Auflage

Die Sanierung und anschließende Wiedernutzung des vorhandenen Baubestandes ist ein wichtiger Beitrag, um den Flächenbedarf bzw. -verbrauch in unseren Städten sowie deren Abfallmengen zu reduzieren.

Werden Abbruch- und Rückbaumaßnahmen im Gebäudebestand durchgeführt, bergen diese mineralische Stoffströme wie Kies, Sand und Zement. Nach den aktuellen Daten des Statistischen Bundesamtes fallen jährlich rund 200 Mio. Tonnen mineralische Bauabfälle aus dem Hoch- und Tiefbau an, darin enthalten sind 122 Mio. t Boden und Steine, 55 Mio. t Bauschutt aus dem Hochbau und 17 Mio. t Straßenaufbruch. Von diesen Mengen wurden im Jahr 2022 188 Mio. Tonnen einer umweltverträglichen Verwertung zugeführt. Somit wurden über 90 Prozent der anfallenden Bauabfälle wiederverwertet. Mit den RC-Baustoffen, die aus den körnigen mineralischen Abfällen aufbereitet wurden, konnten 13,3 Prozent des Bedarfs an primären Gesteinskörnungen ersetzt werden.

In diesem Zusammenhang ist für alle am Bau Tätigen die Zusammensetzung der Materialien aus den Sanierungs-, Abbruch- und Rückbaumaßnahmen relevant. Denn mit dem in den vergangenen Jahrzehnten erfolgten Einsatz von Verbundmaterialien, Porenbeton, Sandwich-Platten, Beschichtungen und nicht abtrennbaren Dämmstoffen etc. wurden teilweise auch, nach heutigem Kenntnisstand, Schadstoffe verbaut. Es bedarf daher eines verantwortungsbewussten Erkennens, Bewertens, Sanierens und Entsorgens von Schadstoffen aus Bauten, Anlagen, Böden und der Umwelt, um diese Schadstoffe dem Wirtschaftskreislauf zu entziehen und nicht durch die Recyclingprozesse anzureichern. Mit der angemessenen Berücksichtigung der Schadstoffe bei Tätigkeiten im Baubestand und beim (Teil-)Abbruch kommen die am Bau Beteiligten ihren rechtlichen Verpflichtungen nach. Die fachgerechte Schadstoffsanierung erfolgt auch im Sinne des Nutzerschutzes bzw. der Sicherung der Gesundheit der (Gebäude-)Nutzer inkl. des Umgebungsschutzes.

Mit diesem Kompendium und dem umfangreichen Bildmaterial wird die Vielfalt der verschiedenen Einbauweisen hervorgehoben. Es werden typische Problemfälle veranschaulicht und die breite Palette der im Bau verwendeten Einsatzstoffe deutlich gemacht. Bereits die zahlreichen Rückmeldungen der Leserinnen und Leser zu den ersten beiden Auflagen des Buches „Schadstoffe im Baubestand“ haben uns immer wieder bestätigt, wie wertvoll die hier veröffentlichten Hinweise und anschaulichen Darstellungen für alle, die im Bauwesen tätig sind – seien es Bauherren, Planer, Architekten, Handwerker, Entsorger oder Mitarbeitende der Aufsichtsbehörden – in der täglichen Praxis sind. Sie bieten erste Ansatzpunkte, um mögliche Schadstoffe im Baubestand zu erkennen.

Mit diesem Wissen und der richtigen Anwendung der auf den aktuellen Stand dargestellten rechtlichen Grundlagen wird der Grundstein gelegt, für eine bewusste Nutzung des wichtigen Baubestandes. Durch gezielte Festlegungen zur Erkundung sowie einen koordinierten Umgang bei Sanierung, Abbruch und Wiederverwertung können Schadstoffe erkannt und gezielt aus dem Wirtschaftskreislauf entfernt werden.

Wir freuen uns sehr, dass das renommierte Autorenteam in enger Zusammenarbeit mit dem Rudolf Müller Verlag das Fachwissen in dieser dritten Auflage erneut aufbereitet, überarbeitet und aktualisiert hat. Besonders schätzen wir auch die Möglichkeit, gemeinsam mit dem Verlag weiterhin das Wissen zum Thema Gebäudeschadstoffe zu verbreiten und zu vertiefen.

Sandra Giern
für den Gesamtverband Schadstoffsanierung e. V.

Geleitwort zur 1. Auflage

Mit Hans-Dieter Bossemeyer, Stephan Dolata, Uwe Schubert und Gerd Zwiener haben sich vier renommierte Sachverständige zu einer Autorengemeinschaft zusammengefunden, ihre Bildarchive gesichtet und die Texte in einem intensiven Arbeitsprozess abgestimmt, um das Wissen und die Erfahrung aus ihrer langjährigen Berufstätigkeit optimal aufbereitet an die Leserschaft weitergeben zu können.

Sie möchten damit gleichermaßen die Spezialisten der Schadstoffsanierungsbranche als auch den weiten Kreis der Betroffenen wie Bauherren, Planer, Handwerker oder Mitarbeiter von Behörden ansprechen.

Die prägnante Darstellung der rechtlichen Hintergründe und Verantwortlichkeiten – in einer Übersichtstabelle sogar auf einen Blick komprimiert – und die kompakte, gleichwohl aber fundierte Beschreibung der wesentlichen Schadstoffe bietet dem Leser eine bestmögliche Orientierung. Schnell und zuverlässig kann er sich zusätzlich im reich bebilderten, nach Gewerken und Bauteilen gegliederten Schadstofffundstellenkatalog informieren.

Zahlreiche Mitglieder des Gesamtverbands Schadstoffsanierung e. V. engagieren sich in einer Vielzahl Gremien zur Richtlinienarbeit und geben ihr Fachwissen auf Konferenzen und Seminaren weiter. Mit der Verlagsgesellschaft Rudolf Müller verbindet uns hier eine langjährige, bewährte Zusammenarbeit, insbesondere als Herausgeber des Fachbuchs „Schadstoffe in Innenräumen und an Gebäuden. Erfassen, bewerten, beseitigen".

Wir freuen uns sehr, dass der Verlag sich dem Thema kontinuierlich und intensiv widmet und wir die Gelegenheit hatten, auch an der Entstehung des vorliegenden Werkes mitzuwirken.

Möge das Buch eine breite Leserschaft finden und allen, die sich mit Schadstoffen im Baubestand auseinandersetzen müssen, eine wertvolle Hilfe sein.

Ganz besonders würde uns freuen, wenn das Buch einen festen Platz in den Bibliotheken der Lehr- und Ausbildungseinrichtungen fände, damit gerade junge Menschen mit der Problematik vertraut werden und in ihrer späteren Arbeit richtig reagieren können.

Die Autorengemeinschaft des Buches richtet ihren besonderen Dank an Frau Brigitte van Eymeren vom Verlag Rudolf Müller, die die Autoren mit ihrer Präsenz und mit großer Geduld von der Idee bis zur Fertigstellung begleitet und unterstützt und damit wesentlich zum Gelingen beigetragen hat. Der Dank gilt auch Herrn Dieter Schlichting, der in bewährter Qualität das Lektorat übernommen hat, und Herrn Stephan Spengler für das gelungene Layout.

Elisabeth Gulich
für den Gesamtverband Schadstoffsanierung e. V.

Hinweis zum Download-Angebot

Für eine Zusammenfassung der Verantwortung aller Beteiligten in den Phasen von Gebäudenutzung, Umbau, Modernisierung und Rückbau, basierend auf den geltenden Rechtsvorschriften, stehen die in Kapitel 2 enthaltenen Tabellen 2.4 und 2.5 (siehe S. 44 und 56) für Buchkäufer auf unserer Plattform **www.baufachmedien.de/schadstoffe-im-baubestand** zum Download bereit. Dort finden Sie die Tabellen zu einer Tabelle zusammengefasst unter „Downloads“.

Inhalt

	Geleitwort zur 3. Auflage	5
	Geleitwort zur 1. Auflage	7
1	**Einleitung**	11
2	**Verantwortung der Beteiligten im Bauablauf und Vermeidung von Risiken**	13
2.1	Der öffentlich-rechtliche Rahmen	13
2.1.1	Bauordnungsrecht	16
2.1.2	Abfallrecht	17
2.1.3	Immissionsschutzrecht	21
2.1.4	Chemikalienrecht	22
2.1.5	Arbeitsschutzrecht	23
2.1.6	„Stand der Wissenschaft und Technik", „Stand der Technik" und „anerkannte Regeln der Technik"	29
2.2	Verantwortung der Beteiligten in den einzelnen Phasen eines Projekts	31
2.2.1	Projektziele des Bauherrn	31
2.2.2	Verantwortung von Eigentümer, Vermieter, Planer und Bauunternehmen	32
2.2.3	Grundlagenermittlung	34
2.2.4	Planung und Genehmigung	36
2.2.5	Ausschreibung und Vergabe	36
2.2.6	Baustellenvorbereitung und -einrichtung	37
2.2.7	Bauausführung	40
2.2.8	Wartung und Instandhaltung	43
2.3	Risikoerkennung und -vermeidung	74
2.3.1	Herstellungs- und Verwendungszeiträume wichtiger Schadstoffe	74
2.3.2	Risikoerkennung	76
2.3.3	Risiken und deren Vermeidung	79
2.3.3.1	Auf die Projektziele nicht abgestimmte Untersuchungen	80
2.3.3.2	Unvollständige Erkundung oder Sanierung aufgrund technischer oder wirtschaftlicher Beschränkungen	80
2.3.3.3	Nicht erkannte Gefährdungen aufgrund fehlender geeigneter Untersuchungsverfahren	81
2.3.3.4	Zu geringe Genauigkeit früherer Analyseverfahren	82
2.3.3.5	Notwendigkeit zusätzlicher Untersuchungen aufgrund neuer Erkenntnisse über das Gefährdungspotenzial eines Schadstoffs	83
2.3.3.6	Verbleiben des Schadstoffs im Gebäude bei Sanierung durch Beschichtung oder räumliche Trennung	83
2.3.3.7	Alterung konservierender Sanierungsmaßnahmen	84
2.3.3.8	Unzureichende Qualität früherer Sanierungen	85

- Grundstücke stillgelegter Anlagen und sonstige Grundstücke, auf denen mit umweltgefährdenden Stoffen umgegangen worden ist (Altstandorte).

Da das Bundes-Bodenschutzgesetz somit vor allem den Schutz des Bodens, einschließlich seiner flüssigen Bestandteile (Bodenlösung) und seiner gasförmigen Bestandteile (Bodenluft) – ohne Grundwasser und Gewässerbetten –, zum Gegenstand hat, liegt es auf der Hand, dass das Altlastenrecht nicht bei Gebäuden anzuwenden ist.

2.1.1 Bauordnungsrecht

Musterbauordnung

Das Bauordnungsrecht liegt in der Kompetenz der Bundesländer, die sich jedoch mit ihren Landesbauordnungen weitgehend an der Musterbauordnung (MBO) der ARGEBAU (Arbeitsgemeinschaft der für Städtebau, Bau- und Wohnungswesen zuständigen Minister und Senatoren der 16 Bundesländer) orientieren. Trotz dieser Orientierung an der MBO kann es in den einzelnen Bundesländern Abweichungen geben, z. B. beim Bestandsschutz oder bezüglich der Notwendigkeit von Genehmigungen für die Beseitigung von baulichen Anlagen (Abbruch/Rückbau).

Die Landesbauordnungen selbst regeln zwar nicht den konkreten Umgang mit Schadstoffen, nehmen aber mit ihrer Forderung, alle relevanten öffentlichen Vorschriften einzuhalten (§ 52 MBO), und mit der Festlegung der wesentlichen Verantwortlichen (§ 52 MBO) eine zentrale Rolle beim Bauen im Bestand ein.

Als **wesentliche Forderungen** im Hinblick auf Schadstoffe legt die MBO fest:

- *„Anlagen sind so anzuordnen, zu errichten, zu ändern und instand zu halten, dass die öffentliche Sicherheit und Ordnung, insbesondere Leben, Gesundheit und die natürlichen Lebensgrundlagen, nicht gefährdet werden.“* (§ 3 Abs. 1 MBO)
- *„Bauliche Anlagen müssen so angeordnet, beschaffen und gebrauchstauglich sein, dass durch Wasser, Feuchtigkeit, pflanzliche und tierische Schädlinge sowie andere chemische, physikalische oder biologische Einflüsse Gefahren oder unzumutbare Belästigungen nicht entstehen.“* (§ 13 Satz 1 MBO)

Es liegt demnach in der Verantwortung des Bauherrn, durch Schadstoffe verursachte Gefährdungen und Belästigungen abzuwenden.

Für die Anwendung der Landesbauordnungen ist es dabei unerheblich, ob es sich um genehmigungspflichtige oder um nicht genehmigungspflichtige Maßnahmen handelt, solange es dabei um die Anordnung, die Errichtung, die Änderung oder die Beseitigung baulicher Anlagen (Abbruch/Rückbau) geht.

Technische Baubestimmungen

Da die zitierten Forderungen der Musterbauordnung auch auf die Instandhaltung anzuwenden sind (§ 3 Abs. 1 MBO), muss der Eigentümer auch während des normalen Betriebes eines Gebäudes Maßnahmen zur Gefahrenabwehr ergreifen. Wichtige Hinweise hierzu liefert die Muster-Verwaltungsvorschrift Technische Baubestimmungen (MVV TB), die mit Änderungen, bzw. in unterschiedlichen Ständen in den jeweiligen Bundesländern umgesetzt wurde. Sie enthält im Abschnitt A 3 Konkretisierungen zum Gesundheitsschutz wie z. B. die Asbest-Richtlinie, PCB-Richtlinie und PCP-Richtlinie. Die Erfüllung der oben zitierten Forderungen der MBO setzt voraus, dass sich der Eigentümer oder der Bauherr umfassend über den Zustand seines Gebäudes im Klaren ist.

Neben der allgemeinen Forderung, alle relevanten öffentlichen Vorschriften einzuhalten, sind insbesondere die eingeführten Technischen Baubestimmungen zu beachten, die damit direkt dem Bauordnungsrecht unterstellt werden. Für den Umgang mit Schadstoffen sind dies u. a. die folgenden Richtlinien:

- Asbest-Richtlinie:
  „Richtlinie für die Bewertung und Sanierung schwach gebundener Asbestprodukte in Gebäuden (Asbest-Richtlinie)" (2020)
- PCB-Richtlinie:
  „Richtlinie für die Bewertung und Sanierung PCB-belasteter Baustoffe und Bauteile in Gebäuden (PCB-Richtlinie)" (PCB-Richtlinie ARGEBAU, 1994)
- PCP-Richtlinie:
  „Richtlinie für die Bewertung und Sanierung Pentachlorphenol (PCP)-belasteter Baustoffe und Bauteile in Gebäuden" (PCP-Richtlinie ARGEBAU, 1996)

Anerkannte Regeln der Technik

Die Schadstoff-Richtlinien sind als Technische Baubestimmungen in fast allen Bundesländern, zum Teil mit Änderungen, eingeführt. Darüber hinaus beziehen sich zahlreiche Bundesländer auch auf die „anerkannten Regeln der Technik" (siehe hierzu auch Kapitel 2.1.6). Für die anerkannten Regeln der Technik gibt es keine verbindliche Zusammenstellung, denn sie betreffen unterschiedliche Sachgebiete und haben nicht in allen Rechtsbereichen die gleiche Bedeutung. Dokumentiert sind die anerkannten Regeln der Technik u. a. in folgenden Regelwerken:

- DIN-Normen (z. B. VOB/C ATV DIN 18448 „Arbeiten an schadstoffbelasteten baulichen und technischen Anlagen" [2023]), VOB/C ATV DIN 18459 „Abbruch und Rückbauarbeiten" [2016])
- Unfallverhütungsvorschriften der Berufsgenossenschaften
- VDI-Richtlinien (z. B. VDI 6202-Reihe mit VDI/GVSS 6202 Blatt 1 „Schadstoffbelastete bauliche und technische Anlagen – Abbruch, Sanierungs- und Instandhaltungsarbeiten" [2013] und Blatt 3 „Schadstoffbelastete bauliche und technische Anlagen – Asbest – Erkundung und Bewertung" [2021])

2.1.2 Abfallrecht

Das **Kreislaufwirtschaftsgesetz** (KrWG) als zentrales Bundesgesetz zum Abfallrecht hat das Ziel, die natürlichen Ressourcen zu schonen, den Schutz von Mensch und Umwelt bei der Erzeugung und Bewirtschaftung von Abfällen sicherzustellen und das Abfallaufkommen erheblich zu reduzieren, insbesondere den Anteil der zu deponierenden Abfälle. Daher wird im Kreislaufwirtschaftsgesetz eine Stufenfolge der Maßnahmen im Umgang

Entsorgung) als Verwendung von Gefahrstoffen im Sinne der Gefahrstoffverordnung anzusehen sind.

Dies betrifft nicht nur Sanierungs- oder Rückbauunternehmen, sondern kann auch für den Handwerker von Bedeutung sein, der Renovierungs- oder Umbaumaßnahmen in einem Gebäude durchführt. Daher ist im Vorfeld die schon in §§ 5 und 6 ArbSchG aufgeführte und in §§ 6 und 7 GefStoffV konkretisierte Gefährdungsbeurteilung vom Auftragnehmer – in seiner Funktion als Arbeitgeber – durchzuführen. Ohne entsprechende Informationen vom Auftraggeber und die darauf aufbauende Gefährdungsbeurteilung ist die Aufnahme der Arbeiten nicht zulässig (§ 7 Abs. 1 GefStoffV). Da bei der Sanierung, beim Umbau und beim Abbruch/Rückbau schadstoffhaltige Materialien neben unschädlichen vorliegen und die Materialien mit unterschiedlichen Schadstoffkonzentrationen im Gebäude vorkommen bzw. bei Arbeiten freigesetzt werden können, sind insbesondere beim Bauen im Bestand und beim Abbruch/Rückbau entsprechende Erfahrungen erforderlich und es bestehen spezifische Anforderungen an die Untersuchung der Materialien und an die Ermittlung der Exposition.

Zur Konkretisierung der Gefahrstoffverordnung wurden die **Technischen Regeln für Gefahrstoffe (TRGS)** erarbeitet. Sofern der Unternehmer die in den TRGS beschriebenen Maßnahmen und Verfahren befolgt, kann er davon ausgehen, dass die Anforderungen der Gefahrstoffverordnung erfüllt sind.

Die Technischen Regeln für Gefahrstoffe geben den Stand der Technik wieder. Sie umfassen 8 Reihen (siehe auch die Website der Bundeanstalt für Arbeitsschutz und Arbeitsmedizin www.baua.de):

Reihe 000	Allgemeines, Aufbau und Beachtung
Reihe 200	Inverkehrbringen von Stoffen, Zubereitungen und Erzeugnissen
Reihe 400	Gefährdungsbeurteilung
Reihe 500	Schutzmaßnahmen bei Tätigkeiten mit Gefahrstoffen
Reihe 600	Ersatzstoffe und Ersatzverfahren
Reihe 700	Brand- und Explosionsschutz
Reihe 800	Brandschutz
Reihe 900	Grenzwerte, Einstufungen, Begründungen und weitere Beschlüsse des AGS [Ausschuss für Gefahrstoffe]

Im Rahmen von Baumaßnahmen im Bestand sind durch den Arbeitgeber, den Unternehmer und den Auftraggeber insbesondere die folgenden TRGS zu beachten:

TRGS 001	Das Technische Regelwerk zur Gefahrstoffverordnung. Allgemeines – Aufbau – Übersicht – Beachtung der Technischen Regeln für Gefahrstoffe (TRGS)
TRGS 201	Einstufung und Kennzeichnung bei Tätigkeiten mit Gefahrstoffen
TRGS 400	Gefährdungsbeurteilung für Tätigkeiten mit Gefahrstoffen
TRGS 401	Gefährdung durch Hautkontakt. Ermittlung – Beurteilung – Maßnahmen
TRGS 402	Ermitteln und Beurteilen der Gefährdungen bei Tätigkeiten mit Gefahrstoffen: Inhalative Exposition
TRGS 500	Schutzmaßnahmen

TRGS 505	Blei
TRGS 517	Tätigkeiten mit potenziell asbesthaltigen mineralischen Rohstoffen und daraus hergestellten Gemischen und Erzeugnissen
TRGS 519	Asbest. Abbruch-, Sanierungs- oder Instandhaltungsarbeiten
TRGS 521	Abbruch-, Sanierungs- und Instandhaltungsarbeiten mit alter Mineralwolle
TRGS 524	Schutzmaßnahmen bei Tätigkeiten in kontaminierten Bereichen
TRGS 551	Teer und andere Pyrolyseprodukte aus organischem Material
TRGS 559	Quarzhaltiger Staub
TRGS 900	Arbeitsplatzgrenzwerte
TRGS 903	Biologische Grenzwerte
TRGS 905	Verzeichnis krebserzeugender, keimzellmutagener oder reproduktionstoxischer Stoffe
TRGS 906	Verzeichnis krebserzeugender Tätigkeiten oder Verfahren nach § 2 Abs. 3 Nr. 4 GefStoffV
TRGS 907	Verzeichnis sensibilisierender Stoffe und von Tätigkeiten mit sensibilisierenden Stoffen

Die Information, ob bei den Arbeiten unter Umständen mit Gefahrstoffen zu rechnen ist, kann nur vom Bauherrn bzw. vom Auftraggeber kommen, denn dieser bringt die entsprechenden Materialien in das Bauvorhaben ein bzw. stellt sie zur Verfügung. Folgerichtig wird er auch in den entsprechenden TRGS (z. B. TRGS 524) im Rahmen der Planung zur Ermittlung, zur Beurteilung sowie zur Erstellung eines Arbeits- und Sicherheitsplans mit Angabe der zu erwartenden Gefährdungen und Gefahrstoffe und der zu ergreifenden Schutzmaßnahmen verpflichtet. Auf dieser Basis kann dann der Auftragnehmer die Gefährdungsbeurteilung durchführen.

Biostoffverordnung

Die Biostoffverordnung (BioStoffV) ist systematisch und inhaltlich der Gefahrstoffverordnung ähnlich. Ziel der Biostoffverordnung ist, die Beschäftigten durch geeignete Maßnahmen vor biologischen Gefährdungen zu schützen.

In Gebäuden können die Beschäftigten z. B. mit Keimen (u. a. in Abwasseranlagen) oder Schimmelpilzen in Berührung kommen. Insbesondere in ungenutzten, länger leer stehenden und nicht mehr gewarteten Gebäudeteilen können sie zudem durch Insekten, Tierkadaver oder Taubenkot Krankheitserregern ausgesetzt sein.

Wesentlich ist hierbei die Unterscheidung zwischen **gezielten Tätigkeiten** und **nicht gezielten Tätigkeiten** nach § 2 Abs. 8 BioStoffV. Bei **Umbau, Sanierung und Abbruch** handelt es sich um **nicht gezielte Tätigkeiten** mit biologischen Arbeitsstoffen. Zunächst muss daher eine Gefährdungsbeurteilung erfolgen (siehe auch bisherige Darlegungen zum Arbeitsschutzgesetz und zur Gefahrstoffverordnung). Dabei kann bei Tätigkeiten, bei denen die sensibilisierenden oder toxischen Wirkungen der Biostoffe im Vordergrund stehen (z. B. Sanierungsarbeiten), auf die formalen Anforderungen zur Klassifizierung der Infektionsgefährdung (Schutzstufenzuordnung) verzichtet werden. Im Rahmen der Gefährdungsbeurteilung sind dann Schutzmaßnahmen nach dem Stand der Technik festzulegen.

Analog den Technischen Regeln für Gefahrstoffe (TRGS) geben die **Technischen Regeln für Biologische Arbeitsstoffe (TRBA)** den Stand der Technik, der Arbeitsmedizin und der Arbeitshygiene sowie anderer gesicherter wissenschaftlicher Erkenntnisse für Tätigkeiten mit biologischen Arbeitsstoffen einschließlich deren Einstufung wieder.

Die Technischen Regeln für biologische Arbeitsstoffe umfassen 6 Reihen (vgl. TRBA 001; siehe auch die Website der Bundeanstalt für Arbeitsschutz und Arbeitsmedizin www.baua.de):

Reihe 001–099	Allgemeines, Aufbau und Anwendung
Reihe 100–299	Tätigkeiten mit biologischen Arbeitsstoffen
Reihe 300–399	Arbeitsmedizinische Vorsorge (keine TRBA seit 2009)
Reihe 400–499	Gefährdungsbeurteilung
Reihe 500–599	Hygiene- und Desinfektionsmaßnahmen
Reihe 600	Beschlüsse des ABAS [Ausschuss für Biologische Arbeitsstoffe] zu Anforderungen bei Tätigkeiten mit biologischen Arbeitsstoffen in besonderen Fällen

Im Rahmen von Baumaßnahmen im Bestand sind durch den Unternehmer und den Auftraggeber insbesondere die folgenden TRBA zu beachten:

TRBA 001	Allgemeines und Aufbau des Technischen Regelwerks zur Biostoffverordnung. Anwendung von Technischen Regeln für Biologische Arbeitsstoffe (TRBA)
TRBA 400	Handlungsanleitung zur Gefährdungsbeurteilung und für die Unterrichtung der Beschäftigten bei Tätigkeiten mit biologischen Arbeitsstoffen
TRBA 500	Grundlegende Maßnahmen bei Tätigkeiten mit biologischen Arbeitsstoffen

Baustellenverordnung

Europaweite Untersuchungen haben ergeben, dass ein wesentlicher Teil der Unfälle am Bau auf Planungsfehler und mangelnde Organisation zurückzuführen ist. Die Baustellenverordnung soll hier Abhilfe schaffen und zu einer wesentlichen Verbesserung von Sicherheit und Gesundheit der Beschäftigten auf Baustellen führen. Dies soll mit einer verstärkten Koordination der Bauabläufe und die frühzeitige Berücksichtigung von Arbeitsschutzbelangen in der Planungsphase erreicht werden. Auch wenn es sich hierbei um eine Verordnung aus dem Arbeitsschutzbereich handelt, verpflichtet sie doch ausdrücklich auch den **Bauherrn** als Veranlasser eines Bauvorhabens zur Einleitung und Umsetzung der baustellenspezifischen Arbeitsschutzmaßnahmen sowohl bei der Planung als auch bei der Ausführung eines Bauvorhabens.

Je nach Umfang und Gefährlichkeit der Arbeiten ist schon in der Planungsphase und/oder in der Ausführungsphase ein **Koordinator** einzubinden. Zu den Aufgaben des Bauherrn/Koordinators gehört dann gegebenenfalls, eine **Vorankündigung** zu verfassen, einen **Sicherheits- und Gesundheitsschutzplan** (SiGe-Plan) zu erstellen und bei Ausführung unter Beteilung mehrerer Unternehmen die Maßnahmen aus Sicht des Arbeitsschutzes zu koordinieren, um gegenseitige Gefährdungen auszuschließen. Unabhängig von der Tätigkeit des Koordinators verbleibt die Verantwortung für die Wahl der ge-

Tabelle 2.1: Verantwortung des Bauherrn gemäß Baustellenverordnung

Baustellenbedingungen		**Vorankündigung (§ 2)**	**Erstellung SiGe-Plan (§ 2 Abs. 3)**	**Bestellung Koordinator (§ 3 Abs. 1)**	**Erstellung Unterlage (§ 3 Abs. 2 Nr. 3)**
Zahl der tätigen Arbeitgeber	**Umfang und Art der Arbeiten**				
1 Arbeitgeber	< 31 Arbeitstage und < 21 Beschäftigte oder < 501 Personentage	–	–	–	–
	< 31 Arbeitstage und < 21 Beschäftigte oder < 501 Personentage **+ gefährliche Arbeiten**	–	–	–	–
	> 30 Arbeitstage und > 20 Beschäftigte oder > 500 Personentage	×	–	–	–
	> 30 Arbeitstage und > 20 Beschäftigte oder > 500 Personentage **+ gefährliche Arbeiten**	×	–	–	–
mehrere Arbeitgeber (gleichzeitig oder nacheinander tätig)	< 31 Arbeitstage und < 21 Beschäftigte oder < 501 Personentage	–	–	×	×
	< 31 Arbeitstage und < 21 Beschäftigte oder < 501 Personentage **+ gefährliche Arbeiten**	–	×	×	×
	> 30 Arbeitstage und > 20 Beschäftigte oder > 500 Personentage	×	×	×	×
	> 30 Arbeitstage und > 20 Beschäftigte oder > 500 Personentage **+ gefährliche Arbeiten**	×	×	×	×

× erforderlich
- nicht erforderlich

eigneten Arbeitsschutzmaßnahmen und die Umsetzung bei den jeweiligen Unternehmen.

Daneben besteht in bestimmten Fällen das Erfordernis zur **Erstellung einer Unterlage**. Ziel dieser Unterlage ist es, die bei gegebenenfalls später durchzuführenden Arbeiten notwendigen Sicherheits- und Gesundheitsschutzmaßnahmen anzugeben. Dazu zählen nicht nur Hinweise auf dauerhafte

Absturzsicherungen auf Dächern oder Sicherheitseinrichtungen zur Fassadenreinigung bei Neubaumaßnahmen, sondern auch Sicherheitsvorkehrungen aufgrund von Schadstoffen, die unter Umständen nach einer Sanierung oder einem Umbau noch im Gebäude verblieben sind (z. B. nach einer Asbestsanierung mit räumlicher Trennung: siehe hierzu auch Kapitel 2.3.3.6), sowie die Kennzeichnung und Dokumentation dieser Stoffe.

Einen Überblick über die sich je nach Projektumfang ergebenden Pflichten für den Bauherrn gibt Tabelle 2.1.

Bei vorhandener Eignung kann die Koordination für die Ausführung des Bauvorhabens an einen Bauleiter oder an einen beauftragten Unternehmer übertragen werden. Voraussetzung hierfür ist jedoch, dass der Bauherr bereits bei der Ausführungsplanung seinen Verpflichtungen gemäß Baustellenverordnung nachgekommen ist und dem/den Unternehmen die notwendigen Vorgaben aus den vorangegangenen Planungsschritten vom Bauherrn lückenlos zur Verfügung gestellt worden sind. Um Interessenkonflikte zu vermeiden, ist es ratsam, Bauleitung und Koordination zu trennen. Nicht zulässig ist es, dem Bauleiter oder einem beauftragten Unternehmer nachträglich alle Pflichten des Bauherrn pauschal zu übertragen (vgl. Antworten auf häufig gestellte Fragen zur BaustellV, www.baua.de).

Regelwerk der Deutschen Gesetzlichen Unfallversicherung

Neben ihrer Versicherungsaufgabe haben die gesetzlichen Unfallversicherungsträger (Deutsche Gesetzliche Unfallversicherung [DGUV]) den Auftrag, ihre Versicherten vor arbeitsbedingten Gesundheitsgefahren und Unfällen zu schützen und nach Eintritt von Arbeitsunfällen oder Berufskrankheiten die Gesundheit und die Leistungsfähigkeit der Versicherten mit allen geeigneten Mitteln wiederherzustellen (Siebtes Buch Sozialgesetzbuch – Gesetzliche Unfallversicherung).

Alle Unternehmen, Betriebe und Verwaltungen sind Pflichtmitglieder, sodass alle Beschäftigten in Deutschland Versicherungsschutz bei Arbeitsunfällen und Berufskrankheiten genießen. Finanziert werden die Unfallversicherungsträger und damit auch die Versicherungsleistungen bei einem Arbeitsunfall oder bei einer Berufskrankheit grundsätzlich über Beiträge der Arbeitgeber, die dadurch in ihrem Haftungsrisiko entlastet werden.

Zur Erfüllung ihrer Aufgaben haben die Unfallversicherungsträger/Berufsgenossenschaften ein Regelwerk geschaffen, das von den Mitgliedern/Unternehmen zu beachten ist und die staatlichen Vorschriften konkretisiert und ergänzt. Zu unterscheiden sind dabei 4 Kategorien:

- DGUV Vorschriften (rechtsverbindlich für die Mitglieder)
- DGUV Regeln (Stand der Technik)
- DGUV Informationen (erläuternde Fachinformationen)
- DGUV Grundsätze (Verfahrensmaßstäbe)

Umfangreiche Informationen zum DGUV-Regelwerk, in das das frühere Berufsgenossenschaftliche Regelwerk (BGR) am 1. Mai 2014 überführt wurde, werden auf der Website der DGUV www.dguv.de zur Verfügung gestellt.

Für den Umgang mit Schadstoffen sind u. a. die folgenden Regelungen der DGUV von Bedeutung:

- DGUV Vorschrift 1 Grundsätze der Prävention
- DGUV Regel 100-001 Grundsätze der Prävention
- DGUV Regel 101-004 Kontaminierte Bereiche
- DGUV Regel 101-603 Branche Abbruch und Rückbau
- DGUV Regel 112-189 Benutzung von Schutzkleidung
- DGUV Regel 112-190 Benutzung von Atemschutzgeräten
- DGUV Information 201-012 Emissionsarme Verfahren nach TRGS 519 für Tätigkeiten an asbesthaltigen Materialien
- DGUV Information 201-028 Gesundheitsgefährdungen durch Biostoffe bei der Schimmelpilzsanierung
- DGUV Information 201-031 Gesundheitsgefährdungen durch Taubenkot

2.1.6 „Stand der Wissenschaft und Technik", „Stand der Technik" und „anerkannte Regeln der Technik"

Die „anerkannten Regeln der Technik" werden häufig mit dem „Stand der Technik" sowie dem „Stand der Wissenschaft und Technik" verwechselt. Diese Begriffe habe jedoch unterschiedliche Bedeutung (Abb. 2.4; vgl. hierzu auch Anerkannte Regeln der Technik, 2013; Seibel, 2013; Stand der Technik, 2013).

Als **Stand der Wissenschaft und Technik** (höchste Technikklausel) gelten technische Regeln, die wissenschaftlich richtig und unanfechtbar sind und dem jeweils aktuellen Stand der Erkenntnisse aus Forschung und Wissenschaft entsprechen.

Als **Stand der Technik** (zweithöchste Technikklausel) gelten Regeln, die den entsprechend ausgebildeten Fachleuten bekannt, ebenfalls wissenschaftlich richtig und unanfechtbar sind. Der Begriff „Stand der Technik" soll sicherstellen, dass es zum Einsatz der besten verfügbaren Technik kommt. Zu diesen Regeln zählen die

- TRGS (Technische Regeln für Gefahrstoffe) und die
- TRBA (Technische Regeln für Biologische Arbeitsstoffe).

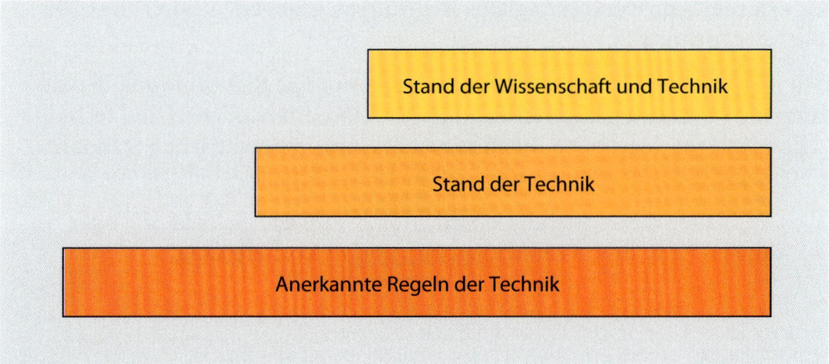

Abb. 2.4: Stufen der verschiedenen Technikklauseln

Als **anerkannte Regeln der Technik** (auch als „allgemein anerkannte Regeln der Technik“ bezeichnet) gelten Regeln, die sowohl die Voraussetzungen für eine Einstufung als „Stand der Wissenschaft und Technik“ als auch für eine Einstufung als „Stand der Technik“ erfüllen und sich zudem über einen ausreichend langen Zeitraum bewährt haben. Beschrieben sind die anerkannten Regeln der Technik u. a. in

- den DIN-Normen,
- den Unfallverhütungsvorschriften und
- den VDI-Richtlinien.

Die anerkannten Regeln der Technik beschreiben das Verhalten im Normalfall und gelten als der Sollzustand einer vertraglichen Leistung.

Neben den oben genannten Unfallverhütungsvorschriften sind vor allem die **DIN-Normen** und die **VDI-Richtlinien** für den Umgang mit Schadstoffen von Bedeutung.

In den **DIN-Normen** ist u. a. geregelt, dass Schadstoffe im Untergrund, im Grundwasser oder in Bauteilen dem Verantwortungsbereich des Bauherrn zuzuordnen sind und alle Maßnahmen im Zusammenhang mit diesen Schadstoffen als „Besondere Leistungen“ anzusehen sind. Damit wird der Bauherr neben der ordnungsrechtlichen Verantwortung auch im vertragsrechtlichen Sinne in die Verantwortung genommen und dem Unternehmer ein zusätzlicher Vergütungsanspruch eingeräumt (vgl. VOB/C ATV DIN 18299, Abschnitt 3.3, sowie VOB/C ATV DIN 18448 und VOB/C ATV DIN 18459).

Die **VDI-Richtlinien** regeln u. a. Untersuchungsmethoden und Analyseverfahren. Die hier wichtigste zu nennende VDI-Richtlinie ist die VDI/GVSS 6202 Blatt 1, die den Umgang mit Schadstoffen bei Abbruch-, Sanierungs- und Instandhaltungsarbeiten in baulichen und technischen Anlagen regelt. Sie gilt für das Entfernen, das Beschichten und das räumliche Trennen von Schadstoffen sowie für die Bereitstellung und die Übergabe der hierbei anfallenden Abfälle zur Entsorgung.

In der VDI/GVSS 6202 Blatt 1 werden die wesentlichen Aspekte für den Ablauf der Schadstoffsanierung – von der Erhebung bis zur Entsorgung – dargelegt. Ergänzend zu den Regelungen der Vergabe- und Vertragsordnung für Bauleistungen, Teil B und Teil C (VOB/B, VOB/C), werden Empfehlungen für erforderliche werkvertragliche Regelungen gegeben (VDI/GVSS 6202 Blatt 1, Abschnitt 1).

Mit der VDI 6202 Blatt 3 liegt eine weitere wichtige Richtlinie vor, die die spezielle Erkundung und Bewertung von Asbest in baulichen und technischen Anlagen regelt. Die Richtlinie stellt einen systematischen Standarduntersuchungsumfang mit einer spezifischen Aussagesicherheit vor.

Weitere Blätter dieser Richtlinienreihe für spezifische Schadstoffe oder Anwendungen (z. B. Brandschutzklappen) sind in Vorbereitung.

2.2 Verantwortung der Beteiligten in den einzelnen Phasen eines Projekts

Als Veranlasser von Bau- oder Sanierungsmaßnahmen kommt dem Bauherrn gemäß Musterbauordnung (MBO) die Hauptverantwortung zu:

„Bei der Errichtung, Änderung, Nutzungsänderung und der Beseitigung von Anlagen sind der Bauherr und im Rahmen ihres Wirkungskreises die anderen am Bau Beteiligten dafür verantwortlich, dass die öffentlich-rechtlichen Vorschriften eingehalten werden.“ (§ 52 MBO)

Den vom Bauherrn hinzugezogenen Erfüllungsgehilfen, wie Planer (§ 54 MBO), Unternehmer (§ 55 MBO) sowie Bauleiter (§ 56 MBO), wird im Rahmen ihrer Aufgabenbereiche eine eingeschränkte Verantwortung zugewiesen. Daraus darf jedoch nicht geschlossen werden, dass die anderen am Bau Beteiligten immer nur eine untergeordnete Verantwortung haben, denn neben den bauordnungsrechtlichen Bestimmungen ergeben sich auch Pflichten aus anderen Bestimmungen, wie z. B. die Unterweisung der Mitarbeiter sowie die Wahl der geeigneten Arbeitsverfahren zusammen mit der Gestellung der Arbeitsschutzeinrichtungen und -ausrüstung gemäß Gefahrstoffverordnung.

Im Folgenden steht die Frage im Mittelpunkt, wann für wen Handlungsbedarf besteht. Zu klären sind hierfür zunächst die **Projektziele** (und damit die Motivation) des Bauherrn/Auftraggebers. Die Erfahrung zeigt oft, dass die Ziele nicht hinreichend definiert sind und nicht alle Beteiligten die gleichen Ziele vor Augen haben oder die Ziele – mit oder ohne Wissen der übrigen Beteiligten – im Laufe eines Projekts geändert werden. Der Grund für solche Änderungen liegt häufig darin, dass nicht alle Bedürfnisse des Bauherrn oder Nutzers berücksichtigt wurden, die Rahmenbedingungen nicht hinreichend geklärt waren oder Informationen über den Zustand des Objekts fehlten bzw. unzureichend waren. Nicht selten wird so aus einer Renovierung eine umfangreiche Grundinstandsetzung/Modernisierung und in manchen Fällen sogar ein Abbruch.

Am Ende dieses Kapitels 2.2 sind die Pflichten der Beteiligten während der Gebäudenutzung und in den einzelnen Phasen von Umbau, Modernisierung und Abbruch/Rückbau in Tabelle 2.4 und 2.5 im Überblick zusammengefasst.

2.2.1 Projektziele des Bauherrn

Da sich mit veränderten Projektzielen auch die Aufgaben und Anforderungen an die Beteiligten deutlich ändern, sollte im Vorfeld eine Bedarfsplanung erfolgen und die Ziele sollten vom Bauherrn klar definiert sowie regelmäßig überprüft und abgestimmt werden. Mögliche alternative Ziele sollten ebenfalls berücksichtigt werden. Dies erfordert eine eindeutige Projektstruktur und Koordination.

Die Darstellung in Abb. 2.5 gibt eine Übersicht möglicher Projektziele des Bauherrn/Auftraggebers.

Je nach Projektziel ergeben sich für die Umsetzung unterschiedliche Akteure, die am Vorhaben beteiligt sein können, wie z. B. der aktuelle Eigentümer, der Vermieter, der Mieter, der Arbeitgeber der im Objekt beschäftigten Mit-

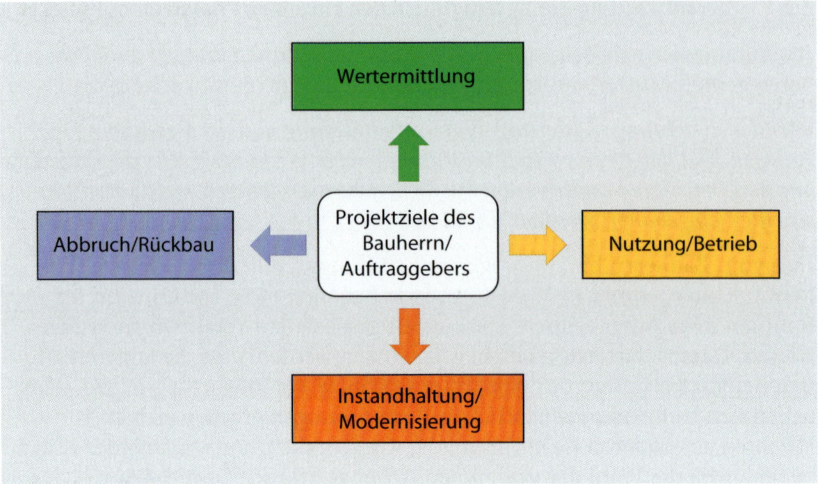

Abb. 2.5: Mögliche Projektziele des Bauherrn/Auftraggebers

arbeiter, der Arbeitgeber der im Objekt tätigen Handwerker, der Planer, der Verkäufer und der Käufer, die beteiligten Fach- und Genehmigungsbehörden sowie die gewerblichen Berufsgenossenschaften.

2.2.2 Verantwortung von Eigentümer, Vermieter, Planer und Bauunternehmen

Beim Bauen im Bestand, bei der Schadstoffsanierung und auch beim Rückbau werden die üblichen Phasen nach der Systematik der Honorarordnung für Architekten und Ingenieure (HOAI) von der Grundlagenermittlung über die Planung und Genehmigung, die Ausschreibung und Vergabe bis hin zur Ausführung mit der Bau- und Objektüberwachung durchlaufen. Speziell für den Bereich der Schadstoffsanierung und des Abbruchs/Rückbaus gibt das AHO-Heft 18 (Leistungsbild und Honorierung. Planungsbereich „Baufeldfreimachung/Rückbau“, 2014) ergänzende Hinweise zu den Leistungsphasen und den Leistungen (AHO: Ausschuss der Verbände und Kammern der Ingenieure und Architekten für die Honorarordnung e. V.). Wie detailliert die einzelnen Phasen bearbeitet werden, hängt von dem jeweiligen Vorhaben und den Rahmenbedingungen ab.

Welche wesentlichen **Pflichten** für den **Bauherrn** (in der Regel Eigentümer/Vermieter/Verfügungsberechtigter/Auftraggeber) und seinen **Planer** bestehen, kann anhand der Übersicht in Tabelle 2.2 überprüft werden. Unter Umständen können sich je nach Vorhaben weiter reichende Pflichten ergeben. Eine detailliertere Darstellung mit den jeweils zugrunde liegenden Regelwerken findet sich in Tabelle 2.4 und 2.5 am Ende dieses Kapitels 2.2.

Tabelle 2.2: Verantwortung des Bauherrn, Eigentümers bzw. Verfügungsberechtigten und des Planers bei Umbau, Modernisierung und Abbruch/Rückbau

Verantwortlicher	**Rechtsbereich**	**Phase**				
		Grundlagenermittlung	**Planung und Genehmigung**	**Ausschreibung und Vergabe**	**Baustellenvorbereitung und -einrichtung**	**Bauausführung**
Eigentümer, Verfügungsberechtigter, Bauherr	**Bauordnungsrecht**	• Einhaltung öffentlicher Vorschriften • Ermittlung und Bewertung	• Planung der Maßnahme	• Beauftragung geeigneter Unternehmen		• Einhaltung öffentlicher Vorschriften • Koordination • Bestellung Bauleiter • Erfolgskontrolle • Kennzeichnung der Gefahrstoffe
	Abfallrecht	• Gewährleistung der ordnungsgemäßen Abfallentsorgung[1)] • getrennte Sammlung und Verwertung von mineralischen Abfällen			• Deklaration und Entsorgungsnachweis	• Nachweispflicht und Nachweisverfahren • getrennte Sammlung und Verwertung von mineralischen Abfällen
	Immissionsschutzrecht		• Festsetzung der Immissionsrichtwerte			
	Chemikalienrecht	• Erkundung, Ermittlung, Beurteilung • Information über Gefährdungen	• Sicherheits- und Gesundheitsschutzplanung • Arbeits- und Sicherheitsplan	• Ausschreibung der Arbeitsschutzmaßnahmen • Beauftragung von Fachunternehmen	• Unterstützung bei der Gefährdungsbeurteilung des Auftragnehmers	• Bestellung Koordinator • Kennzeichnung der Gefahrstoffe
	Arbeitsschutzrecht	• Erkundung, Ermittlung, Beurteilung • Information über Gefährdungen • Beauftragung geeigneter Gutachter und Planer	• Sicherheits- und Gesundheitsschutzplanung • Vorankündigung • Erstellung Arbeits- und Sicherheitsplan	• Ausschreibung der Arbeitsschutzmaßnahmen • Beauftragung von Fachunternehmen	• Unterstützung bei der Gefährdungsbeurteilung des Auftragnehmers • Sicherstellung der Einhaltung der baustellenbezogenen Arbeitsschutzvorschriften	• Bestellung Koordinator • Fertigstellung Unterlage • Kennzeichnung der Gefahrstoffe
Planer		• Einhaltung aller relevanten öffentlichen Vorschriften bzw. Erfüllung der vom Auftraggeber übertragenen Aufgaben • Hinweis- und Beratungsverpflichtung gemäß HOAI				

1) Diese Verpflichtung gilt für die Abfälle aus dem Verantwortungsbereich des Auftraggebers.

Hinweis

Da in den Vorschriften nicht immer explizit ein bestimmter Personenkreis angesprochen wird, sondern vielfach der Umgang mit bestimmten Stoffen (z. B. im Abfallrecht und im Gefahrstoffrecht), bestimmte Tätigkeiten oder Arbeitsstätten (z. B. im Arbeitsschutzrecht), die Errichtung oder der Betrieb eines Gebäudes (im Bauordnungsrecht) oder der Schutz der Umwelt (im Immissionsschutzrecht und hinsichtlich Altlasten) geregelt werden, sind die **Zuständigkeiten vom Einzelfall abhängig. In der Regel sind mehrere Personen gleichzeitig in der Verantwortung**.

2.2.3 Grundlagenermittlung

Bei einem **Neubau** sind einige **Rahmenbedingungen** vorgegeben (z. B. die Grundstücksgröße und der Baugrund), während andere Rahmenbedingungen, wie die zu verwendenden Materialien und die Zusammensetzung der Baustoffe (Qualität) sowie die Größe der Einheiten oder die Zahl der Geschosse (Quantität), in einem gewissen Rahmen noch angepasst werden können.

Bei **Bestandsgebäuden** kommen aufgrund der vorhandenen Bausubstanz und vorangegangener Nutzungen weitere **Rahmenbedingungen** hinzu, wobei das Wissen über die verwendeten Baustoffe und die vorhandenen Schadstoffe oft nicht oder nicht mehr vollständig verfügbar ist.

Unzureichendes Wissen über Qualität und Quantität des Bestandes und mangelhafte Planung führen zwangsläufig zur Verschlechterung der Ausgangssituation, woraus z. B. erhöhte Kosten und verlängerte Ausführungszeiten resultieren können und sogar der Gesamterfolg des Vorhabens gefährdet sein kann. Dies kann z. B. eintreten, wenn Schadstoffe nicht rechtzeitig erkannt wurden und aufgrund von Vermischung mit anderen Materialien kostenintensiv entsorgt werden müssen (Verschlechterung der Quantität) oder Schadstoffe freigesetzt wurden und die nachfolgende Kontamination ursprünglich unbelasteter Bereiche zusätzliche Maßnahmen erforderte (Verschlechterung der Qualität). Daher kommt der **Grundlagenermittlung** und der **Bestandsaufnahme** beim Bauen im Bestand vor den üblichen Planungsschritten eine so große Bedeutung zu.

Die **Ermittlungspflicht** ergibt sich grundsätzlich aus der Musterbauordnung, nach der alle öffentlichen Vorschriften einzuhalten sind, und im Detail aus der Muster-Verwaltungsvorschrift Technische Baubestimmungen (MVV TB), die die Technischen Baubestimmungen, wie z. B. die Asbest-Richtlinie, die PCB- und die PCP-Richtlinie enthalten bzw. zitieren und die Anforderungen zum Gesundheitsschutz konkretisieren. Darin werden insbesondere eine Ermittlung und Bewertung von Schadstoffen gefordert. Zudem sind in nahezu allen Arbeitsschutzvorschriften auch Pflichten zur Erkundung, Ermittlung und Beurteilung von Gefährdungen sowie die entsprechende **Informationspflicht** der Betroffenen seitens des Auftraggebers und Bauherrn verankert. So legt z. B. die TRGS 524, Abschnitt 3.2.1, fest:

„(1) Der Auftraggeber hat aufgrund seiner Verpflichtungen aus § 17 Abs. 1 Satz 2 GefStoffV, § 2 Abs. 1 und 3 in Verbindung mit § 4 Baustellenverordnung und gegebenenfalls anderer Rechtsvorschriften zu ermitteln, ob in den an den

Auftragnehmer zur Bearbeitung übergebenen Materialien Gefahrstoffe enthalten sein können.

(2) Führt diese Ermittlung zu dem begründeten Verdacht, dass in den an den Auftragnehmer zur Bearbeitung übergebenen Materialien Gefahrstoffe enthalten sein können, ist vom Auftraggeber das mögliche Gefährdungspotenzial zu beschreiben. Dazu sind im Vorfeld der Arbeiten in kontaminierten Bereichen eine Erkundung und Beurteilung der zu bearbeitenden Materialien (Untergrund, Grundwasser, Bausubstanz, Anlagen) im Hinblick auf die entsprechend der Bau- und Nutzungsgeschichte zu vermutenden oder bereits als vorhanden festgestellten Gefahrstoffe vorzunehmen. Die für die Gefährdungsbeurteilung relevanten Eigenschaften der Gefahrstoffe sind zu beschreiben."

Da der **Planervertrag** wie auch der **Bauvertrag** in der Regel **Werkverträge** sind, schulden Planer und Fachingenieure eine fachgerechte Leistung unter Berücksichtigung der anerkannten Regeln der Technik (Leistungsumfang der HOAI: Beraten zum gesamten Leistungsbedarf und Formulieren von Entscheidungshilfen für die Auswahl anderer an der Planung fachlich Beteiligter). Hierzu gehören unter Umständen auch folgende Leistungen:

- Erfassung und Erstbewertung der Historie
- Erfassung und Erstbewertung des Istzustands
- Prüfung der vorliegenden Unterlagen auf Vollständigkeit
- Hinweis an den Bauherrn/Auftraggeber auf fehlende Unterlagen, wie z. B. ein Schadstoffkataster
- Unterstützung des Bauherrn/Auftraggebers bei der Einholung der erforderlichen Gutachten

Erfüllt der Planer die genannten Aufgaben nicht oder führt er die Arbeit trotz unvollständiger Unterlagen (wie z. B. fehlendes oder unvollständiges Schadstoffkataster) fort, liegt gegebenenfalls eine **mangelhafte Leistung** vor und er kann entsprechend für ein fehlgeschlagenes Bauvorhaben in **Haftung** genommen werden.

Insbesondere bei Bestandsgebäuden stellt die Schadstoffuntersuchung nicht zuletzt wegen der schon gegebenen Rahmenbedingungen einen zentralen Baustein in der Projektabwicklung dar. Die VDI/GVSS 6202 Blatt 1 gibt hier Entscheidungshilfen, Handlungsanleitungen und Bewertungskriterien für die Erstellung von Schadstoffkatastern und für die Auswahl der geeigneten Schadstoffgutachter, sodass die beschriebenen Anforderungen abgedeckt werden.

Bei den Überprüfungen der Bausubstanz werden bereits im Zuge der Grundlagenermittlung wichtige Befunde für die Abfallentsorgung erstellt. Die „Leitlinien für Abbruch- und Umbauarbeiten an Gebäuden vorgeschaltete Abfallaudits" der EU vom Mai 2018 sehen den Baumaßnahmen vorgeschaltete Audits vor. Der Grundstückseigentümer ist demnach für die Bestellung eines Prüfers zuständig, der über angemessene Kenntnisse zu Gebäude, Abbruch und Abfällen verfügt. Er sollte eine Spezialausbildung und Erfahrung in den jeweiligen Märkten haben und neutral und unabhängig zumindest von den durchführenden Abbruchunternehmen sein, damit die Ergebnisse seiner Prüfung von allen am Prozess beteiligten Interessenträgern genutzt werden können.

2.2.4 Planung und Genehmigung

Sofern entsprechende Gefährdungen im Rahmen der Grundlagenermittlung festgestellt wurden, ergibt sich eventuell die Notwendigkeit, zusätzlich zu den üblichen Planungen und Genehmigungsverfahren (z. B. Abbruchgenehmigungsverfahren in Hessen) bzw. Kenntnisgabeverfahren (z. B. in Baden-Württemberg bei Abbruchmaßnahmen) einen **Sicherheits- und Gesundheitsschutzplan (SiGe-Plan)** zu erstellen und gegebenenfalls eine Vorankündigung einzureichen. Zusätzlich kann es erforderlich sein, beim Auftreten von Gefahrstoffen einen **Arbeits- und Sicherheitsplan (A+S-Plan)** bzw. einen Arbeitsplan für Asbestsanierungsmaßnahmen zu erstellen.

Während der **SiGe-Plan** die gegenseitige Gefährdung einzelner Auftragnehmer ausschließen soll, behandelt der **A+S-Plan** die konkreten Maßnahmen im Umgang mit Gefahrstoffen bzw. biologischen Arbeitsstoffen. Es empfiehlt sich, hier auch die notwendigen Planungsschritte für den Umgang mit **Asbest** sowie Maßnahmen im Umgang mit **künstlichen Mineralfasern**, **Schimmelpilzen** und **Taubenkot** einzubinden. In den weiteren Planungs- und Genehmigungsphasen sind dann auch die Immissionsrichtwerte, insbesondere im Hinblick auf **Baulärm** oder **Recyclinganlagen**, festzulegen.

2.2.5 Ausschreibung und Vergabe

Aus dem Bauordnungsrecht und den entsprechenden eingeführten Richtlinien ergibt sich die Verpflichtung für den Bauherrn/Auftraggeber, **nur geeignete Fachunternehmen** zu beauftragen. Deren Eignung hängt sehr stark von den beabsichtigten Baumaßnahmen ab. Deshalb sind die Größe der von ihnen bisher durchgeführten Maßnahmen oder anschauliche Referenzen nicht immer aussagekräftig. Viel wichtiger ist, ob die infrage kommenden Unternehmen die Arbeiten auch **mit eigenem Personal und Gerät** ausgeführt haben und über die entsprechenden **Zulassungen** und die erforderliche **Erfahrung** verfügen – eine Einschätzung, die ebenso entsprechende Erfahrung und Marktkenntnis erfordert. Hier liegt eine der wichtigen Aufgaben des beratenden Planers. Ein weiteres entscheidendes Kriterium zur Auswahl geeigneter Unternehmen stellen die entsprechenden **Versicherungsnachweise** dar, die eine für das Bauvorhaben ausreichende Deckungssumme, die vor allem die Risiken aus dem Umgang mit den entsprechenden Gefahrstoffen abdeckt, ausweisen müssen.

Auch wenn ein geeignetes Fachunternehmen gefunden wurde, ist eine **detaillierte Ausschreibung** der **Arbeitsschutzanforderungen** sowie der **Entsorgung** unerlässlich, um auch die gesetzlichen Bestimmungen zum Arbeitsschutz und Abfallrecht sowie die Vorschriften der gesetzlichen Unfallversicherer zu erfüllen; letztendlich ist diese detaillierte Ausschreibung ohne ein Schadstoffkataster nicht möglich. Selbst einem Fachunternehmen wird es nicht möglich sein, im Rahmen der Angebotserstellung mit bloßem Auge alle Schadstoffe eindeutig zu identifizieren. Wer darauf vertraut, sollte sich zudem fragen, ob der eingesetzte Planer, der sich ja bereits ausgiebig mit dem Bauvorhaben auseinandergesetzt hat, über ausreichende Erfahrung verfügt, denn dann hätte auch er die Schadstoffe bereits erkennen können und beschreiben müssen.

Für die Strukturierung der Ausschreibung (Baubeschreibung und Leistungsverzeichnis) bieten die Standardleistungsverzeichnisse eine gute Orientierung. Weitere wichtige Hinweise über Abrechnungseinheiten, Grundleistungen, Nebenleistungen und Besondere Leistungen bieten die VOB/C ATV DIN 18299, DIN 18448 und DIN 18459.

Der Bieter ist im Rahmen der Angebotsbearbeitung nicht zur Durchführung von Untersuchungen verpflichtet. Er kann sich vielmehr gemäß der gängigen Rechtsprechung darauf verlassen, dass der Eigentümer/Bauherr zusammen mit seinem Planer die notwendigen Untersuchungen im Vorfeld durchgeführt hat.

Andererseits sollte der Bieter sich wiederum nicht zu sehr auf die Verpflichtung des Bauherrn/Auftraggebers zur vollumfänglichen Untersuchung und Beschreibung verlassen. Zwar kann vom Bieter nicht verlangt werden, dass er alle Schadstoffe und Risiken im Vorfeld erkennt, wenn aber ein Unternehmen über besondere Fach- und Sachkenntnis verfügt und sich bei einem Objekt eindeutige Hinweise aus den Unterlagen oder im Rahmen des Ortstermins ergeben, hat es zumindest eine **Hinweispflicht** (wie z. B. bei einem offensichtlichen Asbestzementdach). Denn ob erst später vorgefundene Schadstoffe als „offensichtlich" eingestuft werden und sich Nachforderungen geltend machen lassen, hängt sehr vom Einzelfall ab (vgl. Fuchs/Schalk, 2013).

2.2.6 Baustellenvorbereitung und -einrichtung

Wenn der Bauherr und sein Planer in den vorauslaufenden Phasen alle Aufgaben erfüllt haben, liegt der Tätigkeitsschwerpunkt beim Auftragnehmer. Der Auftragnehmer übernimmt zusammen mit dem Bauherrn und dem Planer eine Mitverantwortung für das Gelingen des Bauvorhabens. Zu beachten ist auch in dieser Phase, dass die alleinige Verantwortung nicht an den Unternehmer übergeht, sondern alle Beteiligten bestimmte Aufgaben und Verantwortungen haben und unter Umständen mehrere Personengruppen gemeinsam die Verantwortung für einzelne Tätigkeiten übernehmen müssen. So ist z. B. der Unternehmer dafür verantwortlich, dass bei seinen Tätigkeiten keine Schadstoffe, die Dritte gefährden könnten, freigesetzt werden, und der verantwortliche Planer/Architekt muss dafür Sorge tragen, dass die Maßnahmen ordnungsgemäß ausgeführt werden, während der Bauherr ohnehin die Gesamtverantwortung für das Bauvorhaben trägt.

Der Auftragnehmer sollte hier vor allem den Erfolg der Baumaßnahme und die Sicherheit seiner Mitarbeiter im Fokus haben. Daraus ergeben sich Aufgaben wie die **Gefährdungsbeurteilung** und die **Erstellung von Betriebsanweisungen** sowie die **Anmeldung der Tätigkeiten** bei den Berufsgenossenschaften und gegebenenfalls bei den Arbeitsschutzbehörden. Unter Umständen sind auch **arbeitsmedizinische Vorsorgeuntersuchungen** der Mitarbeiter zu veranlassen, sofern dies nicht bereits im Vorfeld geschehen ist.

Neben den notwendigen Vorbereitungen zum Arbeitsschutz sind in dieser Phase auch die **Entsorgungsmaßnahmen** vorzubereiten und vom Bauherrn unter Mitwirkung von Planer oder Auftragnehmer die **erforderlichen Nachweise** zu erstellen. Hierfür muss der Auftraggeber über eine Abfallerzeugernummer (auch „Betriebsnummer" genannt) verfügen, für das elektronische

Abfallnachweisverfahren bei der Zentralen Koordinierungsstelle der Länder (ZKS-Abfall) angemeldet sein und über eine Signaturkarte für die qualifizierte elektronische Signatur verfügen. Dies kann vom Planer bereits im Vorfeld veranlasst und für den Auftraggeber durchgeführt werden. Sofern der Bauherr diese Funktion nicht selbst übernehmen möchte, kann er auch einen Bevollmächtigten benennen.

Hinweis

Die Nachweisverordnung (Verordnung über die Nachweisführung bei der Entsorgung von Abfällen) bietet auch die Möglichkeit, dass der Auftragnehmer für die Abfälle aus dem Verantwortungsbereich des Bauherrn formal in den Entsorgungsnachweisen als Abfallerzeuger auftritt.

Die Abfallerzeugerverantwortung im Sinne des Kreislaufwirtschaftsgesetzes geht damit jedoch nicht vom Auftraggeber bzw. Bauherrn auf den Auftragnehmer über. Der Bauherr bleibt weiterhin in der Verantwortung für die vollumfängliche Kontrolle der ordnungsgemäßen Entsorgung.

Im Zuge der Vorbereitungen obliegt es dem Auftragnehmer, die Örtlichkeiten und die Verkehrswege zu besichtigen, die ihm vom Auftraggeber zur Verfügung gestellten und dokumentierten Unterlagen auf offensichtliche Unstimmigkeiten zu prüfen und auf entdeckte oder vermutete Mängel hinzuweisen. Auch hat er gegebenenfalls weitere Informationen beim Auftraggeber anzufordern oder darauf hinzuweisen, dass weitere Untersuchungen notwendig sind, um eine Gefährdungsbeurteilung bzw. eine Betriebsanweisung zu erstellen, die Arbeitsverfahren und die persönliche Schutzausrüstung festzulegen und die Abfallentsorgung vorbereiten zu können. Insbesondere bei Brand und Wasserschäden ist häufig mit dem Auftreten von Schadstoffen zu rechnen, ohne dass eine ausreichende Planungsphase vorangestellt werden kann. Gerade in diesen Fällen ist eine intensive Zusammenarbeit zwischen Gutachter, Eigentümer und Sanierungsfirma sowie den Fachbehörden (u. a. Verkürzung der Anzeigefristen) erforderlich.

Da diese Tätigkeiten sämtlich im Vorfeld der Ausführung zu erbringen sind und allein die **Anzeige von Arbeiten zur Sanierung von Gebäudeschadstoffen**, wie z. B. polychlorierten Biphenylen (PCB) oder polycyclischen aromatischen Kohlenwasserstoffen (PAK), spätestens 14 Tage (DGUV Regel 101-004) sowie die **Anzeige von Arbeiten mit asbesthaltigen Materialien** spätestens 7 Tage vor Aufnahme der Arbeiten erfolgen müssen (TRGS 519 und Gefahrstoffverordnung), empfiehlt es sich, mehr als 14 Tage zwischen Auftragserteilung und Baubeginn einzuplanen. Werden neben den Arbeiten am Gebäude auch andere Arbeiten in kontaminierten Bereichen ausgeführt (z. B. eine Bodensanierung), beträgt die Frist mehr als 4 Wochen.

Die wesentlichen Pflichten des Arbeitgebers als Auftragnehmer im Rahmen der Baustellenvorbereitung und -einrichtung sowie in der Bauausführung sind in Tabelle 2.3 zusammengefasst.

Tabelle 2.3: Verantwortung des Arbeitgebers in der Baustellenvorbereitung und -einrichtung sowie in der Bauausführung bei Umbau, Modernisierung und Rückbau

Verantwortlicher	**Rechtsbereich**	**Phase**	
		Baustellenvorbereitung und -einrichtung	**Bauausführung**
Arbeitgeber (Handwerker/ Bauunternehmen)	**Bauordnungsrecht**	• Mitverantwortung Bauunternehmen und Bauleiter • Informationsermittlung und Gefährdungsbeurteilung • arbeitsmedizinische Vorsorge • Anzeige bei Berufsgenossenschaft und Arbeitsschutzbehörde • Erstellung Betriebsanweisung sowie Unterweisung	• Mitverantwortung Bauunternehmen und Bauleiter • Umsetzung Schutzmaßnahmen und Gestellung von Schutzausrüstung • Erfolgskontrolle • Entfernung PCB-haltiger Produkte vor Beginn der Abbrucharbeiten
	Abfallrecht	• Deklaration und Entsorgungsnachweis	• Nachweispflicht und Nachweisverfahren • getrennte Sammlung und Verwertung von mineralischen Abfällen
	Immissionsschutzrecht		• Beachtung der Anforderungen zum Schutz vor schädlichen Umwelteinwirkungen • Einhaltung der Immissionsrichtwerte und Immissionsminimierung auf das unvermeidliche Maß
	Chemikalienrecht	• Gefährdungsbeurteilung • Betriebsanweisung und Unterweisung • arbeitsmedizinische Vorsorge • Zulassung und Anzeige der Arbeiten	• Arbeitgeberverantwortung für Arbeitsschutz und mängelfreie Arbeitsstätten • Benennung von sachkundigen und verantwortlichen Personen • Leitung der Arbeiten durch fachlich geeignete Vorgesetzte bzw. Bauleiter • Wahl der geeigneten Verfahren, Maschinen, Geräte und Schutzmaßnahmen • Gestellung der Arbeitsschutzeinrichtungen und -ausrüstung • messtechnische Überwachung • Überwachung der Arbeitsplatzgrenzwerte und der Biologischen Grenzwerte
	Arbeitsschutzrecht	• Gefährdungsbeurteilung • Erstellung Betriebsanweisung sowie Unterweisung • arbeitsmedizinische Vorsorge • Zulassung und Anzeige der Arbeiten	• Arbeitgeberverantwortung für Arbeitsschutz und mängelfreie Arbeitsstätten • Benennung von sachkundigen, aufsichtsführenden und verantwortlichen Personen • Leitung der Arbeiten durch fachlich geeignete Vorgesetzte bzw. Bauleiter • Wahl der geeigneten Verfahren, Maschinen, Geräte und Schutzmaßnahmen • Gestellung der Arbeitsschutzeinrichtungen und -ausrüstung • messtechnische Überwachung

2.2.7 Bauausführung

In der Bauausführung liegt die Gesamtverantwortung gemäß den Landesbauordnungen beim Bauherrn/Auftraggeber, wobei dem Planer – in der Regel der Architekt – eine Mitverantwortung zukommt. Zusammen mit dem Bauunternehmen schuldet der Planer eine ordnungsgemäße Ausführung und ein mängelfreies Objekt. Wenn Mängel in der Ausführung auftreten oder ein bestimmungsgemäßer Gebrauch nach Abschluss der Arbeiten nicht gewährleistet ist, kann dies für den Planer weitreichende Folgen haben.

Bauherr

Zu den Pflichten des Bauherrn/Auftraggebers in der Bauphase gehören u. a.:

- Einhaltung der öffentlichen Vorschriften
- Bestellung des **Bauleiters** gemäß Landesbauordnung
- Koordination gemäß Baustellenverordnung (gegebenenfalls Bestellung eines Koordinators – auch **Baustellenkoordinator** oder Sicherheits- und Gesundheitsschutzkoordinator [SiGeKo] genannt)
- Koordination gemäß Gefahrstoffverordnung und TRGS 524 bzw. DGUV Regel 101-004
- Überwachung des ordnungsgemäßen Bauablaufs und Erfolgskontrolle
- ordnungsgemäße Entsorgung sämtlicher anfallender Abfälle unter Erfüllung der abfallrechtlichen Deklarations-, Nachweis- und Dokumentationspflichten
- Erstellung der Unterlage gemäß Baustellenverordnung und Kennzeichnung der Gefahrstoffe

Bauleiter

Die Auswahl eines geeigneten Bauleiters, der über die erforderliche Sachkunde und Erfahrung verfügt, ist für den weiteren Erfolg der Baumaßnahme von großer Bedeutung, da ohne ihn der Koordinator/die Koordinatoren keinen Ansprechpartner zur Umsetzung der Schutzmaßnahmen hat/haben.

Baustellenkoordinator

Der Baustellenkoordinator (Sicherheits- und Gesundheitsschutzkoordinator [SiGeKo] gemäß Baustellenverordnung) ist vom Bauherrn/Auftraggeber einzusetzen, um eine gegenseitige Gefährdung einzelnen Auftragnehmer zu vermeiden, wobei der Bauherr hierdurch jedoch nicht von seiner Verantwortung entbunden wird.

Zu den **Aufgaben des Baustellenkoordinators** (SiGeKo) gehören gemäß Baustellenverordnung u. a.,

- die Anwendung der allgemeinen Grundsätze des Arbeitsschutzgesetzes zu koordinieren,
- darauf zu achten, dass die Arbeitgeber und die Unternehmer ohne Beschäftigte ihre Pflichten gemäß Baustellenverordnung erfüllen,
- den Sicherheits- und Gesundheitsschutzplan bei erheblichen Änderungen in der Ausführung des Bauvorhabens anzupassen oder anpassen zu lassen,
- die Zusammenarbeit der Arbeitgeber zu organisieren und

- die Überwachung der ordnungsgemäßen Anwendung der Arbeitsverfahren durch die Arbeitgeber zu koordinieren.

Hinweis

Auch wenn in der Praxis der Koordinator neben seinen Koordinationsaufgaben zusätzlich oft auf Mängel beim Arbeitsschutz hinweist, bleibt die eigentliche Verantwortung für die Umsetzung und Einhaltung von Arbeitsschutzmaßnahmen bei dem jeweiligen Unternehmer.

Koordinator bei erhöhter Gefährdung durch Gefahrstoffe

Koordinatoren (Gefahrstoffverordnung und TRGS 524 bzw. DGUV Regel 101-004) sind neben dem Baustellenkoordinator zu bestellen, wenn Arbeiten in kontaminierten Bereichen bzw. Gefährdungen durch Gefahrstoffe vorliegen.

Zu den **Aufgaben des Koordinators** gehören gemäß TRGS 524 bzw. DGUV Regel 101-004 u. a.,

- einen baustellenbezogenen Arbeits- und Sicherheitsplan aufzustellen,
- die Versicherten in die jeweiligen Gefährdungen und die erforderlichen Schutzmaßnahmen auf der Arbeits- oder Baustelle einzuweisen,
- die Einhaltung der in den Betriebsanweisungen festgelegten Anforderungen zu überwachen,
- gegebenenfalls zusätzlich erforderliche Ermittlungen zu Gefahrstoffen und biologischen Arbeitsstoffen zu veranlassen und
- erforderliche Messungen in der Luft der Arbeitsbereiche vornehmen zu lassen.

Mit der Bestellung des Koordinators gemäß TRGS 524 bzw. DGUV Regel 101-004 sind auch die Koordinationspflichten gemäß Gefahrstoffverordnung erfüllt.

Obwohl die Befugnisse (z. B. die Weisungsbefugnis) und Aufgaben der Koordinatoren unterschiedlich sind, bietet es sich an, alle diese Koordinationsaufgaben von einer einzigen Person wahrnehmen zu lassen, sofern sie über die für die jeweilige Baumaßnahme erforderlichen Eignungen und Qualifikationen verfügt.

Wenn durch den Bauherrn/Auftraggeber mehrere Koordinatoren gleichzeitig bestellt werden, was z. B. aufgrund der Größe des Bauvorhabens oder des Erfordernisses besonderer Kenntnisse notwendig sein kann, obliegt die **Gesamtkoordination** immer dem **Baustellenkoordinator** gemäß Baustellenverordnung. In Abb. 2.6 sind die Rollen des Bauherrn und der Koordinatoren in der Übersicht dargestellt.

Nach **Abschluss einer Sanierung** sollte immer eine **Dokumentation** erstellt werden, die aufzeigt, wo Schadstoffe beseitigt wurden, in welchen Bereichen noch mit Schadstoffen im Rahmen von Wartung, Instandsetzung oder Umbau zu rechnen und wie mit diesen Schadstoffen in Zukunft umzugehen ist. Selbst wenn alle Schadstoffe beseitigt wurden, ist diese Dokumentation notwendig, da sie den zukünftigen Nutzern wichtige Hinweise gibt und damit Neubewertungen der Immobilie erleichtert sowie die Kosten für Untersuchungen in der Zukunft deutlich reduzieren kann. Sofern eine **Unterlage gemäß Baustellenverordnung** zu erstellen ist, bietet es sich an, die Doku-

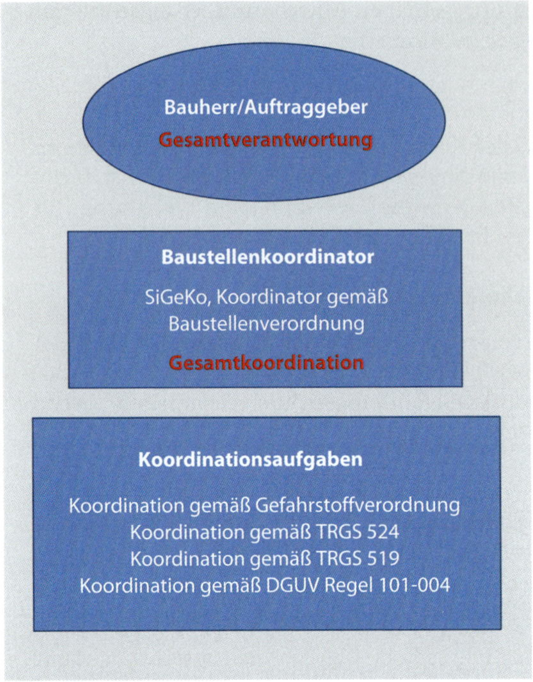

Abb. 2.6: Verantwortung des Bauherrn und der Koordinatoren

mentation über die Sanierungsmaßnahmen oder die Beseitigung von Schadstoffen in die Unterlage zu integrieren.

Auftragnehmer/Unternehmer

Der Auftragnehmer/Unternehmer muss über die erforderliche Sachkenntnis und Erfahrung verfügen und hat seinerseits einen **Bauleiter** mit der erforderlichen Sachkunde und Erfahrung einzusetzen.

Dieser Bauleiter muss die vorschriftsmäßige Durchführung der Arbeiten gewährleisten und auch mit den besonderen Gefahren bei Arbeiten in kontaminierten Bereichen vertraut sein.

Gemäß VDI/GVSS 6202 Blatt 1 sind vom Auftragnehmer folgende **Tätigkeiten vor Aufnahme der Arbeiten** auszuführen:

- Überprüfung des Vorliegens der Dokumente, wie z. B. Abbruchgenehmigung, Entsorgungsnachweise oder Nachweis der Medienfreischaltung
- Klärung der Abfallentsorgung für Abfälle aus dem Verantwortungsbereich des Auftragnehmers/Auftraggebers
- Erstellung der Entsorgungsnachweise
- Erstellung/Fortschreibung des Baustelleneinrichtungsplans
- Erstellung/Fortschreibung des Arbeits- und Bauablaufplans
- Zusammenstellung der personellen Besetzung einschließlich der Nachweise der Sachkunde und der arbeitsmedizinischen Vorsorgeuntersuchungen
- Zusammenstellung der technischen Arbeitsmittel, wie z. B. Raumluftfilteranlagen, Industriestaubsauger oder persönliche Schutzausrüstung

Für eingesetzte **Subunternehmer** gelten dieselben Anforderungen wie für den Hauptauftragnehmer.

Bei der Festlegung der Maßnahmen durch den Unternehmer sind der Schutz der Beschäftigten und anderer Personen vor Gefährdungen ihrer Gesundheit und Sicherheit durch Schadstoffe und der Schutz der Umwelt vor stoffbedingten Schädigungen zu berücksichtigen.

Die Arbeitsverfahren sind so zu gestalten, dass Schadstoffe nicht freigesetzt werden, soweit dies nach dem Stand der Technik möglich ist.

Dabei ist das **STOP-Prinzip** bzw. das **TOP-Prinzip** zu berücksichtigen:

- **S** Substitution (Ersatz) durch ein ungefährliches Produkt (z. B. lösemittelfreie Lacke)
- **T** technische Maßnahmen/Schutzmaßnahmen (z. B. Geräte mit Absaugung)
- **O** organisatorische Maßnahmen (z. B. Begrenzung der Arbeitszeiten)
- **P** persönliche Schutzmaßnahmen (z. B. Schutzanzüge und Atemschutz)

Das STOP-Prinzip bzw. das TOP-Prinzip beruht auf einer Stufenfolge der zu ergreifenden Maßnahmen, wonach persönliche Schutzmaßnahmen erst zum Tragen kommen sollen, wenn alle anderen Maßnahmen ausgeschöpft sind.

Der Auftragnehmer/Unternehmer hat die notwendigen Arbeitsschutzeinrichtungen und -ausrüstungen zu stellen und darauf zu achten, dass diese von seinen Arbeitnehmern auch ordnungsgemäß angewendet werden.

2.2.8 Wartung und Instandhaltung

Auch bei der Wartung und Instandhaltung von Gebäuden können Handwerker mit Gefahrstoffen in Kontakt kommen. Daher gelten für diese Arbeiten dieselben Anforderungen an Bauherrn/Auftraggeber und Auftragnehmer/Unternehmer wie bei beabsichtigten Baumaßnahmen.

Auch wenn sich für die Nutzer keine direkten Gefährdungen ergeben, sollte der **Vermieter** auf das Vorhandensein von Schadstoffen in der Bausubstanz hinweisen, wenn im Rahmen der Nutzung auch Instandhaltungs- und Wartungsarbeiten anstehen und die Gefahr besteht, dass eine Gefährdung für Handwerker und Nutzer entsteht.

Sofern Wartungs- und Instandhaltungsarbeiten in den Verantwortungsbereich des **Mieters** fallen, ergeben sich auch für diesen als potenziellen Auftraggeber vergleichbare Anforderungen wie für den Bauherrn/Auftraggeber.

Unabhängig davon treten Mieter wie Besitzer von Räumen oder Gebäuden oft auch als Arbeitgeber auf und sind damit für den Zustand der Arbeitsstätte nach der Arbeitsstättenverordnung verantwortlich, und zwar unabhängig davon, ob sie das Objekt gemietet haben oder selbst Eigentümer sind. Der Arbeitgeber hat dabei sicherzustellen, dass die Beschäftigten keiner Gefährdung ihrer Gesundheit und Sicherheit ausgesetzt sind. Damit liegt die **Ermittlungspflicht** für bekannte und unbekannte Gefahren nicht nur beim Bauherrn, sondern auch beim Arbeitgeber für die von ihm genutzten Räumlichkeiten.

Tabelle 2.4: Fortsetzung

Verantwortlicher	Rechtsbereich	Vorschrift	Phase	
			Nutzung	Umbau, Modernisierung und Rückbau
			Wartung und Instandhaltung	Grundlagenermittlung
Bauherr/ Auftraggeber (Fortsetzung)	**Bauordnungsrecht (Fortsetzung)**	**PCB-Richtlinie**	Abschn. 3: Bewertung der PCB-Belastung von Räumen und der Dringlichkeit von Sanierungsmaßnahmen	Abschn. 3: Bewertung der PCB-Belastung von Räumen und der Dringlichkeit von Sanierungsmaßnahmen
		PCP-Richtlinie	Abschn. 4: Ermittlung der Sanierungsnotwendigkeit PCP-belasteter Räume	Abschn. 4: Ermittlung der Sanierungsnotwendigkeit PCP-belasteter Räume
	Abfallrecht	**Kreislaufwirtschaftsgesetz**	§ 3: Abfallerzeuger (siehe auch VOB/C ATV DIN 18299, Abschn. 4.1.11, 4.1.12), Ausnahme Dienstleistungs- und Reparaturfälle	§ 3: Abfallerzeuger (siehe auch VOB/C ATV DIN 18299, Abschn. 4.1.11, 4.1.12)
		Abfallverzeichnis-Verordnung[1)]		
		Nachweisverordnung		
		Deponieverordnung		
		POP-Abfall-Überwachungs-Verordnung		

	Planung und Genehmigung	Ausschreibung und Vergabe	Baustellenvorbereitung und -einrichtung	Bauausführung
	Abschn. 4.1: vollumfängliche Planung	Abschn. 4.1: Beauftragung geeigneter Unternehmen		Abschn. 4.3: Schutzmaßnahmen bei der Sanierung PCB-belasteter Baustoffe und Bauteile Abschn. 4.3.3: organisatorische Schutzmaßnahmen, Bestellung Koordinator bei Beteiligung mehrerer Unternehmen Abschn. 5: Erfolgskontrolle Abschn. 5.1: Allgemeines Abschn. 5.2: Messstrategie für die Erfolgskontrolle Abschn. 5.4: Anforderungen an Messungen Abschn. 6: Abbruch baulicher Anlagen
	Abschn. 6.1: vollumfängliche Planung	Abschn. 6.1: Beauftragung geeigneter Unternehmen		Abschn. 6.1: Dokumentation verbleibender PCP-belasteter Materialien Abschn. 6.3: Erfolgskontrolle Abschn. 7.3: organisatorische Schutzmaßnahmen, Bestellung Koordinator bei Beteiligung mehrerer Unternehmen
			§ 3: Abfallerzeuger (siehe auch VOB/C ATV DIN 18299, Abschn. 4.1.11, 4.1.12)	§ 3: Abfallerzeuger (siehe auch VOB/C ATV DIN 18299, Abschn. 4.1.11, 4.1.12)
			§ 2: Nachweispflicht § 3: Deklaration und Entsorgungsnachweis	§ 2: Nachweispflicht § 3: Deklaration und Entsorgungsnachweis § 23: Registerpflicht
			§ 8 Abs. 1: grundlegende Charakterisierung des Abfalls durch Abfallerzeuger, Vorlage bei Deponiebetreiber	§ 6: Voraussetzungen für die Ablagerung § 7: nicht zugelassene Abfälle § 8: Annahmeverfahren (Deklaration und Nachweisführung)
			§ 3: getrennte Sammlung und Beförderung; Vermischungsverbot § 5: Registerpflichten	§ 3: getrennte Sammlung und Beförderung; Vermischungsverbot § 4: Nachweispflichten

Tabelle 2.4: Fortsetzung

Verantwortlicher	Rechtsbereich	Vorschrift	Phase		
			Nutzung	Umbau, Modernisierung und Rückbau	
			Wartung und Instandhaltung	Grundlagenermittlung	
Bauherr/ Auftraggeber (Fortsetzung)	Abfallrecht (Fortsetzung)	Gewerbeabfallverordnung			
		Ersatzbaustoffverordnung	§ 24: getrennte Sammlung und Verwertung von mineralischen Abfällen aus technischen Bauwerken		
	Immissionsschutzrecht	Bundes-Immissionsschutzgesetz			
		Allgemeine Verwaltungsvorschrift Baulärm			
	Chemikalienrecht	Chemikaliengesetz[1)]			
		Chemikalien-Verbotsverordnung[1)]			
		Gefahrstoffverordnung	§ 5a: besondere Mitwirkungs- und Informationspflichten für Veranlasser von Tätigkeiten an baulichen oder technischen Anlagen § 6: Aufnahme der Gefahrstoffe in das Gefahrstoffverzeichnis des Betriebs, u. a. Bezeichnung der Arbeitsbereiche, in denen Beschäftigte dem Gefahrstoff ausgesetzt sein können § 15: Informationspflicht des Auftraggebers, Fremdunternehmen über Gefahrenquellen und spezifische Verhaltensregeln zu informieren; Verpflichtung des Auftraggebers sicherzustellen, dass nur solche Unternehmen herangezogen werden, die die notwendigen Fachkenntnisse und Erfahrungen haben	§ 5a: besondere Mitwirkungs- und Informationspflichten für Veranlasser von Tätigkeiten an baulichen oder technischen Anlagen § 6: Aufnahme der Gefahrstoffe in das Gefahrstoffverzeichnis des Betriebs, u. a. Bezeichnung der Arbeitsbereiche, in denen Beschäftigte dem Gefahrstoff ausgesetzt sein können § 15: Informationspflicht des Auftraggebers, Fremdunternehmen über Gefahrenquellen und spezifische Verhaltensregeln zu informieren	

Planung und Genehmigung	Ausschreibung und Vergabe	Baustellenvorbereitung und -einrichtung	Bauausführung
		§ 8: getrennte Sammlung, Vorbereitung zur Wiederverwendung und Recycling von bestimmten Bau- und Abbruchabfällen	§ 8: getrennte Sammlung, Vorbereitung zur Wiederverwendung und Recycling von bestimmten Bau- und Abbruchabfällen
			§ 24: getrennte Sammlung und Verwertung von mineralischen Abfällen aus technischen Bauwerken
		§ 22: Pflichten der Betreiber nicht genehmigungsbedürftiger Anlagen	§ 22: Pflichten der Betreiber nicht genehmigungsbedürftiger Anlagen
Abschn. 3.1: Prognose der Immissionen und Festlegung von Maßnahmen zur Einhaltung der Richtwerte			
	§ 15: Verpflichtung des Auftraggebers sicherzustellen, dass nur solche Unternehmen herangezogen werden, die die notwendigen Fachkenntnisse und Erfahrungen haben; Verpflichtung des Auftraggebers, Fremdunternehmen über Gefahrenquellen und spezifische Verhaltensregeln zu informieren	§ 15: Verpflichtung des Auftraggebers, Fremdunternehmen über Gefahrenquellen und spezifische Verhaltensregeln zu informieren; bei Beteiligung mehrerer Arbeitgeber Bestellung eines Koordinators durch die Arbeitgeber	§ 6: Aufnahme in das Gefahrstoffverzeichnis des Betriebs, u. a. Bezeichnung der Arbeitsbereiche, in denen Beschäftigte dem Gefahrstoff ausgesetzt sein können

Tabelle 2.4: Fortsetzung

Verantwortlicher	Rechtsbereich	Vorschrift	Phase		
			Nutzung	Umbau, Modernisierung und Rückbau	
			Wartung und Instandhaltung	Grundlagenermittlung	
Bauherr/ Auftraggeber (Fortsetzung)	**Chemikalienrecht (Fortsetzung)**	**TRGS 524** Schutzmaßnahmen bei Tätigkeiten in kontaminierten Bereichen	Abschn. 2.5: Definition Auftraggeber Abschn. 3.1, 3.2 und 4: Erkundung und Beschreibung eventueller Gefahrstoffe; Gefährdungsermittlung und Beschreibung des Gefährdungspotenzials	Abschn. 2.5: Definition Auftraggeber Abschn. 3.1, 3.2 und 4: Erkundung und Beschreibung eventueller Gefahrstoffe; Gefährdungsermittlung und Beschreibung des Gefährdungspotenzial	
		TRGS 519 Asbest. Abbruch-, Sanierungs- oder Instandhaltungsarbeiten	Abschn. 4.1: Ermittlung und Information	Abschn. 4.1: Ermittlung und Information	
		TRGS 521 Abbruch-, Sanierungs- und Instandhaltungsarbeiten mit alter Mineralwolle	Abschn. 3: Informationsermittlung, Information durch Auftraggeber oder Bauherrn	Abschn. 3: Informationsermittlung, Information durch Auftraggeber oder Bauherrn	
	Arbeitsschutzrecht	**Arbeitsschutzgesetz**	§ 8: Vergewisserung, dass Beschäftigte anderer Unternehmen angemessene Anweisungen hinsichtlich der Gefahren für ihre Sicherheit und Gesundheit erhalten haben		
		Baustellenverordnung	§ 3: Bereitstellen von Informationen vorhandener Unterlagen für spätere Arbeiten mit den Angaben zu Sicherheit und Gesundheitsschutz		
		Gefahrstoffverordnung	§ 5a: besondere Mitwirkungs- und Informationspflichten für Veranlasser von Tätigkeiten an baulichen oder technischen Anlagen § 6: Aufnahme der Gefahrstoffe in das Gefahrstoffverzeichnis des Betriebes, u. a. Bezeichnung der Arbeitsbereiche, in denen Beschäftigte dem Gefahrstoff ausgesetzt sein können § 15: Informationspflicht des Auftraggebers, Fremdunternehmen über Gefahrenquellen und spezifische Verhaltensregeln zu informieren; Verpflichtung des Auftraggebers sicherzustellen, dass nur solche Unternehmen herangezogen werden, die die notwendigen Fachkenntnisse und Erfahrungen haben	§ 5a: besondere Mitwirkungs- und Informationspflichten für Veranlasser von Tätigkeiten an baulichen oder technischen Anlagen § 6: Aufnahme der Gefahrstoffe in das Gefahrstoffverzeichnis des Betriebes, u. a. Bezeichnung der Arbeitsbereiche, in denen Beschäftigte dem Gefahrstoff ausgesetzt sein können § 15: Informationspflicht des Auftraggebers, Fremdunternehmen über Gefahrenquellen und spezifische Verhaltensregeln zu informieren	

Planung und Genehmigung	Ausschreibung und Vergabe	Baustellenvorbereitung und -einrichtung	Bauausführung
Abschn. 3.2: Ermittlung, ob Gefahrstoffe vorhanden sind Abschn. 6: Arbeits- und Sicherheitsplan	Abschn. 3.2.2: Ausschreibung gemäß Arbeits- und Sicherheitsplan Abschn. 3.2.3: Beauftragung von Fachunternehmen		Abschn. 3.2.2: Bestellung eines Koordinators
			Abschn. 6: Koordination (gemäß § 15 Abs. 4 Gefahrstoffverordnung)
		§ 8 Verantwortung für angemessene Anweisungen anderer Firmen hinsichtlich der Gefahren für Sicherheit und Gesundheit.	§ 8: Abstimmung über Gefahren für Sicherheit und Gesundheit bei der Arbeit und Maßnahmen zur Verhütung
§ 2: Planung der Ausführung des Bauvorhabens unter Berücksichtigung der allgemeinen Grundsätze nach § 4 Arbeitsschutzgesetz, Sicherheits- und Gesundheitsschutzplan		§ 2: bei Baustellen mit mehr als 30 Arbeitstagen und mehr als 20 gleichzeitig Beschäftigten oder bei mehr als 500 Personentagen Vorankündigung 2 Wochen vor Beginn	§ 3: Bestellung Koordinator, Überwachung der ordnungsgemäßen Anwendung der Arbeitsverfahren, Erstellung der Unterlage
	§ 15: Sicherstellung, dass nur solche Unternehmen herangezogen werden, die über die notwendigen Fachkenntnisse und Erfahrungen verfügen; Informationspflicht des Auftraggebers, Fremdunternehmen über Gefahrenquellen und spezifische Verhaltensregeln zu informieren	§ 15: Informationspflicht des Auftraggebers, Fremdunternehmen über Gefahrenquellen und spezifische Verhaltensregeln zu informieren, bei Beteiligung mehrerer Arbeitgeber Bestellung eines Koordinators durch die Arbeitgeber	§ 6: Aufnahme der Gefahrstoffe in das Gefahrstoffverzeichnis des Betriebes, u. a. Bezeichnung der Arbeitsbereiche, in denen Beschäftigte dem Gefahrstoff ausgesetzt sein können

Tabelle 2.5: Fortsetzung

Verantwortlicher	**Rechtsbereich**	**Vorschrift**	**Phase**		
			Nutzung	**Umbau, Modernisierung und Rückbau**	
			Wartung und Instandhaltung	**Grundlagenermittlung**	
Arbeitgeber: Handwerker/ Bauunternehmen (Fortsetzung)	**Chemikalienrecht (Fortsetzung)**	**TRGS 519** Asbest. Abbruch-, Sanierungs- und Instandhaltungsarbeiten	Abschn. 3: Zulassung und Anzeige (7 Tage vor Baubeginn) Abschn. 4.1: Beurteilung der Gefährdung bei Tätigkeiten mit Asbest, Prüfung vor Beginn, Gefährdungsbeurteilung, Arbeitsplan Abschn. 6: Koordination Abschn. 7: organisatorische Maßnahmen Abschn. 8: sicherheitstechnische Maßnahmen Abschn. 9: persönliche Schutzausrüstung, Gestellung und Benutzung Abschn. 11: Betriebsanweisung und Unterweisung Abschn. 13: arbeitsmedizinische Vorsorge, Anforderungen an die personelle und sicherheitstechnische Ausstattung, verantwortliche Personen, Sachkunde		
		TRGS 521 Abbruch-, Sanierungs- und Instandhaltungsarbeiten mit alter Mineralwolle	Abschn. 3: Informationsermittlung und Gefährdungsbeurteilung Abschn. 4: Schutzmaßnahmen		
	Arbeitsschutzrecht	**Arbeitsschutzgesetz**	§ 5: Beurteilung der Gefährdung u. a. durch physikalische, chemische und biologische Einwirkungen, Arbeitsstoffe, Maschinen, Geräte und Anlagen § 8: gegenseitige Information und Abstimmung der Arbeitgeber über Gefahren bei der Tätigkeit von Beschäftigten mehrerer Arbeitgeber an einem Arbeitsplatz § 12: Unterweisung		

Planung und Genehmigung	Ausschreibung und Vergabe	Baustellenvorbereitung und -einrichtung	Bauausführung
		Abschn. 3: Zulassung und Anzeige (7 Tage vor Baubeginn) Abschn. 4.1: Beurteilung der Gefährdung bei Tätigkeiten mit Asbest, Prüfung vor Beginn, Gefährdungsbeurteilung, Arbeitsplan Abschn. 11: Betriebsanweisung und Unterweisung Abschn. 13: arbeitsmedizinische Vorsorge	Abschn. 5: Anforderungen an die personelle und sicherheitstechnische Ausstattung, verantwortliche Personen, Sachkunde Abschn. 6: Koordination Abschn. 7: organisatorische Maßnahmen Abschn. 8: sicherheitstechnische Maßnahmen Abschn. 9: persönliche Schutzausrüstung, Gestellung und Benutzung
		Abschn. 3: Informationsermittlung und Gefährdungsbeurteilung	Abschn. 4: Schutzmaßnahmen
		§ 5: Beurteilung der Gefährdung u. a. durch physikalische, chemische und biologische Einwirkungen, Arbeitsstoffe, Maschinen, Geräte und Anlagen § 8: gegenseitige Information und Abstimmung der Arbeitgeber über Gefahren bei der Tätigkeit von Beschäftigten mehrerer Arbeitgeber an einem Arbeitsplatz § 12: Unterweisung	

Tabelle 2.5: Fortsetzung

Verant-wortlicher	Rechts-bereich	Vorschrift	Phase		
			Nutzung	Umbau, Modernisierung und Rückbau	
			Wartung und Instandhaltung	Grundlagenermittlung	
Arbeitgeber: Handwerker/ Bauunternehmen (Fortsetzung)	**Arbeitsschutzrecht (Fortsetzung)**	**Baustellenverordnung**	Berücksichtigung ggf. gemäß § 3 vorhandener Unterlagen mit den Angaben zu Sicherheit und Gesundheitsschutz für spätere Arbeiten §§ 5, 6: Erfüllung ihrer Arbeitsschutzpflichten		
		Gefahrstoffverordnung	§§ 6, 7: Informationsermittlung und Gefährdungsbeurteilung sowie Wahl der geeigneten Verfahren und Gestellung der Arbeitsschutzeinrichtungen und -ausrüstung § 10: besondere Schutzmaßnahmen bei krebserzeugenden, keimzellmutagenen oder reproduktionstoxischen (KMR-)Gefahrstoffen § 10a: besondere Pflichten bei bestimmten KMR-Gefahrstoffen § 11a: Anforderungen an Tätigkeiten mit Asbest		
		Biostoffverordnung	§ 4: Gefährdungsbeurteilung § 9: allgemeine Schutzmaßnahmen		
		Arbeitsstättenverordnung	§ 3: Gefährdungsbeurteilung, Feststellung und Sicherstellung, dass die Beschäftigten keiner Gefährdung ihrer Sicherheit und Gesundheit ausgesetzt sind § 4: Verpflichtung, die Arbeitsstätte instand zu halten und für die unverzügliche Beseitigung festgestellter Mängel zu sorgen		

Planung und Genehmigung	Ausschreibung und Vergabe	Baustellenvorbereitung und -einrichtung	Bauausführung
			§§ 5, 6: Erfüllung ihrer Arbeitsschutzpflichten
		§§ 6, 7: Informationsermittlung und Gefährdungsbeurteilung § 14: Betriebsanweisung und Unterweisung § 15: Zusammenarbeit verschiedener Unternehmen, Informationsbeschaffung bei Hersteller und Bauherr, Bestellung eines Koordinators bei Beteiligung mehrerer Arbeitgeber	§ 7: Wahl der geeigneten Verfahren und Gestellung der Arbeitsschutzeinrichtungen und -ausrüstung § 10: besondere Schutzmaßnahmen bei krebserzeugenden, keimzellmutagenen oder reproduktionstoxischen (KMR-)Gefahrstoffen § 10a: besondere Pflichten bei bestimmten KMR-Gefahrstoffen § 11a: Anforderungen an Tätigkeiten mit Asbest
		§ 2: Begriffsbestimmungen, nicht gezielte Tätigkeit bei Schimmelpilzbefall § 4: Gefährdungsbeurteilung	§ 9: allgemeine Schutzmaßnahmen
		§ 3: Gefährdungsbeurteilung, Feststellung und Sicherstellung, dass die Beschäftigten keiner Gefährdung ihrer Sicherheit und Gesundheit ausgesetzt sind	§ 4: Verpflichtung, die Arbeitsstätte instand zu halten und für die unverzügliche Beseitigung festgestellter Mängel zu sorgen

lung. Bei dieser Ermittlung wird zwischen den folgenden Belastungen unterschieden:

- **primäre Belastungen:**
  Sie resultieren aus verwendeten Baustoffen bzw. Bauprodukten, die bereits durch ihre Herstellung gefährliche Stoffe wie PCB oder Asbest (z. B. im Fall von Asbestzement) enthalten.
- **sekundäre Belastungen:**
  Sie resultieren aus ursprünglich unbelasteten Bauteilen oder Gegenständen, die durch eine anderweitige Schadstoffquelle belastet werden (z. B. von PCB-haltigen Fugen ausgehende sekundäre PCB-Belastungen von Betonwänden über die Raumluft).
- **nutzungsbedingte Belastungen:**
  Sie resultieren aus Einträgen infolge der aktuellen oder einer früheren Nutzung (z. B. Öl im Boden einer Werkstatt).

Von diesen Belastungen sind die **biologischen Belastungen** zu unterscheiden, die z. B. aufgrund von Feuchte durch Schimmelpilzbesiedlung oder durch Verunreinigungen mit Taubenkot auftreten.

Da sich viele Schadstoffe/Baustoffe auch ohne eine Beprobung und Analyse klassifizieren lassen, ist je nach Projektziel nicht immer eine umfangreiche technische Erkundung erforderlich.

Zu beachten ist, dass der Umfang der Schadstoffbelastung oft erst im Zuge der Untersuchungen zu erkennen ist. Daher ist es sinnvoll und wirtschaftlicher, die **Untersuchung** zwar in einem Zusammenhang, dennoch aber **stufenweise** vorzunehmen und so Erkenntnisse und Befunde in vertiefenden Untersuchungsgängen weiter zu konkretisieren und einzugrenzen. Da die Ergebnisse der Untersuchungen maßgeblich den zukünftigen Aufwand beeinflussen und einen wesentlichen Einfluss auf die Kosten einer Umbau-, Beseitigungs- oder Rückbaumaßnahme oder einer Sanierung haben, sollten dafür sowohl ein **angemessener Untersuchungsumfang** als auch ein **ausreichender Ausführungszeitraum** vorgesehen werden.

Während des Gebäudebetriebs und im Vorfeld von Untersuchungen und Baumaßnahmen kann der Bauherr/Auftraggeber die Kosten und den Erfolg durch die folgenden Maßnahmen wesentlich positiv beeinflussen:

- Dokumentation und Archivierung aller Maßnahmen während des laufenden Betriebes
- Zusammenstellung und Zurverfügungstellung aller verfügbaren Daten (z. B. Bauantragsunterlagen, Detailpläne, Ausschreibungen)
- Benennung eines Ansprechpartners mit langjährig erworbenem Detailwissen über das Objekt

Insbesondere **Informationen über Um- oder Einbaumaßnahmen und Sanierungen** – auch wenn die Schadstoffe vollständig saniert und oder entfernt wurden – sollten vorliegen. Die Erfahrung zeigt, dass der Untersuchungsumfang dadurch deutlich eingeschränkt und die Aussagesicherheit zugleich erheblich erhöht werden.

Auch die **Dokumentation der Schadstoffkataster** sollte nach dem Standard der VDI/GVSS 6202 Blatt 1 erfolgen (Abb. 2.9), da der dort definierte Auf-

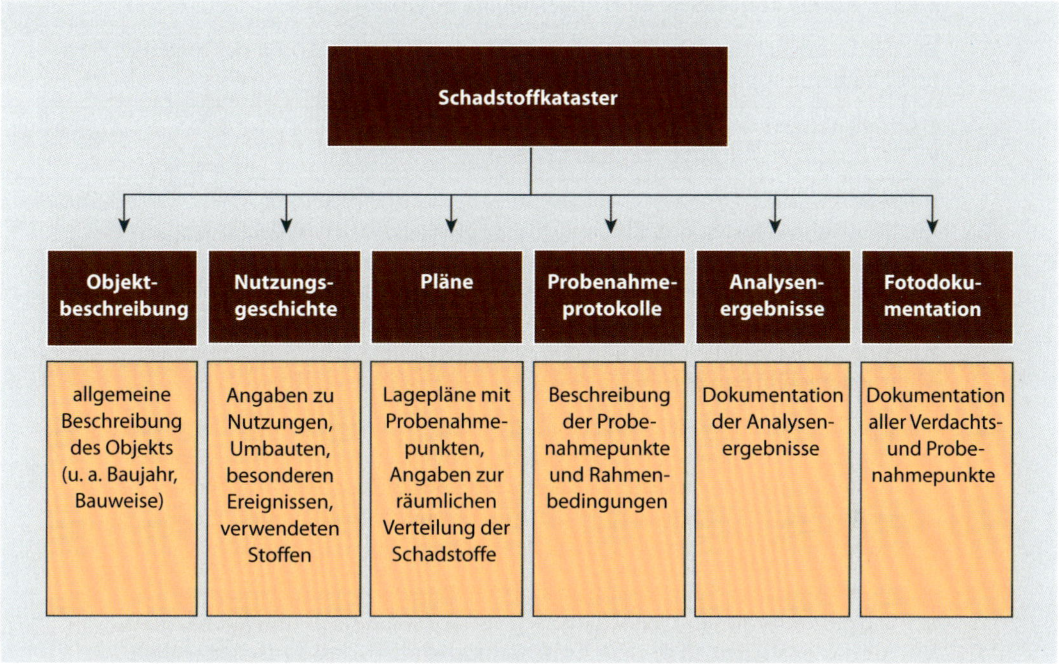

Abb. 2.9: Aufbau und Inhalte eines Schadstoffkatasters nach VDI/GVSS 6202 Blatt 1

bau, Umfang und Inhalt des Schadstoffkatasters die Sachlage einheitlich darstellt und somit besser nachvollziehbar macht.

2.3.3 Risiken und deren Vermeidung

Nicht jeder **Schadstoff** in einem Gebäude führt auch zu einer Gefährdung der Nutzer. Daher ist es wichtig zu wissen, wo die Stoffe eingesetzt wurden und in welchem Umfang der Nutzer mit dem Stoff in Kontakt kommt. So stellen z. B. die Abwasserrohre aus Asbestzement für den Nutzer eines Gebäudes keine konkrete Gefahr dar, während Spritzasbestverkleidungen oder Promabestplatten sehr viel eher eine erhebliche Gefährdung sein können. Ebenso verhält es sich mit Blei, das als Walzblei zur Dachabdichtung oft noch heute eingesetzt wird und in dieser Verwendung keine Gefährdung darstellt, während das Blei in alten Trinkwasserleitungen durchaus auf den Nutzer einwirkt.

Neben den Risiken für die Nutzer können sich auch gesundheitliche Risiken für die Handwerker im Zuge von Wartung, Instandhaltung, Umbau oder Abbruch/Rückbau ergeben.

In den Kapiteln 2.3.3.1 bis 2.3.3.12 werden im Folgenden typische Risiken, die im Zusammenhang mit Schadstoffen auftreten können, im Einzelnen beschrieben.

2.3.3.1 Auf die Projektziele nicht abgestimmte Untersuchungen

Bei der Untersuchung kann grundsätzlich zwischen der Klärung der folgenden Themenkomplexe unterschieden werden:

- Gefährdungen der Nutzer
- Gefährdungen im Zuge von Bauarbeiten
- Abfalldeklaration

Ein Schadstoffkataster, das alle Bedürfnisse gleichermaßen abdeckt, wird es in der Regel nicht geben. Untersuchungen zur Einschätzung der Gefährdung von Nutzern in einer Werkhalle werden z. B. nicht vollumfänglich dazu geeignet sein, den Umbau zu einem Büro zu beurteilen, und Untersuchungen zur Abfalldeklaration erlauben in den seltensten Fällen eine Beurteilung der Mitarbeitergefährdung.

Je nach Untersuchungsziel sind zudem teils unterschiedliche Anforderungen hinsichtlich Probenahme und Analytik zu erfüllen. In jedem Fall ungeeignet sind Untersuchungen ohne genaue Angaben über die Probenahme/Probenahmestellen, die Dokumentation der Untersuchungsberichte und die Darstellung der flächenhaften Verteilung der vorgefundenen Schadstoffe.

Bereits vorliegende Untersuchungen sind ein wertvolles Mittel zur Bewertung der Bausubstanz. Sie sind jedoch kritisch auf Vollständigkeit und Verwertbarkeit für das Vorhaben zu prüfen. Es ist wahrscheinlich, dass zwischenzeitlich neue Erkenntnisse über weitere Schadstoffe oder deren Verwendungsarten vorliegen oder sich das Projektziel des Auftraggebers geändert hat und schon deshalb eine aktuelle Untersuchung vor Beginn der Baumaßnahmen notwendig wird.

Fazit

> Veränderte Projektziele erfordern eine Neubewertung vorliegender Gutachten und gegebenenfalls neue Untersuchungen.

2.3.3.2 Unvollständige Erkundung oder Sanierung aufgrund technischer oder wirtschaftlicher Beschränkungen

Die Erkundung und die Sanierung bzw. Beseitigung von Schadstoffen unterliegen sowohl technischen als auch wirtschaftlichen Beschränkungen. Ohne ein Gebäude zu zerstören oder die Nutzung stark einzuschränken, ist eine vollständige Erkundung oder eine vollständige Entfernung von Schadstoffen oft nicht möglich bzw. wirtschaftlich nicht vertretbar. Daher muss auch bei Gebäuden, in oder an denen Schadstoffe entfernt wurden, noch mit verborgenen Resten gerechnet werden, die zu einer Gefährdung im Zuge künftiger Baumaßnahmen führen können. Zwar sind viele mit Spritzasbest kontaminierte Gebäude inzwischen saniert, doch werden auch in Zukunft in solchen Gebäuden noch Spritzasbestreste gefunden werden, da eine vollständige Entfernung von Spritzasbest aus einem Gebäude oft nicht möglich ist. So kann z. B. Spritzasbest, der sich in Fugen zwischen Stahlträgern und aufgelegten Decken oder zwischen Stützen und direkt angrenzenden tragenden Wänden befindet, ohne Abbruchmaßnahme nicht entfernt werden.

In Gebäuden, in denen in der Vergangenheit Sanierungen durchgeführt wurden, sollte daher immer damit gerechnet werden, dass der Bauherr oder der Sanierer bei diesen Maßnahmen Kompromisse aufgrund technischer oder wirtschaftlicher Beschränkungen eingegangen ist. Die schwierige Aufgabe künftiger Gutachter und Planer ist es, diese Bereiche ausfindig zu machen und in der Planung zu berücksichtigen.

Fazit

Technische oder wirtschaftliche Beschränkungen können in der Vergangenheit zu unvollständigen Erkundungen und Sanierungen und damit zum Verbleib von Schadstoffen in einem Gebäude geführt haben.

2.3.3.3 Nicht erkannte Gefährdungen aufgrund fehlender geeigneter Untersuchungsverfahren

Der Einsatz neuer Untersuchungstechniken und Analyseverfahren sowie neue oder geänderte Regelwerke (z. B. die Ersatzbaustoffverordnung oder CLP-Verordnung mit aktuellen Stoffwerten) können eine neue Bewertung der Gefährdungen oder des Gebäudebestands erforderlich machen.

Auch können von bestimmten Materialien, wie z. B. asbesthaltigen Putzen, Spachtelmassen und Fliesenklebstoffen in Gebäuden, besondere Gefährdungen ausgehen, die bei bloßer Inaugenscheinnahme gar nicht als asbestverdächtig erkannt werden können. Hier werden oft sehr geringe Asbestanteile auch deutlich unter 0,1 Masse-% nachgewiesen. Außerdem war es üblich, auch vor Ort, d. h. auf der Baustelle, einer Mörtelmasse oder einer Beschichtung Asbest beizumischen, bis die gewünschte Konsistenz erreicht wurde. Erst durch Weiterentwicklung der Untersuchungs- und Analysemethoden ist es möglich geworden, solche asbesthaltigen Baustoffe trotz ihres geringen, unregelmäßigen und unsystematischen Vorkommens in Gebäuden sicher zu identifizieren.

Zusammen mit der Weiterentwicklung der Messungen von Asbestfaserbelastungen in der Raumluft konnte nachgewiesen werden, dass selbst bei sehr geringen Asbestgehalten im Bereich < 0,1 Masse-% nach Bearbeitung dieser Materialien in der Luft oft hohe bis sehr hohe Asbestfaserkonzentrationen erreicht werden. Diese Konzentrationen entstehen regelmäßig bei den üblichen Instandsetzungsarbeiten, wie Schleifen von Wänden und Decken, Fräsen von Schlitzen in Wände zur Verlegung von Leitungen oder Bohren sowie auch beim Innenabbruch. Als kritisch gelten in diesem Zusammenhang Gebäude, die vor 1995 errichtet wurden, wobei die überwiegende Verwendung von Asbest zwischen den 1950erJahren und 1989 erfolgte.

Vorhandene Gutachten und Bewertungen sind daher zu überprüfen. Bei Ver dacht auf bisher unerkannte Gefährdungen sind ergänzende Untersuchungen von erfahrenen Sachverständigen unter Anwendung der Grundsätze der VDI 6202-Reihe durchzuführen.

Fazit

Es kann nicht davon ausgegangen werden, dass mit den bisher zur Verfügung stehenden Untersuchungsverfahren alle Schadstoffe bzw. Gefährdungen in einem Gebäude aufgedeckt wurden.

2.3.3.4 Zu geringe Genauigkeit früherer Analyseverfahren

Alte Analyseverfahren weisen zum Teil nicht die heute erreichbare und geforderte Genauigkeit auf bzw. erfüllen nicht die Anforderungen an die Nachweisgrenzen, um nach gegenwärtigen Erkenntnissen und Anforderungen eine Schadstofffreiheit zu belegen.

Unabhängig davon ist der Begriff der „Schadstofffreiheit" auch nicht einheitlich definiert. Ein Beispiel hierfür ist die Asbestanalytik.

Die ersten in den 1970er-Jahren erarbeiteten, infrarotspektroskopischen Verfahren zur Bestimmung des Massenanteils von Asbest in Bauprodukten oder im Staub am Arbeitsplatz hatten eine Nachweisgrenze von 0,1 Masse-%. Dieser Wert wurde daher auch entsprechend in allen bestehenden Verordnungen eingeführt.

Die früher gültigen Untersuchungsverfahren, z. B. für die Analyse von Materialproben (VDI 3866 Blatt 4 „Bestimmung von Asbest in technischen Produkten – Phasenkontrastmikroskopisches Verfahren" [2002] sowie VDI 3866 Blatt 5 „Bestimmung von Asbest in technischen Produkten – Rasterelektronenmikroskopisches Verfahren" [2015]), waren nur für Nachweise eines Massenanteils ≥ 1 % geeignet. Die gängigen Regelwerke zur Untersuchung und Bewertung von Asbest in Gebäuden bezogen sich einerseits auf diese Untersuchungsverfahren, definieren andererseits jedoch bereits Materialien mit einem Gehalt > 0,1 Masse-% als gefährlich – eine Genauigkeit, über die die zugleich vorgegebenen Untersuchungsverfahren gar nicht verfügten. Andere Regelwerke (TRGS 517) definieren wiederum Gehalte an Asbest < 0,1 Masse-% als immer noch bedeutsam gefährdend. Die in den Technischen Baubestimmungen verankerte Asbest-Richtlinie wurde von 1996 bis 2019 nicht geändert. Erst in den letzten Jahren erfolgte eine Anpassung an die heutigen Erkenntnisse.

Derzeit zeigen die Analyseverfahren weitere Fortschritte bei der Nachweisgrenze. So sind heute Nachweisgrenzen von 0,001 Masse-% möglich. Gutachten und Bewertungen der letzten Jahre und Jahrzehnte sind daher und aufgrund von geänderten Regelwerken immer dahingehend zu hinterfragen, ob ihre Aussagen noch Bestand haben. Wohl kann bei einem positiven Befund weiterhin von einer Belastung ausgegangen werden, doch ist umgekehrt ein negativer Befund keine Garantie für eine Schadstofffreiheit des Materials.

Auch weil bei der sehr großen Anzahl von Asbestprodukten insgesamt bestimmte Produkte wie die Abstandshalter und Mauerstärken im Betonbau bis 2017 nicht als asbesthaltig im Bewusstsein der Beteiligten waren, ist eine Neubewertung alter Untersuchungen erforderlich.

Fazit

> Auch wenn ein Schadstoff in der Vergangenheit nicht nachgewiesen wurde, kann eine Belastung vorliegen.

2.3.3.5 Notwendigkeit zusätzlicher Untersuchungen aufgrund neuer Erkenntnisse über das Gefährdungspotenzial eines Schadstoffs

Neue Erkenntnisse über die Gefährlichkeit bestimmter Schadstoffe führen zu einer Ausweitung des Untersuchungsbedarfs und zur Änderung von Einstufungen. Die Bewertung von polychlorierten Biphenylen (PCB) kann hierfür als Beispiel dienen.

Die Untersuchung auf PCB erfolgte über viele Jahre auf Basis von 6 Leitsubstanzen (sogenannten Leitkongenere). Dies sind PCB 28, 52, 101, 138, 153 und 180. Aufgrund toxikologischer Erkenntnisse wird seit einigen Jahren z. B. in der Deponieverordnung und in der Ersatzbaustoffverordnung ein weiteres Kongener (PCB 118) in einer gesonderten Bewertung mit einbezogen. Es ist auf die jeweils korrekte Summenbildung zu achten, um fehlerhafte Bewertungen bzw. Zuordnungen zu vermeiden.

Auch waren die bisherigen Kontrollen gemäß PCB-Richtlinie gegebenenfalls nicht ausreichend, da sie nur einmalig nach Sanierungen vorgesehen waren. Es hat sich inzwischen gezeigt, dass in bestimmten Situationen (Tiefengehalte, Lüftungsmangel, Umbau) ein erneuter Anstieg der Belastung in der Raumluft möglich ist. Bei der Bewertung sind auch gegebenenfalls zwischenzeitlich erfolgte Änderungen von rechtlichen Vorgaben oder festgelegten Richtwerten zu berücksichtigen. So wurden z. B. im Januar 2025 vom AIR die toxikologisch abgeleiteten Richtwerte I (0,080 $\mu g/m^3$ bzw. 80 ng/m^3) und II (0,80 $\mu g/m^3$ bzw. 800 ng/m^3) deutlich abgesenkt, und das bisherige Bewertungskonzept für die Raumluft mit besonderer Berücksichtigung der dioxinähnlichen PCB wurde zurückgezogen.

Daher sind vorhandene Gutachten und zurückliegende Sanierungen stets darauf zu prüfen, ob der Umfang der vorgenommenen Untersuchungen ausreichend war, die Sanierung noch heutigen Maßstäben genügt und entsprechend die vorgenommene Bewertung noch Bestand hat.

Fazit

> Frühere Bewertungen einer Belastung durch Schadstoffe müssen heute keinen Bestand mehr haben.

2.3.3.6 Verbleiben des Schadstoffs im Gebäude bei Sanierung durch Beschichtung oder räumliche Trennung

Die üblichen Sanierungsmaßnahmen zielen in der Regel auf die **Abstellung der Gefahren**, Gefährdungen oder Belästigungen für die Nutzer ab. Dies wurde durch 3 Methoden erreicht:

1. **Entfernen:**
   Die schadstoffhaltigen Bauteile werden vollständig demontiert und entfernt. So wird die Gefährdung vollständig beseitigt.
2. **Beschichten:**
   Die Schadstoffe verbleiben im Objekt, doch wird die Emission durch eine direkte Beschichtung/Versiegelung wirkungsvoll unterbunden.

3. **Räumliche Trennung:**
   Die Schadstoffe verbleiben im Objekt, wobei durch das Einbringen zusätzlicher Bauteile eine räumliche Trennung zwischen schadstoffhaltigem Bauteil und Nutzerbereich geschaffen wird.

Je nach Schadstoff und Konzentration werden für die genannten 3 Methoden unterschiedliche Sanierungstechniken und Materialien verwendet.

Der REACH-Grundgedanke des Ausschleusens von Belastungen aus dem Kreislauf wird von konservierenden Verfahren nicht beachtet.

Nur bei einer Sanierung nach Methode 1 (Entfernen) werden die Schadstoffe entfernt, während bei einer Sanierung nach Methode 2 (Beschichten) oder Methode 3 (räumliche Trennung) nur der Immissionspfad wirkungsvoll unterbrochen und damit die Gefährdung für die Nutzer beseitigt wurde; daher ist ein saniertes Gebäude nicht grundsätzlich mit einem schadstofffreien Gebäude gleichzusetzen. Infolge späterer Störungen der Beschichtung oder der räumlichen Trennung können die Gefährdungen wieder vollständig wirksam werden. Dieser Fall tritt oft durch Unachtsamkeit oder Fehlinformationen ein oder weil die Kenntnis über die ursprüngliche Gefährdung und die Sanierungsmaßnahme verloren gegangen ist. So können z. B. Beschichtungen von asbesthaltigen Brandabschottungen von Kabeln durch später installierte Kabel beschädigt werden oder Beschichtungen von Wänden, die die Freisetzung z. B. von PCB in die Raumluft verhindern sollen, während Renovierungen durch An- oder Abschleifen beschädigt werden.

Der Nachteil einer Teilsanierung oder Sanierung durch Beschichtung oder räumliche Trennung liegt oft darin, dass später vielfach nur noch die bloße Information vorliegt, das Gebäude sei saniert worden. Dies kann dann zu dem falschen Schluss führen, es seien keine Schadstoffe im Gebäude mehr vorhanden.

Fazit

> Sanierung bedeutet nicht immer, dass alle Schadstoffe entfernt wurden, sodass ein Restrisiko verbleibt.

2.3.3.7 Alterung konservierender Sanierungsmaßnahmen

Sanierungen nach den Methoden Beschichtung oder räumliche Trennung wurden unter Verwendung von Beschichtungsstoffen, Versiegelungsmitteln oder dauerelastischen Fugenmassen durchgeführt. Diese Maßnahmen erfolgten teils schon vor mehreren Jahrzehnten, sodass sie inzwischen Alterungserscheinungen durch Schwund- und Dehnungsrisse zeigen. Hinzu kommen Zerstörungen durch unsachgemäßen Umgang. Viele Sanierungsmaßnahmen besitzen deshalb nicht mehr die ursprüngliche Schutzwirkung. Deshalb sind frühere Sanierungen in regelmäßigen Abständen auf ihre Funktionsfähigkeit zu überprüfen.

Fazit

> Eine ausreichende Schutzwirkung nach einer konservierenden Sanierung ist heute oft nicht mehr gegeben.

2.3.3.8 Unzureichende Qualität früherer Sanierungen

Auch Sanierungsverfahren unterliegen einem ständigen Verbesserungsprozess, da sich das Wissen über ihre Wirksamkeit ständig fortentwickelt. So werden Verfahren, die vor wenigen Jahren noch als Stand der Technik galten oder die gängige Praxis darstellten, heute nicht mehr angewendet. Es war z. B. üblich, den Sanierungsbereich nach einer Asbestsanierung sehr intensiv mit Restfaserbindemittel zu behandeln. So wurde eine Freimessung der Raumluft selbst bei Mängeln in der Sanierung und einer unvollständigen visuellen Kontrolle erreicht, da die noch verbliebenen Asbestteilchen durch das Restfaserbindemittel eingebunden und mit dem Untergrund verklebt wurden.

Obwohl die Gefährdung für die Nutzer damit erfolgreich unterbunden wurde, zeigen neue Erkenntnisse, dass bei der Bearbeitung dieser Flächen, z. B. durch Schleifen, wieder Asbestfasern freigesetzt werden (siehe auch Kapitel 2.3.3.3).

Fazit

Frühere Sanierungen können heute eine Gefährdung verursachen.

2.3.3.9 Veränderung der Exposition durch Umbauten

Da Sanierungen teils Jahre oder sogar Jahrzehnte zurückliegen, sind an diesen Objekten inzwischen vielfach Renovierungen und Umbauten durchgeführt worden. Solche Maßnahmen können das oft labile Gleichgewicht zwischen Emission von Schadstoffen aus Baustoffen und Luftwechsel dahingehend beeinflussen, dass erhöhte Schadstoffkonzentrationen in der Innenraumluft auftreten. Das Aufbringen eines Wärmedämm-Verbundsystems auf den Außenwänden kann z. B. dazu führen, dass bisher unbedenkliche PCB-haltige Außenfugen an Gebäuden zu nennenswerten Raumluftbelastungen im Innenbereich führen.

Es empfiehlt sich daher, vor einer Veränderung an der schadstoffbelasteten Bausubstanz zu prüfen, ob daraus Risiken entstehen können.

Fazit

Durch einen Umbau kann eine durch frühere Sanierungen hergestellte unkritische Situation so verändert werden, dass es wieder zu einer Gefährdung kommt.

2.3.3.10 Uneindeutige Abfalldeklaration

Die im Verantwortungsbereich des Bauherrn/Auftraggebers liegende Abfallentsorgung, z. B. von Materialien aus der Schadstoffsanierung, aus der Entkernung oder aus dem Abbruch/Rückbau, erfordert eine detaillierte und eindeutige Beschreibung der betreffenden Stoffe. Wird dies vernachlässigt, entstehen in der Ausführung oft erhebliche Nachforderungen, da gemäß VOB/C ATV DIN 18299 die Entsorgung von Abfällen von mehr als 1 m^3 und schadstoffbelasteten Materialien als „Besondere Leistung" definiert ist. Ein zunächst günstig erscheinender Bieter ist dann im Nachhinein oft nicht

Grundsätzlich sollte gemäß den Leitlinien für Abbruch- und Umbauarbeiten an Gebäuden vorgeschaltete Abfallaudits, Bewirtschaftung von Bau-und Abbruchabfällen in der EU der EU-Kommission vom Mai 2018 ein Sachverständiger/Gutachter unabhängig sein. Daher sollten gutachterliche Tätigkeiten, wie Probenahmen, Analysen und Bewertungen, nicht durch den Bauherrn oder die Bau/Sanierungsfirma bzw. den Handwerker ausgeführt werden.

2.4.2 Qualifikation der Gutachter und Fachplaner

Es ist nicht zwingend davon auszugehen, dass der Schadstoffgutachter zugleich auch der Fachplaner für eine Schadstoffsanierung oder -beseitigung ist, auch wenn dies häufig zutrifft. Eindeutig ist jedoch, dass der Fachplaner erst dann tätig werden kann, wenn ein ausreichend vollständiges Schadstoffkataster von einem qualifizierten Gutachter erstellt wurde. Der Bauherr sucht daher als **Gutachter** einen Sachverständigen, der sich mit der Vielzahl der Bauschadstoffe, ihren sehr unterschiedlichen Eigenschaften und ihren möglichen Fundstellen gut auskennt und somit die Risiken aus den Schutzansprüchen Dritter und die finanziellen Folgen aus dem Bauablauf beherrschbar macht. Dieselben Ansprüche stellt er an den **Fachplaner**, der die Schadstoffbefunde und Bewertungen in eine Sanierungsplanung umsetzt.

Informationen über entsprechende Fachleute sind z. B. von Fachverbänden und Landesregierungen, Industrie- und Handelskammern sowie Architekten-, Ingenieur- und Landwirtschaftskammern, die entsprechende Verzeichnisse führen, zu erhalten.

Die darin aufgelisteten Fachleute verfügen über die in Kapitel 2.4.1 beschriebenen grundsätzlichen Qualifikationen; darüber hinausgehende besondere Qualifikationen sind z. B. bestimmte Erfahrungen und Verfahrensweisen des Fachmanns.

Für die **Abfrage der besonderen persönlichen Qualifikationen des Sachverständigen und Fachplaners** sind folgende Kriterien geeignet:

- mindestens dreijährige Erfahrung auf dem Gebiet der Schadstofferkundung und -sanierung
- Hochschul- bzw. Fachhochschulabschluss, insbesondere im Bereich des Ingenieurwesens oder der Naturwissenschaften (Chemie, Biologie, Geologie und Umwelt), alternativ zehnjährige Berufserfahrung im Bereich der Schadstofferkundung und -sanierung; fundiertes Fachwissen u. a. im Bereich Baukonstruktion, Sanierungstechnik, Arbeitsschutz, Vergaberecht und Abfall sowie insbesondere im Schadstoffbereich
- Fachkunde gemäß TRGS 524/Sachkunde gemäß DGUV Regel 101-004
- Sachkunde für Asbest gemäß TRGS 519
- Nachweis der alle 6 Jahre erforderlichen Fortbildung gemäß TRGS 519
- Fachkunde nach LAGA PN 98 (Mitteilung der Bund/Länder-Arbeitsgemeinschaft Abfall [LAGA] 23) „Richtlinie für das Vorgehen bei physikalischen, chemischen und biologischen Untersuchungen im Zusammenhang mit der Verwertung/Beseitigung von Abfällen“ (2001)
- Sachverständiger für Asbest nach VDI 6202 Blatt 20 bzw. Blatt 20.1

Zum **Nachweis der besonderen persönlichen Qualifikationen des Sachverständigen und Fachplaners** eignen sich z. B. die folgenden Unterlagen:

- tabellarischer Lebenslauf mit den wichtigsten allgemeinen Ausbildungen und Fortbildungen, Angaben zur Gremienarbeit sowie zu Veröffentlichungen und Vorträgen
- Bescheinigungen über regelmäßige Fortbildungen im Tätigkeitsbereich
- Arbeitsmuster, wie Gutachten oder Schadstoffsanierungsplanungen
- Referenzen mit entsprechender Bestätigung durch den Auftraggeber, den Kontaktdaten des Auftraggebers mit Ansprechpartner für Auskünfte sowie einem Exposé mit Ablaufbeschreibungen und Angaben zu
  - Bauvolumen,
  - Gebäudeart,
  - Schadstoffart und
  - Belastungsverteilung

2.4.3 Qualifikation der Gutachter- und Fachplanerunternehmen

Der **Nachweis der Qualifikation des Unternehmens, in dem der Sachverständige tätig ist,** kann mit folgenden Unterlagen erfolgen:

- Qualitätsmanagement-(QM-)System/Akkreditierungen (Deutsche Akkreditierungsstelle [DAkkS])
- Zertifizierungen (z. B. durch den GVSS oder gleichwertige Stellen)
- Akkreditierung für Probenahme (Deutsche Akkreditierungsstelle [DAkkS])
- RAL-Gütezeichen für Gutachter- und Fachplanerleistungen (RAL-Gütezeichen Schadstoffsanierung, 2024)
- Unternehmensreferenzen (zur Art der Beschreibungen siehe oben die Angaben zu besonderen persönlichen Qualifikationen)
- technische Leistungsfähigkeit (Ausstattung für Planung und Messtechnik im Hause)
- Nebenqualifikationen für mit der Maßnahme einhergehende Aufgaben
- wirtschaftliche Leistungsfähigkeit (Jahresumsätze, Zahl qualifizierter Mitarbeiter)
- Zuverlässigkeit mit Zentralregisterauszügen (in Nordrhein-Westfalen, z. B. gemäß zentraler IHK-Präqualifikation)
- Versicherungsbestätigung (siehe Kapitel 2.4.5)

Die Auswahl der Abfragen obliegt dem Bauherrn je nach den konkreten Ansprüchen. Seltener zieht er hierfür einen Fachmann heran; dieser sollte jedoch nicht selbst zur Auswahl stehen.

2.4.4 Qualifikation der Sanierungsunternehmen

Entsprechend der überwiegend üblichen Aufgabenteilung im Bauablauf wird die Sanierungsausführung ohne darin enthaltene Planungsanteile vergeben. Fachunternehmen, die Schadstoffsanierungen anbieten, sollten die Grundstufen des Fachwissens, d. h. die Fachkunde und die Sachkunde, nachweislich erfüllen. Es ist davon auszugehen, dass die verbandlich organisierten Fachfirmen für Schadstoffsanierungen bzw. -beseitigungen über diese Grundvoraussetzungen hinaus durch Fortbildungen wichtige zusätzliche Qualifikationen besitzen.

Da Fachunternehmen, die Arbeiten/Tätigkeiten an Schadstoffen/Gefahrstoffen verrichten, grundsätzlich der Gefahrstoffverordnung unterliegen, ist vielfach ein Zusammenwirken mit staatlichen Arbeitsschutzbehörden und den gesetzlichen Unfallversicherungsträgern notwendig. Das hier unbedingt notwendige Vertrauen kann nur durch den Nachweis fachlicher Qualifikationen und Zusatzqualifikationen, durch ein etabliertes QM-System, durch Zertifizierung, z. B. durch den GVSS, sowie bei bestimmten Schadstoffen auch durch die Zulassung durch die jeweilige Arbeitsschutzbehörde begründet werden.

Die **Auswahl eines qualifizierten Sanierungsunternehmens** kann dabei nach den folgenden Kriterien erfolgen:

- mindestens dreijährige ordnungsgemäße und eigenverantwortliche Tätigkeit mit Sanierungsarbeiten
- mindestens 50 % der Arbeitsleistungen bei Sanierungsarbeiten mit eigenem Personal
- mindestens 2 leitende Mitarbeiter des Unternehmens mit nachgewiesener erforderlicher Fach- bzw. Sachkunde
- Zulassung gemäß § 11a Abs. 3 Gefahrstoffverordnung (sofern für die Arbeiten erforderlich)
- RAL-Gütezeichen für Sanierungsfachbetriebe (RAL-Gütezeichen Schadstoffsanierung, 2024)
- Zertifizierung als Sanierungsfachbetrieb (z. B. Sanierungsfachbetrieb gemäß GVSS)
- Qualitätsmanagement-(QM-)System/Akkreditierungen (Deutsche Akkreditierungsstelle [DAkkS])

Die **Leistungsfähigkeit des Sanierungsunternehmens** kann mit den folgenden Unterlagen belegt werden:

- wirtschaftliche Leistungsfähigkeit (Jahresumsätze, Mitarbeiterzahl, Finanzkraft)
- Leistungen in den letzten 3 abgeschlossenen Geschäftsjahren, die mit der zu vergebenden Leistung vergleichbar sind, mit Angaben zu
  - Ausführungszeitraum,
  - Auftraggeber mit Ansprechpartner,
  - Planer,
  - Auftragssumme und
  - vertraglichen Leistungen bzw. Leistungsanteil bei Arbeitsgemeinschaften (Volumen, Gebäudeart, Schadstoffart und Belastungsverteilung)
- Zahl der in den letzten 3 abgeschlossenen Geschäftsjahren jahresdurchschnittlich beschäftigten Arbeitskräfte aus dem Bereich Schadstoffsanierung, gegliedert nach Berufsgruppen
- technische Ausrüstung im Unternehmen (Ausstattung an Sicherheitseinrichtungen und Maschinen)
- Nachweis der Betriebshaftpflichtversicherung mit ausreichender Deckungssumme
- Zuverlässigkeit (in Nordrhein-Westfalen gemäß zentraler IHK-Präqualifikation)
- Nachweise über regelmäßige Mitarbeiterschulungen

Die **persönliche Qualifikation des Leitungspersonals** kann durch folgende Unterlagen nachgewiesen werden:

- Hochschul- bzw. Fachhochschulabschluss, insbesondere im Bereich der Bau- und Umweltwissenschaften
- mindestens dreijährige Erfahrung auf dem Gebiet der Schadstoffsanierung in leitender Funktion, alternativ:
  - Berufsabschluss als Meister oder Techniker im Bauhauptgewerbe und fünfjährige Berufserfahrung im Bereich der Schadstoffsanierung in leitender Funktion oder
  - abgeschlossene Berufsausbildung sowie zehnjährige Berufserfahrung im Bereich der Schadstoffsanierung in leitender Funktion
- fundierte Kenntnisse in den Bereichen
  - Gebäude- und Anlagenkonstruktion,
  - Baustoffkunde,
  - Vergabe- und Vertragsordnung für Bauleistungen, Teil A, B und C (VOB/A, VOB/B, VOB/C),
  - Schadstoffbelastungen in Gebäuden und Anlagen,
  - rechtliche Rahmenbedingungen (Gesetze, Verordnungen und weitere einschlägige Regelwerke),
  - Arbeitssicherheit, Gesundheitsschutz und Umweltschutz sowie
  - Planung von Sanierungsabläufen
- Fachkunde gemäß TRGS 524/Sachkunde gemäß DGUV Regel 101-004
- Sachkunde für Asbest gemäß TRGS 519
- Nachweis der alle 6 Jahre erforderlichen Fortbildung gemäß TRGS 519

Als **persönliche Qualifikation der Sanierungsmitarbeiter** sind beizubringen:

- Unterlagen arbeitsmedizinischer Vorsorgeuntersuchungen

Einige **Asbestsanierungsaufgaben oder -beseitigungsmaßnahmen** können durch die **klassischen Baugewerke** abgewickelt werden, wenn sie mit einer zusätzlichen Qualifikation ausgestattet sind. Dachdecker, Heizungsbauer und andere Handwerker benötigen sie, um Arbeiten im Bestand ausführen zu können. Vorwiegend sind dies spezielle Asbest-Sachkundelehrgänge gemäß TRGS 519/TRGS 524. Es ist zu prüfen, ob der jeweilige Lehrgang auch die Qualifikation für die vorgesehene Arbeit umfasst. Den Inhalt und den Ablauf der Sachkundelehrgänge sowie die Abschlussprüfung regelt die jeweilige TRGS. Sanierungsunternehmen besitzen darüber hinaus oft auch Kapazitäten im Trockenbau und anderen ausbaunahen Gewerken, sodass sie die Wiederherstellung nach einer entfernenden Sanierungsmaßnahme eigenständig leisten können. Diese Leistungsfähigkeit lässt sich allerdings auch durch Kooperationspartner herstellen.

Hinweis

Es ist zu beachten, dass außer Asbest und entsprechend bestehenden Umgangsverboten auch andere Schadstoffe **vor** den nachfolgenden Arbeiten zu entfernen sind.

2.4.5 Risikoabsicherung

Im Baubereich ist regelmäßig eine Betriebs- bzw. Berufshaftpflichtversicherung notwendig, um Personen-, Sach- und Vermögensschäden abzudecken, die aus Mängeln der Bauausführung oder der Planung entstanden sind. Dies gilt grundsätzlich auch für die Schadstoffsanierung und -beseitigung in Gebäuden, den Abbruch/Rückbau und die Abfallentsorgung.

Auch wenn durch eine Sanierung alle Schadstoffquellen entfernt worden sind, können durch unsachgemäßes Arbeiten **Kontaminationen** entstanden sein, die die spätere Nutzung einschränken oder verhindern. Auch bei Abbruch-/Rückbaumaßnahmen können zahlreiche **Schäden auf dem Baugrundstück und in der Nachbarschaft** entstehen, die unter Umständen erst nach Abschluss der Maßnahmen festgestellt werden. Im ungünstigsten Fall kann es auch zu **Personenschäden** durch Schadstofffreisetzungen kommen. Ein hohes **Risiko** für den Auftraggeber stellt ebenfalls die **Entsorgung** dar, insbesondere wenn das Sanierungs-, Bau- oder Abbruchunternehmen bei Firmenauflösung oder Insolvenz nicht mehr haftbar gemacht werden kann.

Wenn es zur Ausbreitung von Schadstoffen in angrenzende Gebäude oder Räume gekommen ist, können finanzielle Aufwendungen, z. B. aufgrund von Mietminderungen, Produktionsausfällen oder Nachbarschaftsklagen mit Regressforderungen, erforderlich sein, die unter günstigen Bedingungen gegebenenfalls als Versicherungsfälle abzuarbeiten sind. Daher ist besondere Sorgfalt auf die Auswahl der ausführenden Unternehmen und Gutachter/Planer sowie auf die Festlegung von Gewährleistungsfristen (gegebenenfalls mit Bürgschaften) und auf die Prüfung eines ausreichenden Versicherungsschutzes zu legen.

Asbestrisiko

Seit vielen Jahren sind Risiken aufgrund von Asbest in vielen Versicherungsverträgen nicht mehr abgedeckt. Ausgelöst wurden diese Veränderungen durch Asbestschadensfälle in den USA im Bereich der dortigen Feuerfest-Industrie. Die Entschädigungszahlungen, die auf 120 Milliarden US-Dollar geschätzt wurden, hatten durch die internationalen Verflechtungen der Versicherungsgesellschaften auch Auswirkungen auf die deutschen Versicherungen.

Als Folge wurden in **Abschnitt 7.11 der Allgemeinen Versicherungsbedingungen für die Haftpflichtversicherung (AHB)** des Gesamtverbands der Deutschen Versicherungswirtschaft e. V. (GDV) durch Asbest verursachte **Risiken ausgeschlossen**. Danach wäre eine Haftung für Schäden im Zusammenhang mit Asbest nur noch dann abgesichert, wenn es sich um Ereignisse wie bei anderen Baustoffen auch handelt, nicht aber, wenn Asbestfasern auf die Gesundheit des Menschen einwirken.

Hinweis

> Aus den oben genannten Gründen muss das Asbestrisiko in der Regel separat versichert werden.

Da Unternehmen, Selbstständige und Freiberufler wie auch Privatpersonen in den meisten Fällen unbegrenzt haften, stellt dies nicht nur für die Versicherungsnehmer, sondern auch für den Versicherer ein bedeutendes Risiko dar. Das Risiko wird für den Versicherer über die Vereinbarung abstrakter Höchstleistungsgrenzen, sogenannter **Deckungssummen**, kalkulierbar. Die Deckungssummen stehen grundsätzlich je Schadensfall zur Verfügung, die Gesamtleistung des Versicherers für alle Versicherungsfälle eines Versicherungsjahres wird jedoch häufig auf das Doppelte der Deckungssumme begrenzt (sogenannte zweifache Maximierung). Doch nicht alle Gesellschaften versichern diese Schäden in gleicher Höhe, bei manchen Haftpflichtversicherungen steht die Deckungssumme nur einmal pro Versicherungsjahr zur Verfügung.

Für Sanierungsmaßnahmen wird für den Gutachter/Fachplaner (VDI/GVSS 6202 Blatt 1) und ebenso für das Sanierungsunternehmen eine **Berufs- bzw. Betriebshaftpflichtversicherung** mit folgenden **Mindestdeckungssummen** empfohlen:

- Personenschäden: 1.500.000 €
- Sach- und Vermögensschäden: 1.000.000 €
- Umwelt- und Gewässerschäden: 1.000.000 €

Die Deckung sollte Risiken mit allen Schadstoffen, einschließlich Asbest, umfassen; sie ist im Einzelfall entsprechend objektbezogen anzupassen.

Risikoausschlüsse durch die Allgemeinen Versicherungsbedingungen für die Haftpflichtversicherung (AHB)

Die Allgemeinen Versicherungsbedingungen für die Haftpflichtversicherung (AHB) stellen für fast alle Haftpflichtsparten die Basis dar. Sie sind daher sehr allgemein gehalten. Dies hat zur Folge, dass in den AHB viele Ausschlüsse bzw. Einschränkungen aufgeführt sind, wie z. B. der Ausschluss für Asbest sowie für Umwelteinwirkungen oder Einschränkungen bei Vermögensschäden. Diese sind durch Zusatzvereinbarungen wieder einzuschließen oder über separate Versicherungen abzudecken.

Die **Besonderen Bedingungen und Risikobeschreibungen** (BBR) der Versicherer sowie besondere Vereinbarungen oder Nebenklauseln regeln die Mitversicherung der berufsspezifischen Risiken. Doch können hier gegenläufige Klauseln wieder zur **Einschränkung des Versicherungsschutzes** führen. Hierzu zählen z. B.

- der generelle Ausschluss von „Umweltschäden“ oder von „luftgetragenen Schadagenzien“,
- der generelle Ausschluss von bestimmten Gefahrstoffen,
- der Ausschluss bestimmter Tätigkeiten,
- der Ausschluss bei Vorsatz,
- der Ausschluss bei Verstoß gegen Gesetze, Vorschriften, Auflagen und Normen,
- die Radiusklausel (oft in Versicherungen von Abbruchunternehmen), nach der Schäden innerhalb eines Radius, der der halben Höhe des Gebäudes entspricht, nicht versichert sind,
- der Ausschluss bei pflichtwidrigem Verhalten,

- die Ausweitung der Definition von Umwelteinwirkungen über das übliche Maß hinaus,
- der Ausschluss von Schäden an fremden Sachen, die der Versicherungsnehmer bearbeitet, und
- der Ausschluss von Schäden durch Arbeiten des Versicherungsnehmers.

Aus diesem Grund sollte der Bauherr, statt nur die übliche kurze Bestätigung eines Versicherungsschutzes zu fordern, grundsätzlich prüfen, ob für die beabsichtigten Tätigkeiten überhaupt ein Versicherungsschutz und eine ausreichende Deckungssumme bestehen. Die Herausgabe der originalen Versicherungspolicen wird von den Versicherungen oft mit dem Hinweis auf das Geschäftsgeheimnis verweigert. Wenn die Prüfung der Originaltexte daher nicht möglich ist, sollten von der Versicherung Bestätigungen bzw. Abfragen über den Versicherungsschutz für das entsprechende Bauvorhaben eingeholt werden, die alle aktuell bekannten Einwände proaktiv ausschließen.

Zu Haftungsrisiken und Versicherungsschutz bei der Schadstoffsanierung siehe auch Lenoir, 2013.

3 Datenblätter Schadstoffe

3.1 Datenblatt Asbest

Stoffliche Eigenschaften

Das griechische Wort „asbestos“ bedeutet „unauslöschlich“ oder „unvergänglich“.

Asbeste sind natürliche Silikate mit Faserstruktur. Die technisch bedeutsamen Asbeste werden **2 Gruppen** zugeordnet:

- Serpentin-Gruppe:
  - Chrysotil (Weißasbest)
- Amphibol-Gruppe:
  - Amosit (Braunasbest)
  - Krokydolith (Blauasbest)
  - Aktinolith
  - Anthophyllit
  - Tremolit

Eigenschaften von Asbestfasern

- beständig gegen Hitze
- beständig gegen Säuren
- Wasser abweisend (hydrophob)
- die Thixotropie verändernd
- elastisch
- spinnbar
- biopersistent

Verwendung

Funktionen

- Brandschutz
- Hitzeschutz
- Schallschutz
- Feuchteschutz
- Bewehrung
- Verbesserung der Abriebfestigkeit
- Einstellung des Fließverhaltens (z. B. von Fliesenklebern)

Datenblatt Asbest

Stoffliche Eigenschaften

Verwendung

Chronologie der Verbote und Regelungen

Gesundheitsrisiken

Einstufung der Schadwirkung

Risikobewertung und Feststellung der Sanierungsdringlichkeit

Quellenermittlung

Richtwerte/Grenzwerte – Nutzerschutz

Arbeitsplatzgrenzwerte – Schutz der Beschäftigten des Sanierungsunternehmens

Wichtige Regelwerke

Tätigkeiten mit Asbest/ Sanierung

Qualifikation des Sanierungsunternehmens und erforderliche Nachweise

Schutzmaßnahmen

Erfolgskontrolle

Entsorgung

Produkte

- Bauprodukte:
  Asbestzement-(AZ-)Produkte (Platten, Rohre, Formteile, Abstandhalter, Schalungsankerhülsen / Mauerstärken), Leichtbauplatten, Pappen, Bodenbeläge, Kleber, Spritzputz, sonstige Putze, Spachtelmassen, Mörtelmassen, Steinholz-/Magnesitestriche, Dämmstoffe, Schnüre, Dichtmassen, Kitte, Abdichtungsbahnen, Anstriche/Beschichtungen, Isoliermaterial, Stopfmassen, Schaumstoffe, Teer-/Bitumenmassen, Gewebematten, Dichtungen, Packungen u. a. m.
  Asbest wurde in der Regel bei der Herstellung der Bauprodukte im Werk eingesetzt. In Einzelfällen wurde Asbest dem Material jedoch auch erst auf der Baustelle zugemischt (z. B. zu Diatomeenerde als Dämmstoff für Heizungsrohre).
- Elektrospeicherheizgeräte:
  Geräte bis Baujahr 1984 können asbesthaltige Bauteile enthalten. Es werden 3 Gerätegruppen unterschieden:
  - Gerätegruppe 1: Geräte ohne asbesthaltige Materialien
  - Gerätegruppe 2: Geräte mit asbesthaltigen Materialien in Kleinteilen
    Bei einer Anordnung asbesthaltiger Bauteile außerhalb des Luftstroms ist bei ordnungsgemäßem Betrieb und intaktem Gerät nicht mit einer Freisetzung von Asbestfasern zu rechnen.
  - Gerätegruppe 3: Geräte mit asbesthaltigen Materialien größeren Umfangs
    Bei Geräten dieser Gerätegruppe befinden sich die asbesthaltigen Bauteile im Luftstrom des Geräteventilators (z. B. asbesthaltiger Kernsteinträger, Dichtungen an der Bypassklappe aus Asbestpappe oder Asbestschnur). Bei diesen Geräten ist mit einer Freisetzung von Asbestfasern zu rechnen.

Gehalt im Material

- < 0,1 bis 100 Masse-%

Seit Jahrzehnten erfolgt die Einteilung der Asbestprodukte auf Basis der Dichte. Nach TRGS 519, Abschnitt 2.11 bis 2.13, werden 3 Asbestproduktgruppen unterschieden:

- schwach gebundene Asbestprodukte:
  Dichte < 1.000 kg/m³ (Ausnahmen mit Dichte > 1.000 kg/m³ siehe Asbest-Richtlinie 2020)
- Asbestzementprodukte (fest gebundene Asbestprodukte):
  Dichte > 1.400 kg/m³, Asbestgehalt < 15 Masse-%
  Zu den fest gebundenen Asbestprodukten zählen z. B. auch Estriche, Bodenbeläge, Kleber, Spachtelmassen, Anstriche und Beschichtungen, die in einer zähen Matrix gebunden sind.
- sonstige Asbestprodukte:
  Das Faserfreisetzungspotenzial der sonstigen Asbestprodukte ist vergleichend zu bewerten.

Die in der TRGS 519 angeführte Dichte und die Bindematrix (Zement) sind dabei nur 2 Einflussfaktoren in Bezug auf die Freisetzung von Asbestfasern. Die Gefahrstoffverordnung kennt diese Unterscheidung nicht mehr. Dafür ist ein risikobezogenes Maßnahmenkonzept verankert, bei dem im Rahmen der Gefährdungsbeurteilung die bei Tätigkeiten auftretende Gefährdung zu ermitteln ist. Unter Berücksichtigung der vorgesehenen Schutzmaßnahmen wird ermittelt, ob Tätigkeiten im Bereich niedrigen, mittleren oder hohen Risikos ausgeübt werden sollen. Berücksichtigung finden können dabei u. a. der Asbestgehalt, die Bindungsform und der Zustand des Bauprodukts, die Art der Tätigkeiten, die Arbeits- und Umgebungsbedingungen sowie die eingesetzten Verfahren (vgl. TRGS 400 Abschnitt 5 „Ermitteln von Gefährdungen").

Verwendungszeitraum

- bis 1969: Spritzasbest in der DDR
- bis 1979: Spritzasbest in der Bundesrepublik
- bis 1984: schwach gebundene Asbestprodukte in der Bundesrepublik (in Ausnahmefällen auch danach)
- bis 1988/1989 asbesthaltige Schaumstoffe in Brandschutzklappen und in Bauteilfugen
- bis 1993: Asbestzementplatten im Hochbau
- bis Ende 1994: Herstellung und Verwendung von Asbest und asbesthaltigen Materialien in Deutschland zulässig
- bis Ende 2004: Asbest in der EU
- bis Juni 2025: chrysotilhaltige Diaphragmen für die Chloralkalielektrolyse (nationale Ausnahme von Beschränkungsregelungen nach § 17 GefStoffV und nach Verordnung [EG] Nr. 1907/2006 [REACHVerordnung])

Chronologie der Verbote und Regelungen

- 1969: Verbot von Spritzasbest in der DDR, der dort nahezu ausschließlich im Schiffbau und nur in Ausnahmefällen in Gebäuden verwendet wurde (Asbest in den neuen Bundesländern, S. 3; Asbest. Informationen über Abbruch, Sanierungs- und Instandhaltungsarbeiten, 2015, S. 6)
- 1979: Verbot von Spritzasbest in der Bundesrepublik (VBG 119, 1979)
- 1983: EWG-Richtlinie über den Schutz der Arbeitnehmer gegen Gefährdung durch Asbest am Arbeitsplatz (Richtlinie 83/477/EWG)
- 1984: Verbot der Verwendung einer Vielzahl schwach gebundener Asbestprodukte (VBG 119, 1982)
- 1986:
  - Asbestverbote, Kennzeichnungspflicht (Gefahrstoffverordnung 1986)
  - Leitfaden „Spritzasbest und ähnliche Asbestprodukte in Innenräumen – erkennen, bewerten, sanieren" (Vorläufer der Asbest-Richtlinien 1989 und 1996)
- 1988: TRGS 517 „Asbest"

Datenblatt Asbest
Stoffliche Eigenschaften
Verwendung
Chronologie der Verbote und Regelungen
Gesundheitsrisiken
Einstufung der Schadwirkung
Risikobewertung und Feststellung der Sanierungsdringlichkeit
Quellenermittlung
Richtwerte/Grenzwerte – Nutzerschutz
Arbeitsplatzgrenzwerte – Schutz der Beschäftigten des Sanierungsunternehmens
Wichtige Regelwerke
Tätigkeiten mit Asbest/Sanierung
Qualifikation des Sanierungsunternehmens und erforderliche Nachweise
Schutzmaßnahmen
Erfolgskontrolle
Entsorgung

Datenblatt Asbest
Stoffliche Eigenschaften
Verwendung
Chronologie der Verbote und Regelungen
Gesundheitsrisiken
Einstufung der Schadwirkung
Risikobewertung und Feststellung der Sanierungsdringlichkeit
Quellenermittlung
Richtwerte/Grenzwerte – Nutzerschutz
Arbeitsplatzgrenzwerte – Schutz der Beschäftigten des Sanierungsunternehmens
Wichtige Regelwerke
Tätigkeiten mit Asbest/ Sanierung
Qualifikation des Sanierungsunternehmens und erforderliche Nachweise
Schutzmaßnahmen
Erfolgskontrolle
Entsorgung

- 1989: „Richtlinien für die Bewertung und Sanierung schwachgebundener Asbestprodukte in Gebäuden" (Asbest-Richtlinie 1989)
- 1990:
  - Umstufung von Asbest aus der Gefährdungsgruppe II (stark gefährdend) in die Gruppe I (sehr stark gefährdend) (2. Gefahrstoff-Änderungsverordnung)
  - TRGS 519 „Asbest. Abbruch-, Sanierungs- oder Instandhaltungsarbeiten" (löste die TRGS 517 von 1988 ab)
- 1992: Verbot der Verwendung von Asbestzementplatten im Hochbau (2. Gefahrstoff-Änderungsverordnung)
- 1995: Verbot der Herstellung und der Verwendung von Asbest und asbesthaltigen Materialien (Chemikalien-Verbotsverordnung, Gefahrstoffverordnung 1993)
- 1996: Asbest-Richtlinie 1996 (Überarbeitung der Asbest-Richtlinie 1989)
- 2000: BGI 664 „Verfahren mit geringer Exposition gegenüber Asbest bei Abbruch-, Sanierungs- und Instandhaltungsarbeiten"
- 2005: EU-weites Asbestverbot (Richtlinie 2003/18/EG). Trotz des Verbotes kommt es immer wieder zur Einfuhr von Asbestprodukten nach Deutschland.
- 2009: Richtlinie 2009/148/EG des Europäischen Parlaments und des Rates vom 30. November 2009 über den Schutz der Arbeitnehmer gegen Gefährdung durch Asbest am Arbeitsplatz
- 2013:
  - Entschließung des Europäischen Parlaments: Von der Europäischen Union wird gefordert, gemäß Art. 11 Richtlinie 2009/148/EG ein Modell für das Screening und die Registrierung von Asbest auszuarbeiten und Eigentümern von öffentlichen und gewerblichen Gebäuden vorzuschreiben, ihre Gebäude auf das Vorhandensein von Asbest zu prüfen, sowie einen Aktionsplan für die bis 2028 durchzuführende sichere Beseitigung von Asbest aus öffentlichen Gebäuden und Gebäuden mit Dienstleistungsfunktion zu erarbeiten (Entschließung des Europäischen Parlaments vom 14. März 2013 zu asbestbedingten Gefährdungen der Gesundheit am Arbeitsplatz und Aussichten auf Beseitigung von sämtlichem noch vorhandenen Asbest).
  - TRGS 517 „Tätigkeiten mit potenziell asbesthaltigen mineralischen Rohstoffen und daraus hergestellten Gemischen und Erzeugnissen"
- 2014: Verbot der Sanierungsmethode 2 (Beschichten) der Asbest-Richtlinie 1996 bei schwach gebundenen Asbestprodukten (Muster-Liste der Technischen Baubestimmungen, März 2014)
- 2014: Absenkung der Konzentration für die Zulassung von emissionsarmen Verfahren von 15.000 F/m^3 auf 10.000 F/m^3 (TRGS 519, Ausgabe Januar 2014)
- November 2020: überarbeitete Asbest-Richtlinie (Anhang 16 der Muster-Verwaltungsvorschrift Technische Baubestimmungen, Ausgabe 2025/1), Ergänzung „Individuelle Bewertung", Hinweise auf

REACH-Verordnung, Methode Beschichtung ist nicht mehr anzuwenden

- 2023: Absenkung des verbindlichen EU-weiten Arbeitsplatzgrenzwerts Binding Occupational Exposure Limit Value (BOELV) bis zum 20. Dezember 2029 auf 10.000 F/m³ bzw. ab dem 21. Dezember 2029 auf 10.000 F/m³ inklusive dünner Fasern bzw. auf 2.000 F/m³ ohne Berücksichtigung dünner Fasern:
  Richtlinie (EU) 2023/2668 des Europäischen Parlaments und des Rates vom 22. November 2023 zur Änderung der Richtlinie 2009/148/EG über den Schutz der Arbeitnehmer gegen Gefährdung durch Asbest am Arbeitsplatz
- 2024: Anpassung der GefStoffV, umfassende Anpassung der Asbestregelungen, Übernahme des risikobezogenen Maßnahmenkonzepts bei Tätigkeiten mit krebserzeugenden Gefahrstoffen (vormals nur in der TRGS 910 geregelt), Legalisierung von Tätigkeiten zur „funktionalen Instandhaltung", Einführung der Informations- und Mitwirkungspflicht des Veranlassers (Informationen zu Baujahr, Baubeginn bzw. Schadstoffbelastung), Stichtag Asbestverdacht für vor dem 31. Oktober 1993 errichtete Gebäude (Übergangsfristen siehe GefStoffV, Anhang I 3.8), Gefährdungsbeurteilung und ggf. Erkundungspflicht beim ausführenden Unternehmen
- 1. Juli 2025: Ende der Ausnahmeregelung für chrysotilhaltige Diaphragmen für die Chloralkalielektrolyse (Verordnung [EG] Nr. 1907/2006 [REACH], Anhang XVII Nr. 6)

Gesundheitsrisiken

- chronische Toxizität:
  - krebserzeugend
  - Asbestose verursachend
- enthält lungengängige Fasern
  Das krebserzeugende Agens ist die lungengängige, biopersistente Faser.
  Als lungengängig gelten gemäß WHO-Definition (Determination of airborne fibre number concentrations, 1997) Fasern mit folgenden Abmessungen:
  - Länge $L > 5$ µm
  - Faserdurchmesser $D < 3$ µm
  - Verhältnis Länge zu Durchmesser $L : D > 3 : 1$
- Unit Risk (100 F/m³):
  - $2 \cdot 10^{-5}$ (LAI-Bericht, 2004)
- anerkannte asbestverursachte Berufskrankheiten (BK):
  - BK 4103 Asbeststaublungenerkrankung (Asbestose)
  - BK 4104 Lungenkrebs, Kehlkopfkrebs oder Eierstockkrebs
  - BK 4105 Durch Asbest verursachtes Mesotheliom
  - BK 4114 Lungenkrebs durch das Zusammenwirken von Asbestfaserstaub und polycyclischen aromatischen Kohlenwasserstoffen (PAK)

Datenblatt Asbest
Stoffliche Eigenschaften
Verwendung
Chronologie der Verbote und Regelungen
Gesundheitsrisiken
Einstufung der Schadwirkung
Risikobewertung und Feststellung der Sanierungsdringlichkeit
Quellenermittlung
Richtwerte/Grenzwerte – Nutzerschutz
Arbeitsplatzgrenzwerte – Schutz der Beschäftigten des Sanierungsunternehmens
Wichtige Regelwerke
Tätigkeiten mit Asbest/Sanierung
Qualifikation des Sanierungsunternehmens und erforderliche Nachweise
Schutzmaßnahmen
Erfolgskontrolle
Entsorgung

Datenblatt Asbest

Stoffliche Eigenschaften

Verwendung

Chronologie der Verbote und Regelungen

Gesundheitsrisiken

Einstufung der Schadwirkung

Risikobewertung und Feststellung der Sanierungsdringlichkeit

Quellenermittlung

Richtwerte/Grenzwerte – Nutzerschutz

Arbeitsplatzgrenzwerte – Schutz der Beschäftigten des Sanierungsunternehmens

Wichtige Regelwerke

Tätigkeiten mit Asbest/ Sanierung

Qualifikation des Sanierungsunternehmens und erforderliche Nachweise

Schutzmaßnahmen

Erfolgskontrolle

Entsorgung

Richtwerte/Grenzwerte – Nutzerschutz

Innenraumluft

Eine Konzentrationsschwelle, unterhalb derer eine Gefährdung der Gesundheit nicht mehr gegeben ist, kann nicht festgelegt werden; daher existieren keine Innenraumrichtwerte für Asbest.

Zielwerte gemäß **Asbest-Richtlinie 2020** für die Asbestfaserkonzentration in der Raumluft:

- Erfolgskontrolle nach Sanierung:
  - Messwert: < 500 F/m³
  - oberer Poissonwert: < 1.000 F/m³
- Erfolgskontrolle nach vorläufigen Maßnahmen:
  - Messwert: ≤ 1.000 F/m³

Empfehlung gemäß VDI 3877 Blatt 2, Abschnitt 6.6:

„Wurden Raumluftmessungen nach VDI 3492 durchgeführt und war das Ergebnis einer oder mehrerer Messungen größer 1.000 Asbestfasern pro m³ Luft, ist der Raum aus der Nutzung zu nehmen. Die weitere Nutzung ist nur unter Schutzbedingungen und Beachtung der Vorgaben der TRGS 519 möglich (eingeschränkter Nutzerkreis) und sollte mit Angabe des Datums und der Nutzungsdauer dokumentiert werden."

Außenluft

Werte gemäß **LAI-Bericht, 2004**:

- gemessener Jahresmittelwert 2001:
  - 88 F/m³
- Zielwert:
  - 220 F/m³ (Risiko: $4{,}4 \cdot 10^{-5}$)
- langfristig angestrebt:
  - 5 F/m³ (Risiko: 10^{-6})

Für die Allgemeinbevölkerung sieht die EU-Kommission hinsichtlich Kanzerogenen in der Außenluft ein Risiko von 10^{-6} (Konzentration von 5 F/m³) als gesellschaftlich akzeptiertes Risiko an (LAI-Bericht, 2004, S. 8).

Arbeitsplatzgrenzwerte – Schutz der Beschäftigten des Sanierungsunternehmens

Materialien

Einstufung von Materialien als Gefahrstoff gemäß **Verordnung (EG) Nr. 1272/2008 (CLP-Verordnung), Gefahrstoffverordnung** und **TRGS 519**:

- Asbestgehalt:
  - ≥ 0,1 Masse-%

Hinweis

> Der Grenzwert gemäß TRGS 519 stellt keine allgemein verbindliche Abgrenzung „asbestfreier“ und „asbesthaltiger“ Materialien dar, sondern definiert krebserzeugende Stoffe im Sinne des Gefahrstoffrechts. Auch bei Unterschreitung eines Asbestgehalts von 0,1 Masse-% kann bei Bearbeitung entsprechender Produkte oder Bauteile eine erhebliche Exposition gegenüber Asbestfasern auftreten, die Schutzmaßnahmen erforderlich macht.

Erforderliche Schutzmaßnahmen gemäß **TRGS 517**:

- Asbestgehalt:
  - < 0,1 Masse-% (siehe auch „Entsorgung“)

Luft am Arbeitsplatz (Tätigkeiten mit Asbest)

Eine Konzentrationsschwelle, unterhalb derer eine Gefährdung der Gesundheit nicht mehr gegeben ist, kann nicht festgelegt werden; daher existieren keine Arbeitsplatzgrenzwerte (AGW) für Asbest.

Anforderungen gemäß **TRGS 910**:

- Akzeptanzkonzentration, die bei Unterschreitung mit einem niedrigen, hinnehmbaren Krebsrisiko assoziiert ist:
  - 10.000 F/m^3 (Akzeptanzrisiko: $4 \cdot 10^{-4}$)
- Toleranzkonzentration, die bei Überschreitung mit einem hohen, nicht hinnehmbaren Krebsrisiko assoziiert ist:
  - 100.000 F/m^3 (Toleranzrisiko: $4 \cdot 10^{-3}$)

Bis zum Jahr 2018 war eine Absenkung der Akzeptanzkonzentration auf 1.000 F/m^3 vorgesehen; diese vorgesehene Absenkung wurde bis heute nicht umgesetzt.

Für die Allgemeinbevölkerung sieht die EU-Kommission hinsichtlich Kanzerogenen in der Außenluft ein Risiko von 10^{-6} (Konzentration von 5 F/m^3) als gesellschaftlich akzeptiertes Risiko an (LAI-Bericht, 2004, S. 8).

Anforderungen gemäß **TRGS 519**:

- Tätigkeiten mit geringer Exposition nach TRGS 519, Abschnitt 2.8:
  - < 10.000 F/m^3
- emissionsarmes Verfahren nach TRGS 519, Abschnitt 2.9:
  - < 10.000 F/m^3
- Arbeiten geringen Umfangs nach TRGS 519, Abschnitt 2.10:
  - ≤ 100.000 F/m^3

Anforderungen gemäß **Richtlinie 2009/148/EG**:

- Grenzwert:
  - 100.000 F/m^3
  - bis zum 20. Dezember 2029: Absenkung auf 10.000 F/m^3
  - ab dem 21. Dezember 2029: 10.000 F/m^3 inklusive Erfassung dünner Fasern, alternativ 2.000 F/m^3 ohne Erfassung dünner Fasern

Datenblatt Asbest
Stoffliche Eigenschaften
Verwendung
Chronologie der Verbote und Regelungen
Gesundheitsrisiken
Einstufung der Schadwirkung
Risikobewertung und Feststellung der Sanierungsdringlichkeit
Quellenermittlung
Richtwerte/Grenzwerte – Nutzerschutz
Arbeitsplatzgrenzwerte – Schutz der Beschäftigten des Sanierungsunternehmens
Wichtige Regelwerke
Tätigkeiten mit Asbest/Sanierung
Qualifikation des Sanierungsunternehmens und erforderliche Nachweise
Schutzmaßnahmen
Erfolgskontrolle
Entsorgung

Datenblatt Asbest
Stoffliche Eigenschaften
Verwendung
Chronologie der Verbote und Regelungen
Gesundheitsrisiken
Einstufung der Schadwirkung
Risikobewertung und Feststellung der Sanierungsdringlichkeit
Quellenermittlung
Richtwerte/Grenzwerte – Nutzerschutz
Arbeitsplatzgrenzwerte – Schutz der Beschäftigten des Sanierungsunternehmens
Wichtige Regelwerke
Tätigkeiten mit Asbest/ Sanierung
Qualifikation des Sanierungsunternehmens und erforderliche Nachweise
Schutzmaßnahmen
Erfolgskontrolle
Entsorgung

Die EU-Asbestrichtlinie (Richtlinie 2009/148/EG über den Schutz der Arbeitnehmer gegen Gefährdung durch Asbest am Arbeitsplatz, geändert durch Richtlinie [EU] 2023/2668) wurde 2023 angepasst und enthält die oben genannten Umsetzungsfristen.

Wichtige Regelwerke

Verbot der Verwendung und des Inverkehrbringens

Das Verbot gilt für einen Asbestgehalt $\geq$ 0,1 Masse-% an Asbestfasern (Amosit, Aktinolith, Anthophyllit, Chrysotil, Krokydolith, Tremolit):

- Verordnung (EG) Nr. 1907/2006 (REACH), Art. 67 in Verbindung mit Anhang XVII Nr. 6:
  „1. Das Inverkehrbringen und die Verwendung dieser Fasern [Asbestfasern] und von Erzeugnissen, denen diese Fasern absichtlich zugesetzt werden, wird verboten.
  […]
  2. Die Verwendung von Erzeugnissen, die Asbestfasern gemäß Absatz 1 enthalten und die schon vor dem 1. Januar 2005 installiert bzw. in Betrieb waren, ist weiterhin erlaubt, bis diese Erzeugnisse beseitigt sind oder bis ihre Nutzungsdauer abgelaufen ist. Jedoch können die Mitgliedstaaten aus Gründen des Schutzes der menschlichen Gesundheit die Verwendung solcher Erzeugnisse verbieten, bevor sie beseitigt sind oder ihre Nutzungsdauer abgelaufen ist.
  Die Mitgliedstaaten dürfen die Einführung neuer Anwendungen für Chrysotilasbest auf ihrem Territorium nicht mehr zulassen."

Ausnahmen von Verboten:

- **Chemikalien-Verbotsverordnung 1993**, Anhang (zu § 1), Abschnitt 2

Nutzerschutz

- **Asbest-Richtlinie 2020**

Arbeitsschutz

- **Gefahrstoffverordnung**, insbesondere Anhang I, Nr. 3
- **TRGS 519** „Asbest. Abbruch-, Sanierungs- oder Instandhaltungsarbeiten"
- **TRGS 517** „Tätigkeiten mit potenziell asbesthaltigen mineralischen Rohstoffen und daraus hergestellten Gemischen und Erzeugnissen" gilt auch für Materialien mit einem Asbestgehalt $<$ 0,1 Masse-%; siehe auch „Entsorgung")
- **Richtlinie 2009/148/EG** (inkl. Änderungen durch Verordnung [EU] 2019/1243 und Richtlinie [EU] 2023/2668)

Tätigkeiten mit Asbest/Sanierung

Grundsätze

Tätigkeiten mit Asbest sind „besonders gefährliche Arbeiten" nach § 2 Abs. 3 **Baustellenverordnung**.

Die Verbote sind in der Gefahrstoffverordnung § 11 Abs. 1 geregelt:

- Gewinnung, Aufbereitung, Weiterverarbeitung und Wiederverwendung natürlich vorkommender mineralischer Rohstoffe und daraus hergestellter Gemische und Erzeugnisse mit einem Asbest-Massengehalt von mehr als 0,1 % sind verboten.
- Die weitere Verwendung asbesthaltiger Materialien, denen Asbest absichtlich (REACH) zugesetzt wurde und die bei Tätigkeiten zu anderen Zwecken als der Abfallbehandlung oder Abfallentsorgung anfallen, ist verboten.
- Tätigkeiten an asbesthaltigen Materialien in oder an baulichen oder technischen Anlagen, einschließlich Geräten, Maschinen, Fahrzeugen und sonstigen Erzeugnissen, sind verboten.

Ausgenommen von den Tätigkeitsverboten sind gemäß GefStoffV § 11 Abs. 2 Abbruch-, Sanierungs- und Instandhaltungsarbeiten (ASI-Arbeiten):

- Abbrucharbeiten umfassen das vollständige Entfernen asbesthaltiger Bauteile oder Materialien.
- Sanierungsarbeiten umfassen Maßnahmen zur Vermeidung von Gefährdungen der Nutzer von Gebäuden mittels räumlicher Trennung des asbesthaltigen Materials (ein vollständiges Entfernen ist aus technischen Gründen nicht möglich) und Sofortmaßnahmen zur vorläufigen Sicherung beschädigter asbesthaltiger Bauteile oder Materialien (ein vollständiges Entfernen ist nicht sofort möglich, wird aber unverzüglich eingeleitet).
- Instandhaltungsarbeiten (Wartung und Inspektion asbesthaltiger Bauteile oder Materialien, Tätigkeiten zur funktionalen Instandhaltung baulicher Anlagen)

Verboten sind feste Überdeckung, Überbauung oder Aufständerung an Asbestzementdächern, Asbestzement-Wand- und Deckenverkleidungen, asbesthaltigen Bodenbelägen sowie Reinigungs- und Beschichtungsarbeiten an nicht vollständig beschichteten Asbestzementdächern und Außenwandverkleidungen aus Asbestzement.

Betriebe bedürfen einer Zulassung durch die zuständige Behörde, wenn Tätigkeiten im Bereich hohen Risikos ausgeübt werden sollen. Der Arbeitgeber hat die Zulassung schriftlich oder elektronisch zu beantragen (Gefahrstoffverordnung, Anhang I, Nr. 3.4).

Eine Verpflichtung zum Ausbau von Asbestprodukten kann sich nach Art. 67 in Verbindung mit **Anhang XVII Nr. 6 Abs. 2 Verordnung (EG) Nr. 1907/2006 (REACH-Verordnung)** ergeben. Danach gilt: *„Die Verwendung von Erzeugnissen, die Asbestfasern […] enthalten und die schon vor dem 1. Januar 2005 installiert bzw. in Betrieb waren, ist weiterhin erlaubt, bis diese Erzeugnisse beseitigt sind oder bis ihre Nutzungsdauer abgelaufen ist.“*

So ist z. B. die Nutzungsdauer für einen asbesthaltiger Kleber von Floor-Flex-Fliesen nach Ausbau der Fliesen abgelaufen und der Kleber daher zusammen mit den Fliesen auszubauen.

Datenblatt Asbest

Stoffliche Eigenschaften

Verwendung

Chronologie der Verbote und Regelungen

Gesundheitsrisiken

Einstufung der Schadwirkung

Risikobewertung und Feststellung der Sanierungsdringlichkeit

Quellenermittlung

Richtwerte/Grenzwerte – Nutzerschutz

Arbeitsplatzgrenzwerte – Schutz der Beschäftigten des Sanierungsunternehmens

Wichtige Regelwerke

Tätigkeiten mit Asbest/ Sanierung

Qualifikation des Sanierungsunternehmens und erforderliche Nachweise

Schutzmaßnahmen

Erfolgskontrolle

Entsorgung

Sanierungsverfahren

- schwach gebundene Asbestprodukte (gemäß Asbest-Richtlinie 2020):
  - Entfernen (Methode 1)
  - räumliche Trennung (Methode 3)

Asbestprodukte, die nach Methode 3 räumlich getrennt wurden, müssen gekennzeichnet werden. Ebenso müssen in der Vergangenheit ausgeführte Sanierungen mittels Beschichten der Asbestprodukte (Methode 2) über die Kennzeichnung verfügen.

Bei der räumlichen Trennung sind die Vorgaben der Gefahrstoffverordnung zu beachten – Sanierungsarbeiten mittels räumlicher Trennung sind nur zulässig, wenn eine Entfernung technisch nicht möglich ist.

Hinweis:

Methode 2 (Beschichten) ist gemäß AsbestRichtlinie 2020 nicht anzuwenden.

- **fest gebundene Asbestprodukte** (gemäß **TRGS 519**):
  - Entfernen
  - Beschichten
    Zulässig nur für die Instandhaltung von Asbestzementprodukten, also von Produkten, die bereits werkseitig beschichtet waren (z. B. beschichtete Asbestzementfassadenplatten)

Hinweis:

Im Einzelfall ist eine Überprüfung im Hinblick auf Übereinstimmung mit den Regelungen der Gefahrstoffverordnung (funktionale Instandhaltung) erforderlich.

Qualifikation des Sanierungsunternehmens und erforderliche Nachweise

Die geforderten Qualifikationen und die erforderlichen Nachweise sind abhängig von der Art der Tätigkeiten. Nachzuweisen bzw. zu erbringen sind je nach Fall:

- Zulassung der zuständigen Behörde (Tätigkeiten im Bereich hohen Risikos)
- Betriebshaftpflichtversicherung für Tätigkeiten mit Gebäudeschadstoffen einschließlich Asbest
- Sachkunde gemäß TRGS 519
- Anzeige der Sanierungsmaßnahme bei der zuständigen Arbeitsschutzbehörde (z. B. Bezirksregierung bzw. Gewerbeaufsicht)
- Gefährdungsbeurteilung gemäß Gefahrstoffverordnung, Abschnitt 3
- Betriebsanweisung und Unterweisung gemäß § 14 Gefahrstoffverordnung
- Benennung des sachkundigen Aufsichtführenden, des Gerätesachkundigen und des Ersthelfers

- Benennung der Fachkraft für Arbeitssicherheit und des zuständigen arbeitsmedizinischen Dienstes bzw. des Betriebsarztes
- Nachweise bzw. Prüfzeugnisse hinsichtlich Luftreinigungsanlagen, Saugern und Filtereinheiten
- Einsatz von Personal mit arbeitsmedizinischer Vorsorge
- Entsorgungskonzept und -nachweise, Übernahme- bzw. Begleitscheine

Schutzmaßnahmen

Sanierung

- staubdichte Abtrennung des Arbeitsbereichs (Abschottung)
- Zugang über Personenschleusen mit Dusche, Materialtransporte mittels Materialschleusen
- Lüftungseinrichtung mit ausreichender Unterdruckhaltung (technischer Luftwechsel)
- H-Sauger
- Persönliche Schutzausrüstung (Schutzanzug, Maske, Schutzhandschuhe)

Arbeiten mit geringer Exposition nach TRGS 519

Bei Arbeiten mit geringer Exposition gemäß TRGS 519, Abschnitt 2.8 (Asbestfaserkonzentration < 10.000 F/m^3), sieht die TRGS 519 die Möglichkeit des Verzichts auf bestimmte Schutzmaßnahmen vor. Luftmessungen nach Abschluss der Arbeiten sind allerdings erforderlich.

Emissionsarme Verfahren

Bei Anwendung anerkannter emissionsarmer Verfahren kann gemäß TRGS 519, Abschnitt 2.9, auf bestimmte Schutzmaßnahmen und auf die abschließenden Luftmessungen verzichtet werden. Standardisierte emissionsarme Verfahren werden unter Federführung des Instituts für Arbeitsschutz der Deutschen Gesetzlichen Unfallversicherung (IFA) nach den Vorgaben der DGUV Information 201-012 geprüft, anerkannt und auf den Internetseiten des IFA veröffentlicht.

Erfolgskontrolle

Aufhebung der Schutzmaßnahmen/Erfolgskontrolle nach Sanierung

Gemäß TRGS 519 (Aufhebung der Schutzmaßnahmen) bzw. Asbest-Richtlinie 2020 (Erfolgskontrolle nach Sanierung) gelten folgende Anforderungen:

- visuelle Kontrolle
- Raumluftmessungen:
  - Messwert: < 500 F/m^3
  - oberer Poissonwert: < 1.000 F/m^3

Datenblatt KMF
Stoffliche Eigenschaften
Verwendung
Chronologie der Verbote und Regelungen
Gesundheitsrisiken
Einstufung der Schadwirkung
Risikobewertung und Feststellung der Sanierungsdringlichkeit
Quellenermittlung
Richtwerte/Grenzwerte – Nutzerschutz
Arbeitsplatzgrenzwerte – Schutz der Beschäftigten des Sanierungsunternehmens
Wichtige Regelwerke
Tätigkeiten mit alter Mineralwolle/Sanierung
Qualifikation des Sanierungsunternehmens und erforderliche Nachweise
Schutzmaßnahmen
Erfolgskontrolle
Entsorgung

- **alte Mineralwolle**:
  - Mineralwolle aus biopersistenten künstlichen Mineralfasern, die die Freizeichnungskriterien gemäß Gefahrstoffverordnung, Anhang II, Nr. 5, nicht erfüllt
- **neue Mineralwolle**:
  - Mineralwolle, die die Freizeichnungskriterien gemäß Gefahrstoffverordnung, Anhang II, Nr. 5, erfüllt
    Kennzeichnung mit RAL Gütezeichen „Erzeugnisse aus Mineralwolle" (RAL-GZ 388) der Gütegemeinschaft Mineralwolle e. V. (Freizeichnung nach EU-Recht und nach deutschem Recht)
- **Keramikfasern (Hochtemperaturwollen)**:
  - glasige (Silikat-)Fasern mit einem Gehalt der Oxide von Na, K, Ca, Mg und Ba ≤ 18 Masse-%

Hinweis

Bei Mineralwolle, die vor 1996 eingebaut wurde, ist davon auszugehen, dass es sich um alte Mineralwolle gemäß TRGS 521 handelt.

Die Umstellung auf unbedenkliche Mineralwolleprodukte erfolgte nach und nach ab 1996. Da das umfassende Herstellungs- und Verwendungsverbot für alte Mineralwolle erst zum 1. Juni 2000 in Kraft trat, durften im Zeitraum von 1996 bis Mai 2000 neben der neuen Mineralwolle auch alte Mineralwolleprodukte eingebaut werden.

Liegen keine Informationen zur Beurteilung eines Mineralwolleprodukts vor – dies ist in der Regel bei Arbeiten an oder mit eingebauten Produkten der Fall –, ist nach TRGS 521 bei der Beurteilung ebenfalls von alter Mineralwolle auszugehen.

Verwendung

Funktionen

- Mineralwolle:
  - Hitzeschutz
  - Schallschutz
- Endlosfasern:
  - Bewehrung
  - Wärmeschutz
- Hochtemperaturwollen:
  - Brandschutz

Produkte

- Mineralwolle:
  - Platten zum Wärme- und Schallschutz für Fassaden sowie für den Innen- und Dachausbau, Schnüre, Spritzisolierung, technische Isolierung
  - Kamilit (Stein- und Schlackenwolleerzeugnisse der DDR)

- Endlosfasern:
  - faserverstärkte Kunststoffe (z. B. Polyesterplatten), Wärmedämmung, Gipsplatten, Glasfasertapeten und -vliese, Hitzeschutztextilien, Zementprodukte
- Hochtemperaturwollen (HTW, untergliedert in Aluminiumsilikatwolle [ASW], auch als Refractory Ceramic Fiber [RCF] oder Keramikfasern bezeichnet, amorphe AES-Wollen sowie polykristalline Wollen [PCW]):
  - Isolierung von Öfen, Kesseln und Elektrogeräten
  - Material für Dehnfugen in feuerfestem Mauerwerk, Spritzisolierung

Im Baubereich werden Hochtemperaturwollen in geringem Umfang eingesetzt.

Verwendungszeitraum

- bis 1996: Herstellung und Verwendung alter Mineralwolle
- 1996: Beginn der Herstellung neuer Mineralwolle in Deutschland
- bis 31. Mai 2000: Verwendung alter und neuer Mineralwolle
- ab 1. Juni 2000: legale Verwendung nur noch von neuer Mineralwolle

Chronologie der Verbote und Regelungen

- ab 1. Juni 2000: Herstellungs- und Verwendungsverbot für alte Mineralwolle gemäß Gefahrstoffverordnung

Gesundheitsrisiken

Alte Mineralwolle

- chronische Toxizität:
  - krebserzeugend
- enthält lungengängige sowie nicht lungengängige Fasern
  Das krebserzeugende Agens ist die lungengängige, biopersistente Faser.
  Als lungengängig gelten gemäß WHO-Definition (Determination of airborne fibre number concentrations, 1997) Fasern mit folgenden Abmessungen:
  - Länge $L > 5$ µm
  - Faserdurchmesser $D < 3$ µm
  - Verhältnis Länge zu Durchmesser $L : D > 3 : 1$
- Biobeständigkeit von KMF (Abstufung von höherer zu geringerer Biobeständigkeit):
  Hochtemperaturwollen (Keramikfasern) > Schlackefasern > Steinfasern > Glasfasern
- akute Toxizität:
  - Hautreizungen
  - Juckreiz (KMF mit $D >$ ca. 5 µm)
  - Reizung der Augen und Atemwege

Datenblatt KMF
Stoffliche Eigenschaften
Verwendung
Chronologie der Verbote und Regelungen
Gesundheitsrisiken
Einstufung der Schadwirkung
Risikobewertung und Feststellung der Sanierungsdringlichkeit
Quellenermittlung
Richtwerte/Grenzwerte – Nutzerschutz
Arbeitsplatzgrenzwerte – Schutz der Beschäftigten des Sanierungsunternehmens
Wichtige Regelwerke
Tätigkeiten mit alter Mineralwolle/Sanierung
Qualifikation des Sanierungsunternehmens und erforderliche Nachweise
Schutzmaßnahmen
Erfolgskontrolle
Entsorgung

- allergische Reaktionen:
  - in Einzelfällen aufgrund der Zusatzstoffe (formaldehydbasierte Bindemittel) möglich
- Unterschiede zwischen KMF und Asbestfasern:
  - KMF besitzen eine erheblich geringere Biobeständigkeit.
  - KMF zeigen im Unterschied zu Asbestfasern keine Längsspaltung.
  - Das Verstaubungsverhalten (Neigung zur Faserfreisetzung) von KMF ist außer bei KMF-Stopfmassen und thermisch beanspruchter Mineralwolle in der Regel günstiger als das von Asbestprodukten.
- KMF-Konzentrationen in der Innenraumluft:
  Nach einer Studie des Umweltbundesamtes (Untersuchungen zur Innenraumbelastung, 1994) sind die **Konzentrationen lungengängiger KMF**, die eindeutig dem eingebauten Produkt zugeordnet werden können (Produktfasern), in Gebäuden durch Faserfreisetzung in der normalen Nutzungsphase des Gebäudes
  - in der Regel **nicht erhöht**, wenn ordnungsgemäß durchgeführte Wärmedämmungen vorliegen (Dämmstoff an der Außenwand, zweischaliges Mauerwerk mit innen liegender Dämmschicht, Anwendung im Innenraum- bzw. Dachbereich hinter einer dichten Verkleidung, z. B. aus Gipskarton, Holzpaneele mit dahinter liegender Dampfsperre [PE-Folie] und/oder vergleichbare Konstruktionen),
  - in der Regel **mäßig erhöht**, wenn die Mineralwolleerzeugnisse so eingebaut sind, dass sie im Luftaustausch mit dem Innenraum stehen (vor allem bei abgehängten Decken ohne einen funktionsfähigen Rieselschutz),
  - im Einzelfall **deutlich erhöht** (bis zu einigen 1.000 F/m^3), und zwar ständig bei bautechnischen Mängeln bzw. Konstruktionen, die nicht dem Stand der Technik entsprechen, oder vorübergehend bei baulichen Eingriffen an Bauteilen, die Mineralwolleerzeugnisse enthalten.

Neue Mineralwolle

- enthält lungengängige sowie nicht lungengängige Fasern
- akute Toxizität:
  - Hautreizungen
  - Juckreiz (KMF mit $D >$ ca. 5 µm)
  - Reizung der Augen und Atemwege
- allergische Reaktionen:
  - in Einzelfällen aufgrund der Zusatzstoffe (formaldehydbasierte Bindemittel) möglich
- Formaldehydemissionen:
  - erhebliche Raumluftluftbelastung mit Formaldehyd infolge der Bindemittel auf Basis von Formaldehyd insbesondere bei hoher Raumbeladung (z. B. raumumschließende Dämmung in Pavillonbauten) in den ersten Wochen nach dem Einbau möglich

Einstufung der Schadwirkung

TRGS 905

Gemäß TRGS 905 sind die aus alter Mineralwolle freigesetzten Faserstäube als krebserzeugend zu bewerten. Eine Konzentrationsschwelle, unterhalb derer eine Gefährdung der Gesundheit nicht mehr gegeben ist, kann nicht festgelegt werden.

Die Einstufung bzw. Freizeichnung lungengängiger anorganischer Faserstäube (Fasern aus Glas, Stein, Schlacke oder Keramik) erfolgt gemäß TRGS 905 nach folgenden Kriterien:

- Kanzerogenitätsindex KI (näherungsweise Korrelation zwischen der chemischen Zusammensetzung und der Biobeständigkeit):
  KI = Summe Na-, K-, B-, Ca-, Mg- und Ba-Oxid – 2 × Al-Oxid
  KI ≤ 30: K1B (krebserzeugend)
  KI > 30 und < 40: K2 (krebsverdächtig)
  KI ≥ 40: keine Einstufung als krebserzeugend (Freizeichnung von Krebsverdacht)

  Anmerkung: Der KI erlaubt keine sichere Unterscheidung zwischen alter und neuer Mineralwolle im Sinne der TRGS 521. Für das Inverkehrbringen von Mineralwolle wurde der KI als Nachweis der Biolöslichkeit nur selten verwendet. In der 2024 novellierten Gefahrstoffverordnung wurde der Kanzerogenitätsindex im Anhang II Nr. 5 inzwischen gestrichen, sodass eine entsprechende Streichung auch in der TRGS 905 ansteht.
- Kanzerogenitätsversuch mit intraperitonealer Applikation beim Tier
- Bestimmung der In-vivo-Beständigkeit beim Tier
- Für einige WHO-Fasern aus bestimmten Gesteinen erfolgt eine Einzelfalleinstufung (z. B. Erionit in Karzinogenität Kategorie 1A; Attapulgit, Dawsonit, künstlich hergestellte anorganische einkristalline Fasern (Whisker) in Kategorie 1B).

Verordnung (EG) Nr. 1272/2008 (CLP-Verordnung)

- Carc. Cat. 2: Verdacht auf krebserzeugende Wirkung
  Die Einstufung Carc. Cat 2 ist nicht zwingend, wenn nachgewiesen wird, dass der Stoff eine der nachstehenden Bedingungen gemäß CLP-Verordnung, Anhang VI, Abschnitt 1.1.3.1, Anmerkung Q, erfüllt:
  - Kurzzeit-Inhalationsbiopersistenztest beim Tier: Die Halbwertszeit der Fasern mit $L > 20$ µm beträgt < 10 Tage.
  - Kurzzeit-Intratrachealbiopersistenztest beim Tier: Die Halbwertszeit der Fasern mit $L > 20$ µm beträgt < 40 Tage.
  - Intraperitonealtest beim Tier: keine Belege für übermäßige Karzinogenität
  - Langzeit-Inhalationstest beim Tier: keine relevante Pathogenität oder neoplastische Veränderungen

  Für Tätigkeiten mit alter Mineralwolle ist die EU-Einstufung in Deutschland nicht anzuwenden.

Datenblatt KMF
Stoffliche Eigenschaften
Verwendung
Chronologie der Verbote und Regelungen
Gesundheitsrisiken
Einstufung der Schadwirkung
Risikobewertung und Feststellung der Sanierungsdringlichkeit
Quellenermittlung
Richtwerte/Grenzwerte – Nutzerschutz
Arbeitsplatzgrenzwerte – Schutz der Beschäftigten des Sanierungsunternehmens
Wichtige Regelwerke
Tätigkeiten mit alter Mineralwolle/Sanierung
Qualifikation des Sanierungsunternehmens und erforderliche Nachweise
Schutzmaßnahmen
Erfolgskontrolle
Entsorgung

Datenblatt KMF
Stoffliche Eigenschaften
Verwendung
Chronologie der Verbote und Regelungen
Gesundheitsrisiken
Einstufung der Schadwirkung
Risikobewertung und Feststellung der Sanierungsdringlichkeit
Quellenermittlung
Richtwerte/Grenzwerte – Nutzerschutz
Arbeitsplatzgrenzwerte – Schutz der Beschäftigten des Sanierungsunternehmens
Wichtige Regelwerke
Tätigkeiten mit alter Mineralwolle/Sanierung
Qualifikation des Sanierungsunternehmens und erforderliche Nachweise
Schutzmaßnahmen
Erfolgskontrolle
Entsorgung

Risikobewertung und Feststellung der Sanierungsdringlichkeit

- Prüfung, ob es sich um alte Mineralwolle im Sinne der TRGS 521 handelt (Begutachtung der Situation vor Ort und Begutachtung vorhandener Unterlagen/Informationen; ggf. Analyse von Materialproben und Bewertung durch die Gütegemeinschaft Mineralwolle e. V.)
- ggf. Raumluftmessungen

Quellenermittlung

- Materialanalysen
- ggf. Analyse von Kontaktproben

Richtwerte/Grenzwerte – Nutzerschutz

Innenraumluft

Eine Konzentrationsschwelle, unterhalb derer eine Gefährdung der Gesundheit nicht mehr gegeben ist, kann nicht festgelegt werden; daher existieren keine Innenraumrichtwerte für KMF.

Im Unterschied zu Asbestfasern gibt es keine Zielwerte für die zulässige KMF-Raumluftkonzentration nach einer Sanierung oder nach vorläufigen Maßnahmen. Zur Beurteilung von KMF-Raumluftkonzentrationen können hier hilfsweise die folgenden Einstufungen gemessener KMF-Konzentrationen durch das Umweltbundesamt oder die in der Asbest-Richtlinie 2020 festgelegten Werte für Asbestfaserkonzentrationen zugrunde gelegt werden.

Einstufung der Konzentration lungengängiger KMF in der Innenraumluft aus Raumluftmessungen des Umweltbundesamtes in Aufenthaltsräumen von 24 Objekten mit verbauten Mineralfaserprodukten (**Untersuchungen zur Innenraumbelastung, 1994**):

- nicht erhöht bis geringfügig erhöht: < 500 F/m^3
- mäßig erhöht: ca. 500 bis 1.000 F/m^3
- deutlich erhöht: > 1.000 F/m^3

Gemäß **Asbest-Richtlinie 2020** zulässige Asbestfaserkonzentrationen:

- Erfolgskontrolle nach Sanierung:
  - Messwert: < 500 F/m^3
  - oberer Poissonwert: < 1.000 F/m^3
- Erfolgskontrolle nach vorläufigen Maßnahmen:
  - Messwert: ≤ 1.000 F/m^3

Hinweis

- Die genannten Bewertungsansätze sind nicht toxikologisch begründet.

Außenluft

Bei Außenluftmessungen auf faserförmige Partikel erfolgt in der Regel keine separate Erfassung von Glas- und Steinwollefasern, wie sie in Mineralfaserprodukten verwendet werden (sogenannte Produktfasern). Ein Vergleich von KMF-Konzentrationen in der Innenraumluft und in der Außenluft ist dadurch nicht ohne Weiteres möglich.

Arbeitsplatzgrenzwerte – Schutz der Beschäftigten des Sanierungsunternehmens

Materialien

Grenzwert für Einstufung von Materialien als Gefahrstoff gemäß **Verordnung (EG) Nr. 1272/2008 (CLP-Verordnung)**:

- KMF-Gehalt:
  - ≥ 0,1 Masse-%

Luft am Arbeitsplatz (Tätigkeiten mit KMF)

Eine Konzentrationsschwelle, unterhalb derer eine Gefährdung der Gesundheit nicht mehr gegeben ist, kann nicht festgelegt werden; daher existieren keine Arbeitsplatzgrenzwerte (AGW) und MAK-Werte für KMF.

Nach **TRGS 521** bestehen folgende Expositionskategorien:

- Zuordnung der Tätigkeiten zu einer der Expositionskategorien 1, 2 oder 3, die mit konkreten, dem Stand der Technik entsprechenden Schutzmaßnahmen verbunden sind:
  - Tätigkeiten – Bereich Hochbau (TRGS 521, Tabelle 1a)
  - Tätigkeiten – Bereich Technische Isolierung (TRGS 521, Tabelle 1b)
  - Zuordnung von Expositionskategorie und Arbeitsschutzmaßnahmen (TRGS 521, Tabelle 2)
- Bei Umsetzung der dem Stand der Technik entsprechenden Maßnahmen resultieren für die Expositionskategorien folgende **Faserstaubkonzentrationsbereiche**:
  - Expositionskategorie 1 – Tätigkeiten, die unter Berücksichtigung der in der TRGS 521 beschriebenen Schutzmaßnahmen erfahrungsgemäß zu keiner oder zu einer nur geringen Faserexposition führen, d. h., bei denen die Faserstaubkonzentration unter 50.000 F/m³ liegt
  - Expositionskategorie 2 – Tätigkeiten, die unter Berücksichtigung der in der TRGS 521 beschriebenen Schutzmaßnahmen und der Art der Tätigkeit eine geringe bis mittlere Faserexposition hervorrufen, d. h., bei denen die Faserstaubkonzentration zwischen 50.000 und 250.000 F/m³ liegt
  - Expositionskategorie 3 – Tätigkeiten, die nicht in Tabelle 1a und 1b der TRGS 521 aufgeführt sind und damit nach dem Stand der Technik eine höhere Faserstaubexposition als 250.000 F/m³ hervorrufen (z. B. Abbrucharbeiten)

Datenblatt KMF

Stoffliche Eigenschaften

Verwendung

Chronologie der Verbote und Regelungen

Gesundheitsrisiken

Einstufung der Schadwirkung

Risikobewertung und Feststellung der Sanierungsdringlichkeit

Quellenermittlung

Richtwerte/Grenzwerte – Nutzerschutz

Arbeitsplatzgrenzwerte – Schutz der Beschäftigten des Sanierungsunternehmens

Wichtige Regelwerke

Tätigkeiten mit alter Mineralwolle/Sanierung

Qualifikation des Sanierungsunternehmens und erforderliche Nachweise

Schutzmaßnahmen

Erfolgskontrolle

Entsorgung

Hinweis

Auch bei Einhaltung einer Faserstaubkonzentration am Arbeitsplatz von 50.000 F/m³ kann ein Krebsrisiko nicht ausgeschlossen werden. Gemäß TRGS 521 sind daher weitergehende Maßnahmen zur Minimierung der Faserstaubkonzentration anzustreben.

Die Gefahrstoffverordnung fordert im § 7 Abs. 4 deutlich mehr: *„Der Arbeitgeber hat Gefährdungen der Gesundheit und der Sicherheit der Beschäftigten bei Tätigkeiten mit Gefahrstoffen auszuschließen. Ist dies nicht möglich, hat er sie auf ein Minimum zu reduzieren."*

Wichtige Regelwerke

Nutzerschutz

- Gemäß § 3 Abs. 1 **MBO** sind Anlagen *„so anzuordnen, zu errichten, zu ändern und instand zu halten, dass die öffentliche Sicherheit und Ordnung, insbesondere Leben, Gesundheit und die natürlichen Lebensgrundlagen, nicht gefährdet werden; […]"*
  Es existiert keine der Asbest-Richtlinie oder der PCB-Richtlinie vergleichbare bauordnungsrechtlich eingeführte Richtlinie.

Arbeitsschutz

- Dämmstoffe aus alter Mineralwolle:
  - **Gefahrstoffverordnung**, insbesondere Anhang II, Nr. 5
  - **TRGS 521**
  - **Merkblatt zum Rückbau von Plattenbauten, 2009**
- Hochtemperaturwollen:
  - **TRGS 558**
- Dämmstoffe aus neuer Mineralwolle:
  - **TRGS 500**, insbesondere Abschnitt 4 und 5

Tätigkeiten mit alter Mineralwolle/Sanierung

Grundsätze

Tätigkeiten mit alter Mineralwolle sind „besonders gefährliche Arbeiten" nach § 2 Abs. 3 **Baustellenverordnung**.

Arbeiten mit alter Mineralwolle sind verboten. Eine Ausnahme bilden Abbruch-, Sanierungs- und Instandhaltungsarbeiten (ASI-Arbeiten).

ASI-Arbeiten mit alter Mineralwolle werden gefahrstoffrechtlich durch die **TRGS 521** geregelt. Dabei ist es unerheblich, ob es sich um Mineralwolle der Kategorien K1B oder K2 gemäß TRGS 905 handelt.

Ausgebaute Dämmstoffe aus alter Mineralwolle dürfen wegen des Verwendungsverbots gemäß **Gefahrstoffverordnung**, Anhang II, Nr. 5, nicht wieder eingebaut werden. Im Rahmen von Instandhaltungsarbeiten definiert die TRGS 521 in den Tabellen 1a und 1b Ausnahmen und lässt eine Remontage unter der Bedingung zu, dass keine oder nur eine geringe Faserstaubexposition zu erwarten ist.

Hinweis

Die Ausnahmen vom Verwendungsverbot erscheinen sinnvoll, wenn ein Ersatz durch neue Mineralwolle zu keiner Zustandsverbesserung beitragen würde und die kleinflächig eingebrachte neue Mineralwolle sowieso durch die angrenzende alte Mineralwolle kontaminiert werden würde.

Das Verwendungsverbot der Gefahrstoffverordnung bedeutet kein Gebot, in einem Gebäude vorhandene Dämmungen aus alter Mineralwolle zu entfernen. Es ist vielmehr im Einzelfall zu prüfen, ob eine Gefährdung der Nutzer vorliegt.

Sanierungsmethoden

- Ausbau (Entfernen)
- räumliche Trennung

Qualifikation des Sanierungsunternehmens und erforderliche Nachweise

Die geforderten Qualifikationen und die erforderlichen Nachweise sind abhängig von der Art der Tätigkeiten. Nachzuweisen bzw. zu erbringen sind je nach Fall:

- Betriebshaftpflichtversicherung für Tätigkeiten mit Gebäudeschadstoffen einschließlich KMF
- Fachkunde gemäß TRGS 521
- Gefährdungsbeurteilung gemäß Gefahrstoffverordnung, Abschnitt 3
- Betriebsanweisung und Unterweisung gemäß § 14 Gefahrstoffverordnung
- Benennung des Aufsichtführenden, des Gerätesachkundigen und des Ersthelfers
- Benennung der Fachkraft für Arbeitssicherheit und des zuständigen arbeitsmedizinischen Dienstes bzw. des Betriebsarztes
- Nachweise bzw. Prüfzeugnisse hinsichtlich Luftreinigungsanlagen, Saugern und Filtereinheiten
- Einsatz von Personal mit arbeitsmedizinischer Überwachung
- Entsorgungskonzept

Schutzmaßnahmen

Sanierung

- Abschottung
- Zugang und Materialtransporte über Schleusen
- technischer Luftwechsel
- M-Sauger (zu empfehlen: H-Sauger)
- Persönliche Schutzausrüstung (Schutzanzug, Maske, Schutzhandschuhe)

Datenblatt KMF

Stoffliche Eigenschaften

Verwendung

Chronologie der Verbote und Regelungen

Gesundheitsrisiken

Einstufung der Schadwirkung

Risikobewertung und Feststellung der Sanierungsdringlichkeit

Quellenermittlung

Richtwerte/Grenzwerte – Nutzerschutz

Arbeitsplatzgrenzwerte – Schutz der Beschäftigten des Sanierungsunternehmens

Wichtige Regelwerke

Tätigkeiten mit alter Mineralwolle/Sanierung

Qualifikation des Sanierungsunternehmens und erforderliche Nachweise

Schutzmaßnahmen

Erfolgskontrolle

Entsorgung

Erfolgskontrolle

- ggf. Raumluftmessungen (siehe auch „Richtwerte/Grenzwerte – Nutzerschutz“)

Entsorgung

- **Abfallschlüssel für alte Mineralwolle** (gefährlicher Abfall) nach **Abfallverzeichnis-Verordnung**:
  - 17 06 03* anderes Dämmmaterial, das aus gefährlichen Stoffen besteht oder solche enthält
  - 17 01 06* Gemische aus oder getrennte Fraktionen von Beton, Ziegeln, Fliesen und Keramik, die gefährliche Stoffe enthalten
- **Abfallschlüssel für neue Mineralwolle** (kein gefährlicher Abfall) gemäß **Abfallverzeichnis-Verordnung**:
  - 17 06 04 Dämmmaterial mit Ausnahme desjenigen, das unter 17 06 01* [Dämmmaterial, das Asbest enthält] und 17 06 03* fällt

Hinweis

Verschiedene Hersteller bieten für Mineralwolleverschnitt und Altprodukte Rücknahmesysteme an. Die jeweiligen Voraussetzungen (sortenrein, Herstellung in der Regel nach 1996, vorgegebenes Verpackungs- und Rücknahmesystem) sind dabei zu beachten.

3.3 Datenblatt Polychlorierte Biphenyle (PCB)

Stoffliche Eigenschaften

PCB sind synthetische Verbindungen aus der Gruppe der chlorierten aromatischen Kohlenwasserstoffe.

Ausgangsverbindung ist das Biphenyl, das aus 2 miteinander verbundenen Phenylringen besteht, an denen 1 bis 10 Chloratome gebunden sein können.

Durch Variation des Herstellungsverfahrens (Chlorierungsgrad) wurden technische PCB-Gemische mit unterschiedlichen Eigenschaften und unterschiedlicher Konsistenz produziert (von farblosen, öligen Flüssigkeiten bis zu hellgelben Weichharzen).

Der **Chlorierungsgrad** (Zahl der am Biphenylgrundgerüst gebundenen Chloratome) hat Einfluss auf die physikalischen und chemischen Eigenschaften und damit direkt Auswirkungen auf die Toxizität und das Umweltverhalten der PCB. Mit steigendem Chlorierungsgrad nehmen Dichte, Fettlöslichkeit (Lipophilie), Toxizität und Persistenz in der Umwelt zu. Gleichzeitig nehmen die Flüchtigkeit, die Wasserlöslichkeit und das Vermögen, chemische Reaktionen einzugehen, ab.

Handelsübliche technische Gemische bestanden aus ca. 50 bis 70 **PCB-Kongeneren**, von denen ca. 10 die Hauptmenge ausmachen.

Von den insgesamt 209 möglichen PCB-Kongeneren werden 12 Kongenere, die eine den polychlorierten Dibenzodioxinen (PCDD) bzw. den polychlorierten Dibenzofuranen (PCDF) ähnliche räumliche (coplanare) und elektronische Struktur und damit eine dioxinähnliche Toxizität aufweisen, als **dioxinähnliche PCB** (dioxin-like-PCB, dl-PCB) bezeichnet. Dies sind die Non-*ortho*-Kongerere 77, 81, 126, 169 (kein Chloratom in der *ortho*-Position) und die Mono-*ortho*-Kongenere 105, 114, 118, 123, 156, 157, 167, 189 (1 Chloratom in der *ortho*-Position).

Eigenschaften von PCB

- Dichte: 1,18 bis 1,57 g/cm^3
- geringe Wasserlöslichkeit
- hoher Flammpunkt (170 bis 380 °C)
- extreme Beständigkeit gegen thermischen und chemischen Abbau

Technische PCB-Gemische, insbesondere solche mit hoch chlorierten PCB, sind mit polychlorierten Dibenzofuranen (PCDF) verunreinigt.

Verwendung

Funktionen (Baubereich)

- Weichmacher
- Flammschutzmittel
- Dielektrikum

Datenblatt PCB

Stoffliche Eigenschaften
Verwendung
Chronologie der Verbote und Regelungen
Gesundheitsrisiken
Einstufung der Schadwirkung
Risikobewertung und Feststellung der Sanierungsdringlichkeit
Quellenermittlung
Richtwerte/Grenzwerte – Nutzerschutz
Arbeitsplatzgrenzwerte – Schutz der Beschäftigten des Sanierungsunternehmens
Wichtige Regelwerke
Tätigkeiten mit PCB/Sanierung
Qualifikation des Sanierungsunternehmens und erforderliche Nachweise
Schutzmaßnahmen
Erfolgskontrolle
Entsorgung

Datenblatt PCB

Stoffliche Eigenschaften

Verwendung

Chronologie der Verbote und Regelungen

Gesundheitsrisiken

Einstufung der Schadwirkung

Risikobewertung und Feststellung der Sanierungsdringlichkeit

Quellenermittlung

Richtwerte/Grenzwerte – Nutzerschutz

Arbeitsplatzgrenzwerte – Schutz der Beschäftigten des Sanierungsunternehmens

Wichtige Regelwerke

Tätigkeiten mit PCB/Sanierung

Qualifikation des Sanierungsunternehmens und erforderliche Nachweise

Schutzmaßnahmen

Erfolgskontrolle

Entsorgung

Es werden **geschlossene** und **offene Anwendungen** unterschieden:

- geschlossene Anwendungen:
  - Kühl- und Isoliermittel (Elektroindustrie)
  - Hydraulikflüssigkeit (Maschinenindustrie und Bergbau)
  - Wärmeübertragungsflüssigkeit
- offene Anwendungen:
  - Dichtstoffmassen
  - Farben und Lacke
  - Beschichtungen und Klebstoffe

Produkte

- Dichtstoff- bzw. Fugenmassen (Typ Thiokol, Basis Polysulfid)
- Farben und Lacke
- Kunstharze/Beschichtungen
- Vergussmassen
- Buntsteinputze
- Klebstoffe
- Bodenbeläge
- Akustikdeckenplatten
- Kabelummantelungen
- Kondensatoren
- Transformatoren
- Antikorrosionsbeschichtungen

PCB-haltige **Kondensatoren** (z. B. in Leuchtstofflampen) sind vielfach an folgenden Tränkmittelkennzeichnungen zu erkennen:

- Cp (für „Clophen“)
- CD (für „Clophen-haltiges Dielektrikum“)

Als **Weichmacher** für Dichtstoffmassen wurden Produkte verwendet, die einen Chloranteil von 30 bis 60 Masse-% enthielten. Diese Weichmacher wurden u. a. unter den Handelsnamen Clophen (Bayer AG), Aroclor, Kanechlor, Fenchlor in Verkehr gebracht.

Verwendungsbereiche (Schwerpunkte) der **Clophen-Typen**:

- Clophen A30: Dielektrikum für Kondensatoren, Dichtstoffmassen
- Clophen A40: Dielektrikum für Kondensatoren, Dichtstoffmassen
- Clophen A50: Dielektrikum für Kondensatoren, Dichtstoffmassen, Anstrichmittel, Buntsteinputz
- Clophen A60: Dielektrikum für Kondensatoren, Dichtstoffmassen, Anstrichmittel, Buntsteinputz

Folgende Mengen PCB wurden verwendet:

- weltweit: 1,3 bis 2 Mio. t
- Deutschland: ca. 84.000 t
  - in geschlossenen Anwendungen: ca. 60.000 t
  - in offenen Anwendungen: ca. 24.000 t (davon ca. 20.000 t für Dichtstoffmassen)

Gehalt im Material

- Dichtstoffmassen:
  - in der Regel bis ca. 30 Masse-% (in Einzelfällen bis > 50 Masse-%; solche extrem hohen PCB-Gehalte in Dichtstoffmassen lassen vermuten, dass PCB noch auf der Baustelle zugemischt wurde)
- Anstriche:
  - bis ca. 10 Masse-%

Von einem gezielten PCB-Zusatz (Primärquellen) ist ab ca. 0,1 Masse-% auszugehen; der Übergang zwischen Primärquellen und Sekundärquellen ist jedoch fließend.

Verwendungszeitraum

- 1955 bis ca. 1978: Dichtstoffmassen in den alten Bundesländern (Verwendungsmaximum: 1964 bis 1972)
  In der DDR wurde PCB in Dichtstoffmassen gemäß derzeitigem Kenntnisstand nicht verwendet.
- bis 1971: PCB-haltige Anstriche (Brandschutz) für Akustik-Deckenplatten (Holzfaserplatten) der Firma Wilhelmi
- 1983: Einstellung der PCB-Produktion in Deutschland
- bis 1984: Kondensatoren und Transformatoren in den alten Bundesländern
- 1984: Einstellung der Verwendung von PCB im elektrotechnischen Bereich in den alten Bundesländern

Chronologie der Verbote und Regelungen

- 1973: Empfehlung der OECD zum Verzicht auf PCB in offenen Anwendungen (OECD Council, 1973)
- 1977: Einstellung der PCB-Produktion in den USA
- 1978: Verbot der offenen Anwendung (10. Bundes-Immissionsschutzverordnung)
- 1989: Verbot der Verwendung und des Inverkehrbringens von PCB-haltigen Erzeugnissen (PCB-, PCT-, VC-Verbotsverordnung; Grenzwert: 50 mg/kg)
- 1993: Einstellung der PCB-Produktion in der russischen Föderation
- 1994: erste PCB-Richtlinie (PCB-Richtlinie ARGEBAU, 1994 [veröffentlicht 1995])
- 2004: Verwendungsverbot (Verordnung [EG] Nr. 850/2004 [POP-Verordnung], Anhang I [„Liste der verbotenen Stoffe"])
  Ausnahme: Artikel, die zum Zeitpunkt des Inkrafttretens der Verordnung bereits verwendet wurden
- 2010:
  - PCB aus geschlossenen Anwendungen müssen bis auf wenige Ausnahmen entsorgt werden. Geräte (Kondensatoren) mit weniger als 100 ml PCB-haltigen Flüssigkeiten dürfen weiter bis zum Ende der Betriebszeit im Einsatz sein. Danach sind auch diese sicher zu entsorgen (Chemikalien-Verbotsverordnung 1993).

Datenblatt PCB
Stoffliche Eigenschaften
Verwendung
Chronologie der Verbote und Regelungen
Gesundheitsrisiken
Einstufung der Schadwirkung
Risikobewertung und Feststellung der Sanierungsdringlichkeit
Quellenermittlung
Richtwerte/Grenzwerte – Nutzerschutz
Arbeitsplatzgrenzwerte – Schutz der Beschäftigten des Sanierungsunternehmens
Wichtige Regelwerke
Tätigkeiten mit PCB/Sanierung
Qualifikation des Sanierungsunternehmens und erforderliche Nachweise
Schutzmaßnahmen
Erfolgskontrolle
Entsorgung

Datenblatt PCB
Stoffliche Eigenschaften
Verwendung
Chronologie der Verbote und Regelungen
Gesundheitsrisiken
Einstufung der Schadwirkung
Risikobewertung und Feststellung der Sanierungsdringlichkeit
Quellenermittlung
Richtwerte/Grenzwerte – Nutzerschutz
Arbeitsplatzgrenzwerte – Schutz der Beschäftigten des Sanierungsunternehmens
Wichtige Regelwerke
Tätigkeiten mit PCB/Sanierung
Qualifikation des Sanierungsunternehmens und erforderliche Nachweise
Schutzmaßnahmen
Erfolgskontrolle
Entsorgung

  - Verschärfung der PCB-Richtlinie ARGEBAU, 1994 (Muster-Liste der Technischen Baubestimmungen, September 2010): Aufhebung der Öffnungsklausel für die Aufenthaltsdauer, separate Bewertung hoch chlorierter Quellen
- 2025:
  - Der AIR leitet einen Vorsorgewert (Richtwert I) von 0,080 $\mu g/m^3$ (80 ng/m^3) und einen Gefahrenwert (Richtwert II) von 0,80 $\mu g/m^3$ (800 ng/m^3) für die Stoffgruppe der PCB ab (Summe der 6 PCB-Kongenere multipliziert mit 5 bzw. PCB_{ges}), da die Einhaltung der Werte in den PCB-Richtlinien nicht ausreichend vor den gesundheitsschädlichen Wirkungen der PCB schützt.

Gesundheitsrisiken

PCB (allgemein)

- chronische Toxizität:
  - reproduktionstoxisch
  - krebserzeugend (Verdacht)
  - neuro-, immun- und lebertoxisch
  - Anreicherung im Fettgewebe

Dioxinähnliche PCB

Die giftigste Wirkung zeigt das PCB-Kongener 126 (siehe auch „Stoffliche Eigenschaften“).

Einstufung der Schadwirkung

TRGS 905

- K2: Verdacht auf krebserzeugende Wirkung
- R_F1B, R_D1B: reproduktionstoxisch (fruchtbarkeitsgefährdend und entwicklungsschädigend)
- hautresorptiv

Verordnung (EG) Nr. 1272/2008 (CLP-Verordnung)

- spezifische Zielorgantoxizität (wiederholte Exposition) STOT RE2
- gewässergefährdend (Aquatic Acute 1, Aquatic Chronic 1)

MAK- und BAT-Werte-Liste 2024

- Kanzerogenitätskategorie 4 (Abschnitt III, krebserzeugende Arbeitsstoffe)
- Keimzellmutagenitätskategorie 5 (Abschnitt IX)
- Schwangerschaftsgruppe B (fruchtschädigende Wirkung nach den vorliegenden Informationen bei Exposition in Höhe des MAK- und BAT-Wertes nicht auszuschließen)
- Gefahr durch Hautresorption (H)

IARC, 2015

- dioxinähnliche PCB (PCB 77, 81, 105, 114, 118, 123, 126, 156, 157, 167, 169, 189): Gruppe 1: nachweislich krebserzeugend beim Menschen

Risikobewertung und Feststellung der Sanierungsdringlichkeit

- Begutachtung der Situation vor Ort
- Materialanalysen
- Raumluftmessungen
  Die starke Temperaturabhängigkeit der PCB-Emissionen ist zu beachten.

Quellenermittlung

Materialanalysen

Gemäß Konvention (DIN EN 12766-2) erfolgt stellvertretend für die Gesamtzahl der 209 möglichen PCB-Kongenere die Analyse von **6 Leitkongeneren** (vgl. Ballschmiter/Zell, 1980) mit folgenden Nummern:

- Kongener 28: 2,4,4′-Trichlorbiphenyl
- Kongener 52: 2,2′,5,5′-Tetrachlorbiphenyl
- Kongener 101: 2,2′,4,5,5′-Pentachlorbiphenyl
- Kongener 138: 2,2′,3,4,4′,5′-Hexachlorbiphenyl
- Kongener 153: 2,2′,4,4′,5,5′-Hexachlorbiphenyl
- Kongener 180: 2,2′,3,4,4′,5,5′-Heptachlorbiphenyl

Die näherungsweise Bestimmung der PCB-Gesamtkonzentration erfolgt gemäß DIN EN 12766-2 durch Addition der Konzentrationen der 6 Leitkongenere und Multiplikation der Summe mit 5 (Summe 6 PCB × 5).

Primär- und Sekundärquellen

- Primärquellen:
  Materialien, denen PCB gezielt zugesetzt wurde
- Sekundärquellen:
  Materialien, die PCB über längere Zeit aus der kontaminierten Raumluft oder durch direkten Kontakt (z. B. Fugenflanken) aufgenommen haben
  Großflächige Sekundärquellen können selbst nach vollständigem Entfernen der Primärquelle(n) erhöhte PCB-Raumluftkonzentrationen verursachen.

Hinweis

> Der gefahrstoffrechtliche Grenzwert nach Verordnung (EG) Nr. 1272/2008 (CLP-Verordnung) in Höhe von 50 mg/kg ist im Rahmen der Sanierungsplanung nicht geeignet zur Unterscheidung von belasteten und unbelasteten Sekundärquellen.

Datenblatt PCB
Stoffliche Eigenschaften
Verwendung
Chronologie der Verbote und Regelungen
Gesundheitsrisiken
Einstufung der Schadwirkung
Risikobewertung und Feststellung der Sanierungsdringlichkeit
Quellenermittlung
Richtwerte/Grenzwerte – Nutzerschutz
Arbeitsplatzgrenzwerte – Schutz der Beschäftigten des Sanierungsunternehmens
Wichtige Regelwerke
Tätigkeiten mit PCB/Sanierung
Qualifikation des Sanierungsunternehmens und erforderliche Nachweise
Schutzmaßnahmen
Erfolgskontrolle
Entsorgung

Datenblatt PCB

Stoffliche Eigenschaften

Verwendung

Chronologie der Verbote und Regelungen

Gesundheitsrisiken

Einstufung der Schadwirkung

Risikobewertung und Feststellung der Sanierungsdringlichkeit

Quellenermittlung

Richtwerte/Grenzwerte – Nutzerschutz

Arbeitsplatzgrenzwerte – Schutz der Beschäftigten des Sanierungsunternehmens

Wichtige Regelwerke

Tätigkeiten mit PCB/Sanierung

Qualifikation des Sanierungsunternehmens und erforderliche Nachweise

Schutzmaßnahmen

Erfolgskontrolle

Entsorgung

Luftmessungen

Die Höhe der PCB-Konzentration in der Raumluft ist von folgenden Faktoren abhängig:

- Clophen-Typ der Primärquellen
- PCB-Gehalt der Primär- und Sekundärquellen
- Temperatur der Raumluft und des Baukörpers
- Art und Umfang der Sekundärquellen
- Lüftungsstatus bzw. Luftaustausch im Gebäude

Chlorierte Biphenyle mit geringem Chloranteil (bis zu 5 Chloratome) können als Partikel-Dampf-Gemisch auftreten, während chlorierte Biphenyle mit hohem Chloranteil ausschließlich als Partikel auftreten.

Bei Luftmessungen sollen die 6 Leitkongenere gemessen werden. Gemäß den in der MVV TB enthaltenen Ergänzungen zur PCB-Richtlinie soll als **Leitkongener** für dioxinähnliche PCB zusätzlich zu den 6 Leitkongeneren das **Kongener 118** (2,3',4,4',5Pentachlorbiphenyl) analysiert werden (AdhocArbeitsgruppe [jetzt AIR], 2007). Dieser vom Vorläufergremium des AIR (Ad-hoc AG) abgeleitete gefahrenbezogene Prüfwert für dioxinähnliche PCB (dl-PCB) in der Innenraumluft in Höhe von 5 pg/m³ wurde im Januar 2025 vom AIR 2025 zurückgezogen, da die Einhaltung des neuen Gefahrenwerts (Richtwert II in Höhe von 0,80 µg/m³ bzw. 800 ng/m³) auch vor den gesundheitlichen Auswirkungen der in der Innenraumluft üblicherweise vorkommenden dioxinähnlichen PCB schützt.

Richtwerte/Grenzwerte – Nutzerschutz

Innenraumluft

Richtwerte für die Innenraumluft gemäß **PCB-Richtlinien der Bundesländer**:

- Vorsorgewert/Sanierungszielwert:
  - 300 ng/m³
- Interventionswert (Gefahrenwert):
  - 3.000 ng/m³

Hinweis

> Die Handlungsvorgaben der **PCB-Richtlinie Hessen** und der **PCB-Richtlinie Nordrhein-Westfalen** (PCB-Richtlinie Hessen, 1993; PCB-Richtlinie Nordrhein-Westfalen, 1996) weichen von denen der PCB-Richtlinien anderer Bundesländer ab. Nicht in allen Bundesländern wurden PCB-Richtlinien eingeführt.

Die gesundheitliche Bewertung dioxinähnlicher polychlorierter Biphenyle in der Innenraumluft (**Ad-hoc-Arbeitsgruppe [jetzt AIR], 2007**) sah bisher eine quellenorientierte Auftrennung der Bewertung vor, wie sie die Vorgaben der Muster-Verwaltungsvorschrift Technische Baubestimmungen (MVV TB) abgebildet hat und wie sie in den Länderregelungen Einzug gehalten hat:

- Quellen mit niedrig chlorierten PCB:
  - RW II (Gefahrenwert): 3.000 ng/m³ PCB-Gesamtgehalt
- Quellen mit höher chlorierten (dioxinähnlichen) PCB:
  - RW II (Gefahrenwert): TEQ-Wert von 5 pg/m³, daraus abgeleitet für PCB-Kongener 118: 10 ng/m³
    Das PCB-Kongener 118 (siehe auch „Quellenermittlung“) wurde bisher als Leitkongener für die näherungsweise Bewertung der Innenraumluft bei Quellen mit höher chlorierten (dioxinähnlichen) PCB verwendet.

Diese bisherige Praxis der besonderen Berücksichtigung der dioxinähnlichen PCB (dl-PCB) wird sich durch die geänderte Einstufung des AIR inkl. der im Januar 2025 erfolgten Zurückziehung des Prüfwerts für dl-PCB voraussichtlich ändern (Richtwerte für Polychlorierte Biphenyle [PCB] in der Innenraumluft, 2025).

Zur gesundheitlichen Beurteilung sind bisher in der PCB-Richtlinie ein Vorsorgewert von 300 ng/m³ und ein gefahrenbezogener Interventionswert von 3.000 ng/m³ in der Innenraumluft festgelegt.

Gemäß der AIR-Veröffentlichung entsprechen die diesen Werten zugrundeliegenden tierexperimentellen Daten nicht mehr dem aktuellen Stand des Wissens zu den Wirkungen von PCB auf die menschliche Gesundheit. Neuere Studien zeigen, dass die Einhaltung der Werte in der bisherigen PCB-Richtlinie nicht ausreichend vor den gesundheitsschädlichen Wirkungen der PCB schützt. In aktuellen Expositionsstudien wurde der über die PCB-belastete Innenraumluft inhalativ zugeführte PCB-Anteil quantifiziert, und die bei realistischen Expositionsbedingungen zugeführten inhalativen PCB-Anteile wurden im Zusammenhang mit den in tierexperimentellen Studien ermittelten Wirkungsschwellen ausgewertet. Der AIR leitet vor diesem Hintergrund für die Stoffgruppe der PCB (Summe der 6 PCB-Kongenere multipliziert mit 5 bzw. PCBges) folgende abgesenkten Richtwerte I und II ab:

- Vorsorgewert (Richtwert I) von 0,080 µg/m³ (80 ng/m³),
- Gefahrenwert (Richtwert II) von 0,80 µg/m³ (800 ng/m³)

Der 2007 vom Vorläufergremium des AIR (Ad-hoc AG) abgeleitete gefahrenbezogene Prüfwert für dioxinähnliche PCB (dl-PCB) in der Innenraumluft in Höhe von 5 pg/m³ wird zurückgezogen, da die Einhaltung des neuen Gefahrenwerts (Richtwert II) auch vor den gesundheitsschädlichen Auswirkungen der in der Innenraumluft üblicherweise vorkommenden dioxinähnlichen PCB schützt.

Gemäß § 9 Abs. 2 **Mutterschutzgesetz** dürfen Schwangere und Stillende bei der Arbeit keiner unverantwortbaren Gefährdung ausgesetzt werden. Auch in den Mütterschutzverordnungen (für Soldatinnen durch den Bund bzw. länderspezifisch für Beamtinnen und Richterinnen) finden sich Vorgaben zum Schutz vor schädlichen

Datenblatt PCB

Stoffliche Eigenschaften

Verwendung

Chronologie der Verbote und Regelungen

Gesundheitsrisiken

Einstufung der Schadwirkung

Risikobewertung und Feststellung der Sanierungsdringlichkeit

Quellenermittlung

Richtwerte/Grenzwerte – Nutzerschutz

Arbeitsplatzgrenzwerte – Schutz der Beschäftigten des Sanierungsunternehmens

Wichtige Regelwerke

Tätigkeiten mit PCB/Sanierung

Qualifikation des Sanierungsunternehmens und erforderliche Nachweise

Schutzmaßnahmen

Erfolgskontrolle

Entsorgung

Einwirkungen von gesundheitsgefährdenden Stoffen wie dem Gefahrstoff PCB. Auch bei Einhaltung des Arbeitsplatzgrenzwerts (AGW, vgl. TRGS 900) und des Biologischen Grenzwerts (BGW, vgl. TRGS 903) kann bei PCB ein Risiko der Fruchtschädigung nicht ausgeschlossen werden. Ergänzend führt die TRGS 903 aus, dass bis zu einer Konzentration von 3,5 µg PCB-Indikatorkongenere/L Plasma eine fruchtschädigende Wirkung nicht anzunehmen ist. (Der BGW liegt höher und beträgt 15 µg/L). Für die erforderliche Gefährdungsbeurteilung kann die Regel des Ausschusses für Mutterschutz AfMu-Regel (MuSchR) 10.1.01 (2023) herangezogen werden.

Hinweis

> Da bisher keine konkretisierende Regel für Mutterschutz bzgl. PCB veröffentlicht ist und Plasmawerte der Schwangeren in der Regel nicht vorliegen, sollte vorsorglich von schädlichen Auswirkungen durch PCB ausgegangen werden, wenn der Vorsorgewert von 80 ng/m³ überschritten wird.

Richtwerte in der Schweiz für die Innenraumluft gemäß **BUWAL-Richtlinie, 2003**:

- mittlere Aufenthaltsdauer 24 Stunden pro Tag:
  - 2 µg/m³
- mittlere Aufenthaltsdauer 8 Stunden pro Tag:
  - 6 µg/m³

Hinweis

> Zum Vergleich: Für die Außenluft (Städte im Ruhrgebiet) ergaben Messungen einen PCB-Jahresmittelwert für 2014 von 0,46 bis 1,5 ng/m³ (Polychlorierte Dioxine und Furane [PCDD/PCDF] in der Außenluft, 2015.)

Arbeitsplatzgrenzwerte – Schutz der Beschäftigten des Sanierungsunternehmens

Materialien

- Einstufung von Materialien als Gefahrstoff gemäß **Verordnung (EG) Nr. 1272/2008 (CLP-Verordnung)**:
  - Grenzwert: ≥ 50 mg/kg

Luft am Arbeitsplatz (Tätigkeiten mit PCB)

- Arbeitsplatzgrenzwert (AGW) gemäß **TRGS 900**:
  - 0,003 mg/m³ (gemessen als einatembare Fraktion)
- MAK-Wert gemäß **MAK- und BAT-Werte-Liste 2024**:
  - 0,003 mg/m³ (gemessen als einatembare Fraktion)
- BAT-Wert gemäß **MAK- und BAT-Werte-Liste 2024**:
  - 15 µg/l (Summe der PCB-Kongenere PCB 28, PCB 52, PCB 101, PCB 138, PCB 153 und PCB 180)

Biologische Grenzwerte ((Ü6))

- Biologischer Grenzwert (BGW) gemäß **TRGS 903**:
  - 15 µg/l (Summe der PCB-Kongenere PCB 28, PCB 52, PCB 101, PCB 138, PCB 153 und PCB 180)

Gemäß Hinweis in der TRGS 903 ist bis zu einer Konzentration von 3,5 µg PCB-Indikatorkongenere/L Plasma eine fruchtschädigende Wirkung nicht anzunehmen.

Wichtige Regelwerke

Nutzerschutz

- **PCB-Richtlinie ARGEBAU, 1994**, einschließlich der Änderungen in der Muster-Liste der Technischen Baubestimmungen, September 2010:
  - Der letzte Satz in Abschnitt 3 der PCB-Richtlinie (Öffnungsklausel zur Aufenthaltsdauer) wird aufgehoben.
  - Sind bei den PCB-Primärquellen nur oder auch dioxinähnliche PCB-Quellen wie Deckenplatten oder Anstriche sowie nicht sicher einzuordnende PCB-Quellen zu berücksichtigen, so ist zusätzlich die Bestimmung der Raumluftkonzentration des PCB-Kongeners 118 erforderlich, wenn die PCB-Gesamtkonzentration über 1.000 ng PCB pro m^3 Luft liegt. Bei einer Raumluftkonzentration > 10 ng PCB-Kongener 118 pro m^3 Luft sind umgehend expositionsmindernde Maßnahmen zu ergreifen. Bei Raumluftkonzentrationen ≤ 10 ng PCB-Kongener 118 pro m^3 Luft wird empfohlen, in Abhängigkeit von der Belastung zumindest das Lüftungsverhalten zu überprüfen und gegebenenfalls zu verbessern.

Hinweis

> Die Umsetzung der Änderungen der Muster-Verwaltungsvorschrift Technische Baubestimmungen (MVV TB) in Landesrecht obliegt den Bundesländern.
>
> Die Hinweise unter „Richtwerte/Grenzwerte – Nutzerschutz" zur Änderung der Bewertung durch den AIR mit der Absenkung der Richtwerte I und II und der Zurückziehung des Prüfwerts für dioxinähnliche PCB (dl-PCB) in der Innenraumluft in Höhe von 5 pg/m^3 sind zu beachten.

- **Ad-hoc-Arbeitsgruppe (jetzt AIR), 2007** (Gesundheitliche Bewertung dioxinähnlicher polychlorierter Biphenyle in der Innenraumluft)
- **Richtwerte für Polychlorierte Biphenyle (PCB) in der Innenraumluft, 2025** (Mitteilung des Ausschusses für Innenraumrichtwerte [AIR])
- Biologische Arbeitsstoff-Referenzwerte (BAR) gemäß **MAK- und BAT-Werte-Liste 2024**:
  - PCB 28: 0,02 µg/l, PCB 52 und PCB 101: < 0,01 µg/l

Datenblatt PCB

Stoffliche Eigenschaften

Verwendung

Chronologie der Verbote und Regelungen

Gesundheitsrisiken

Einstufung der Schadwirkung

Risikobewertung und Feststellung der Sanierungsdringlichkeit

Quellenermittlung

Richtwerte/Grenzwerte – Nutzerschutz

Arbeitsplatzgrenzwerte – Schutz der Beschäftigten des Sanierungsunternehmens

Wichtige Regelwerke

Tätigkeiten mit PCB/Sanierung

Qualifikation des Sanierungsunternehmens und erforderliche Nachweise

Schutzmaßnahmen

Erfolgskontrolle

Entsorgung

Arbeitsschutz

- **Gefahrstoffverordnung**, insbesondere § 10
- **TRGS 524** „Schutzmaßnahmen bei Tätigkeiten in kontaminierten Bereichen"
- **DGUV Regel 101-004** „Kontaminierte Bereiche"
- **DGUV Information 213-045** „Tätigkeiten mit PCB-haltigen Produkten"

Entsorgung

- **Verordnung (EU) Nr. 2019/1021** (EU-POP-Verordnung)
- **Richtlinie 96/59/EG**
- **LAGA-Mitteilung 41** „Vollzugshilfe zur Umsetzung der abfallrechtlichen Vorgaben der EU-POP-Verordnung" inkl. POP-Steckbrief Nr. 27 „Polychlorierte Biphenyle (PCB)" im Anhang der LAGA-Mitteilung 41

Tätigkeiten mit PCB/Sanierung

Grundsatz

Tätigkeiten mit PCB sind „besonders gefährliche Arbeiten" nach § 2 Abs. 3 **Baustellenverordnung**.

Sanierungsverfahren

- Primärquellen:
  - Ausbau (Entfernen)
  - Beschichtung (nur in Ausnahmefällen)
- Sekundärquellen:
  - Ausbau (Entfernen)
  - Beschichtung
  - räumliche Trennung

Qualifikation des Sanierungsunternehmens und erforderliche Nachweise

Folgende Qualifikationen und Nachweise sind erforderlich:

- Betriebshaftpflichtversicherung für Tätigkeiten mit Gebäudeschadstoffen einschließlich PCB
- Sachkunde gemäß DGUV Regel 101-004 (bisher BGR 128). Die nach der DGUV-Regel erworbene Sachkunde erfüllt die Fachkundeanforderungen nach Anlage 2A bzw. 2B der TRGS 524.
- Gefährdungsbeurteilung gemäß Gefahrstoffverordnung, Abschnitt 3
- Betriebsanweisung und Unterweisung gemäß § 14 Gefahrstoffverordnung
- Benennung des Aufsichtführenden, des Gerätesachkundigen und des Ersthelfers

- Benennung der Fachkraft für Arbeitssicherheit und des zuständigen arbeitsmedizinischen Dienstes bzw. des Betriebsarztes
- Nachweise bzw. Prüfzeugnisse hinsichtlich Luftreinigungsanlagen, Staubsaugern und Filtereinheiten
- Einsatz von Personal mit arbeitsmedizinischer Überwachung
- Entsorgungskonzept

Schutzmaßnahmen

Sanierung

- Abschottung
- Zugang und Materialtransporte über Schleusen
- technischer Luftwechsel
- H-Sauger
- Persönliche Schutzausrüstung (Schutzanzug, Maske, Schutzhandschuhe)

Brände

Bei Bränden werden bei Vorhandensein PCB-haltiger Erzeugnisse PCB und deren Pyrolyseprodukte (u. a. PCDD und PCDF) freigesetzt. Zu Schutzmaßnahmen siehe auch:

- **DGUV Information 203-018** „Instandsetzungsarbeiten an elektrischen Anlagen auf Brandstellen"
- **VdS 2357** „Richtlinien zur Brandschadensanierung"

Erfolgskontrolle

- Raumluftmessungen

Entsorgung

- **Grenzwert des PCB-Gehalts** für die **Einstufung als gefährlicher Abfall** gemäß **Verordnung (EU) Nr. 2019/1021 (EU-POP-Verordnung)** und **PCB/PCT-Abfallverordnung**:
  - 50 mg/kg (Summe der 6 PCB-Kongenere multipliziert mit 5; siehe auch „Quellenermittlung")
- **Abfallschlüssel** nach **Abfallverzeichnis-Verordnung**:
  - 17 09 02* Bau- und Abbruchabfälle, die PCB enthalten (z. B. PCB-haltige Dichtungsmassen, PCB-haltige Bodenbeläge auf Harzbasis, PCB-haltige Isolierverglasungen, PCB-haltige Kondensatoren)
  - 16 02 09* Transformatoren und Kondensatoren, die PCB enthalten
- Die **Beseitigung** von PCB muss gemäß **PCB/PCT-Abfallverordnung** in Verbindung mit dem Kreislaufwirtschaftsgesetz, Anlage 1, in geeigneten Verbrennungsanlagen erfolgen (Verfahren D10 oder D12, ggf. nach Vorschaltung der Verfahren D8, D9 oder D15).

Datenblatt PCB
Stoffliche Eigenschaften
Verwendung
Chronologie der Verbote und Regelungen
Gesundheitsrisiken
Einstufung der Schadwirkung
Risikobewertung und Feststellung der Sanierungsdringlichkeit
Quellenermittlung
Richtwerte/Grenzwerte – Nutzerschutz
Arbeitsplatzgrenzwerte – Schutz der Beschäftigten des Sanierungsunternehmens
Wichtige Regelwerke
Tätigkeiten mit PCB/Sanierung
Qualifikation des Sanierungsunternehmens und erforderliche Nachweise
Schutzmaßnahmen
Erfolgskontrolle
Entsorgung

- **Abfälle** dürfen gemäß Art. 7 Abs. 4a **Verordnung (EU) Nr. 2019/1021 (EU-POP-Verordnung)** auf andere Weise entsorgt werden, wenn sie folgende Konzentrationsgrenzen unterschreiten:
  - PCB: 50 mg/kg,
  - PCDD/PCDF: 5 µg/kg (ggf. weitere Absenkung nach Prüfung bis zum 30. Dezember 2027 durch die EU-Kommission)
- **Überwachungswerte Bauschutt** gemäß **Ersatzbaustoffverordnung**, Anlage 4, Tabelle 2.2 „Überwachungswerte (Feststoffwerte) bei RC-Baustoffen":
  - Überwachungswert: 0,15 mg/kg (Summe 7 PCBKongenere [PCB 6 einschließlich PCBKongener 118]);
    Anlage 1, Tabelle 4 „Zusätzliche Materialwerte für nicht aufbereiteten Bauschutt":
  - 0,15 mg/kg (PCB 6 und PCB 118)
  - 0,02 µg/l (PCB 6 und PCB 118)
- **Zuordnungswerte Bauschutt** gemäß **Deponieverordnung**, Anhang 3 „Zulässigkeits- und Zuordnungskriterien", Tabelle 2 „Zuordnungswerte":
  - geologische Barriere ≤ 0,02 mg/kg TM (Summe 7 PCBKongenere [PCB 28, 52, 101, 118, 138, 153, 180])
  - DK 0 ≤ 1 mg/kg TM (Summe 7 PCBKongenere [PCB 28, 52, 101, 118, 138, 153, 180])
  - Rekultivierungsschicht ≤ 0,1 mg/kg TM (Summe 7 PCB-Kongenere [PCB 28, 52, 101, 118, 138, 153, 180])
- **Orientierungswert für das Einleiten** PCB-kontaminierten Wassers in oberirdische Gewässer und öffentliche Abwasseranlagen gemäß **Merkblatt Nr. 4.5/15. Einleitung kontaminierter Wässer, 2005** (Bayerisches Landesamt für Wasserwirtschaft):
  - 0,5 µg/l (Summe der 6 PCB-Kongenere multipliziert mit 5)
- **Geringfügigkeitsschwelle** (GFS) zur Beurteilung lokal begrenzter Grundwasserverunreinigungen (**Ableitung von Geringfügigkeitsschwellenwerten für das Grundwasser, 2004** [Länderarbeitsgemeinschaft Wasser]):
  - 0,01 µg/l (Summe der 6 PCB-Kongenere multipliziert mit 5)
- **Grenzwert für Holzhackschnitzel und Holzspäne** zur Herstellung von Holzwerkstoffen gemäß **Altholzverordnung**, Anhang II (zu § 3 Abs. 1):
  - 5 mg/kg (Summe der 6 PCB-Kongenere multipliziert mit 5)

3.4 Datenblatt Chlorparaffine (CP)

Datenblatt CP

Stoffliche Eigenschaften

Verwendung

Chronologie der Verbote und Regelungen

Einstufung der Schadwirkung

Quellenermittlung

Richtwerte/Grenzwerte – Nutzerschutz

Arbeitsplatzgrenzwerte – Schutz der Beschäftigten des Sanierungsunternehmens

Tätigkeiten mit Chlorparaffinen

Entsorgung

Stoffliche Eigenschaften

Chlorparaffine (chlorierte Paraffine, Chloralkane, polychlorierte Alkane) sind hochkomplexe Stoffgemische aus gesättigten, unverzweigten Kohlenwasserstoffen mit 10 bis 30 Kohlenstoffatomen. Die Herstellung erfolgt durch Chlorierung von n-Alkanen (Paraffinen).

Der Chlorierungsgrad (Zahl der am Alkangerüst gebundenen Chloratome) liegt zwischen 40 und 70 Masse-%. Er hat Einfluss auf die physikalischen und chemischen Eigenschaften und damit auch auf die Toxizität und das Umweltverhalten der CP.

Aufgrund ihrer Kettenlänge und des Chlorierungsgrades werden CP unterteilt in:

- kurzkettige CP: 10 bis 13 Kohlenstoffatome, Short-Chain CP (SCCP)
- mittelkettige CP: 14 bis 17 Kohlenstoffatome, Medium-Chain CP (MCCP)
- langkettige CP: > 17 Kohlenstoffatome, Long-Chain CP (LCCP)

Eigenschaften von Chlorparaffinen

- je nach Kettenlänge und Chlorgehalt farblose bis gelbliche, leicht bewegliche bis hochviskose Flüssigkeiten oder glasig erstarrte bis wachsartige Feststoffe
- geringe Wasserlöslichkeit
- schwer entflammbar (temperaturbeständig bis ca. 200 °C)
- Siedepunkt > 200 °C
- lipophil („fettliebend")
- persistent und bioakkumulierend (insbesondere SCCP)
- beständig gegen thermischen und chemischen Abbau
- ubiquitär
- Chlorparaffine mit geringem Chloranteil und kurzer Kettenlänge können als Partikel-Dampf-Gemisch auftreten, während Chlorparaffine mit hohem Chloranteil bzw. mit langen Ketten ausschließlich als Partikel auftreten.

Verwendung

- Dichtmassen und Klebstoffe (als Weichmacher und Flammschutzmittel; Ersatz für PCB)
- Farben/Lacke (insbesondere Witterungs- und Korrosionsschutz), Auftrag meist auf Metall oder Beton, weniger häufig auf Holz oder Kunststoff
- Textilien, Leder
- Gummi- und PVC-Produkte
- Hochdruckschmiermittel sowie Bohr- und Schneidöle in der Metall verarbeitenden Industrie

Datenblatt CP

Stoffliche Eigenschaften

Verwendung

Chronologie der Verbote und Regelungen

Einstufung der Schadwirkung

Quellenermittlung

Richtwerte/Grenzwerte – Nutzerschutz

Arbeitsplatzgrenzwerte – Schutz der Beschäftigten des Sanierungsunternehmens

Tätigkeiten mit Chlorparaffinen

Entsorgung

Handelsnamen

Cereclor, Chlorowax, Hordaflex u. a.

Wichtige Anwendungsgebiete für SCCP in der EU

- Leder und Metallbearbeitung, ab 1990 zunehmend Ersatz von SCCP durch MCCP und Alternativstoffe
- Flammschutzmittel in Gummierzeugnissen (z. B. Gummiförderbänder für den Bergbau, Kabelummantelungen)
- Weichmacher (Fugendichtungsmassen, Klebstoffe, Bodenbeläge)
- Farben- und Lackherstellung
- Automobilbau und Herstellung von Alltagsprodukten, wie Papier, Textilien

Verwendungsmengen

- CP, weltweit im Jahr 2007: ca. 600.000 t
- CP, Deutschland im Jahr 1990: ca. 20.000 bis 30.000 t
- SCCP, EU im Jahr 2009: insgesamt ca. 530 t, davon Dicht- und Klebstoffe 237 t, Farben 101 t, Gummi 162 t, Textilien 29 t
- SCCP, Deutschland im Jahr 2009: geschätzt 85 t

Verwendungszeitraum

- 1991: Einstellung der CP-Produktion in den neuen Bundesländern (Buna-Werke, Schkopau)
- 1996: Einstellung der SCCP-Produktion bei der Hoechst AG
- 1998: Einstellung der MCCP-Produktion in Deutschland, Einstellung der CP-Produktion bei der Hoechst AG
- 1999: Beginn der LCCP-Produktion durch die Leuna Tenside GmbH

SCCP-Gehalt im Material

- Dichtmassen: bis ca. 50 Masse-%
- Farben/Lacke: bis ca. 10 Masse-%

Chronologie der Verbote und Regelungen

- 2008: Aufnahme der SCCP in die Kandidatenliste für Annex XIV der **REACH-Verordnung**
- 2012: Verbot von Produkten mit SCCP-Gehalten > 1 % (**Verordnung [EG] Nr. 850/2004 [EU-POP-Verordnung]**)
- 2015: Erlaubnis zur Herstellung und Inverkehrbringung von SCCP-haltigen Erzeugnissen < 0,15 % (**Verordnung [EU] Nr. 2015/2030 der Kommission zur Änderung der Verordnung 850/2004 des Europäischen Parlaments und des Rates über persistente organische Schadstoffe hinsichtlich des Anhangs I)**
- 2019: **Verordnung (EU) 2019/1021 des Europäischen Parlaments und des Rates über persistente organische Schadstoffe (EU-POP-Verordnung, Neufassung)**

Datenblatt CP
Stoffliche Eigenschaften
Verwendung
Chronologie der Verbote und Regelungen
Einstufung der Schadwirkung
Quellenermittlung
Richtwerte/Grenzwerte – Nutzerschutz
Arbeitsplatzgrenzwerte – Schutz der Beschäftigten des Sanierungsunternehmens
Tätigkeiten mit Chlorparaffinen
Entsorgung

Einstufung der Schadwirkung

Verordnung (EG) Nr. 1272/2008 (CLP-Verordnung)

- SCCP: Carc. Cat. 2 (Verdacht auf krebserzeugende Wirkung), gewässergefährdend (Aquatic Acute 1, Aquatic Chronic 1)
- MCCP: Reproduktionstoxizität (Lact.), gewässergefährdend (Aquatic Acute 1, Aquatic Chronic 1)
- MCCP und LCCP: keine Einstufung als krebserzeugend

MAK- und BAT-Werte-Liste 2024

- CP: Kanzerogenitätskategorie 3 (Abschnitt III, krebserzeugende Arbeitsstoffe, erwiesene oder mögliche krebserzeugende Wirkung), Gefahr durch Hautresorption (H)

Quellenermittlung

- Materialanalysen

Richtwerte/Grenzwerte – Nutzerschutz

Keine Richtwerte für die Innenraumluft.

Arbeitsplatzgrenzwerte – Schutz der Beschäftigten des Sanierungsunternehmens

Luft am Arbeitsplatz

- Arbeitsplatzgrenzwert (AGW) für MCCP gemäß **TRGS 900**:
  – 6 mg/m^3 (einatembarer Schwebstoffanteil)

Chlorparaffine mit geringem Chloranteil und kurzer Kettenlänge können als Partikel-Dampf-Gemisch auftreten, während Chlorparaffine mit hohem Chloranteil bzw. mit langen Alkylketten ausschließlich als Partikel auftreten.

Tätigkeiten mit Chlorparaffinen

Wegen der Einstufung von SCCP als Carc. Cat. 2 (krebsverdächtig) fallen diese Stoffgemische nicht unter die Regelungen von § 10 GefStoffV „Besondere Schutzmaßnahmen bei Tätigkeiten mit krebserzeugenden, keimzellmutagenen und reproduktionstoxischen Gefahrstoffen der Kategorie 1A und 1B“. Bei der Bearbeitung SCCP-haltiger Fugenmassen ist direkter Hautkontakt zu vermeiden. Solange keine stauberzeugenden Arbeiten durchgeführt werden, kann auf Atemschutz verzichtet werden.

Für MCCP und LCCP liegt keine Einstufung als krebserzeugend/krebsverdächtig vor.

Datenblatt CP

Stoffliche Eigenschaften

Verwendung

Chronologie der Verbote und Regelungen

Einstufung der Schadwirkung

Quellenermittlung

Richtwerte/Grenzwerte – Nutzerschutz

Arbeitsplatzgrenzwerte – Schutz der Beschäftigten des Sanierungsunternehmens

Tätigkeiten mit Chlorparaffinen

Entsorgung

Entsorgung

- **POP-Abfall-Überwachungs-Verordnung**
- **LAGA-Mitteilung 41 „Vollzugshilfe zur Umsetzung der abfallrechtlichen Vorgaben der EU-POP-Verordnung"** inkl. POP-Steckbrief Nr. 2 „Kurzkettige chlorierte Paraffine (SCCP)" im Anhang der LAGA-Mitteilung 41
- **Grenzwert des SCCP-Gehalts** für die **Einstufung nach Anhang IV gemäß Verordnung (EU) Nr. 2019/1021 (EU-POP-Verordnung, Ausschleusung als POP-Stoff)**:
  1.500 mg/kg (erneute Überprüfung bis spätestens 2027)
- **Grenzwert des SCCP-Gehalts für die Einstufung als gefährlicher Abfall in Deutschland nach Nr. 2.2.1 der Anlage zur Abfallverzeichnis-Verordnung** i. V. mit **Anhang III der Richtlinie 2008/98/EG** (vgl. auch Technische Hinweise zur Einstufung von Abfällen nach ihrer Gefährlichkeit, [2024], Tabelle 4):
  2.500 mg/kg
- Auszug an **Abfallschlüsseln** für CP-haltige Bauprodukte nach **Abfallverzeichnis-Verordnung**:
  SCCP-Gehalt < 2.500 mg/kg:
  - 17 02 03 Kunststoff
  - 17 09 04 gemischte Bau und Abbruchabfälle mit Ausnahme derjenigen, die unter die Abfallschlüssel 17 09 01*, 17 09 02* und 17 09 03* fallen

  SCCP-Gehalt ab 2.500 mg/kg:
  - 17 02 04* Glas, Kunststoff und Holz, die gefährliche Stoffe enthalten oder durch gefährliche Stoffe verunreinigt sind
  - 17 09 03* sonstige Bau- und Abbruchabfälle (einschließlich gemischte Abfälle), die gefährliche Stoffe enthalten

3.5 Datenblatt Polycyclische aromatische Kohlenwasserstoffe (PAK)

Datenblatt PAK

Stoffliche Eigenschaften
Verwendung
Chronologie der Verbote und Regelungen
Gesundheitsrisiken
Einstufung der Schadwirkung
Risikobewertung und Feststellung der Sanierungsdringlichkeit
Quellenermittlung
Richtwerte/Grenzwerte – Nutzerschutz
Arbeitsplatzgrenzwerte – Schutz der Beschäftigten des Sanierungsunternehmens
Wichtige Regelwerke
Tätigkeiten mit PAK/Sanierung
Qualifikation des Sanierungsunternehmens und erforderliche Nachweise
Schutzmaßnahmen
Erfolgskontrolle
Entsorgung

Stoffliche Eigenschaften

Polycyclische aromatische Kohlenwasserstoffe (PAK) ist die Sammelbezeichnung für mehrere Hundert Einzelverbindungen, deren chemische Struktur gekennzeichnet ist durch 2 bis 7 miteinander verbundene aromatische Ringe aus Kohlenstoffatomen.

PAK entstehen bei einer Vielzahl von Verbrennungsprozessen (Verbrennung von Kohle, Heizöl, Kraftstoff, Holz oder Tabak, Räuchern, Grillen)

Als **Leitsubstanz** zur Bewertung PAK-haltiger Stoffe wird vielfach **Benzo[*a*]pyren** herangezogen (die Verbindung ist mit 52 bis 95 ng/m^3 auch im Nebenstromrauch von Zigaretten enthalten – dies ist mehr als dreimal so viel wie im Hauptstromrauch).

Nur wenige PAK werden gezielt hergestellt (z. B. Naphthalin).

Niedermolekulare PAK (2 oder 3 Ringe) liegen hauptsächlich gasförmig vor (flüchtige PAK), höhermolekulare PAK (4 und mehr Ringe) überwiegend partikelgebunden in Bindung an (Haus-)Staub.

Eigenschaften von PAK

- Siedepunkt: zwischen 218 °C (Naphthalin) und > 500 °C
- fettlöslich (lipophil)

Teere (Steinkohlenteer, Braunkohlenteer, Holzteer) entstehen als zähe Masse bei der Verkokung von Steinkohle, Braunkohle oder Holz. Bei der Verkokung werden die genannten Materialien unter Sauerstoffabschluss bei 700 bis 1.200 °C zersetzend thermisch behandelt (Pyrolyse). Die bei der Verkokung entstehenden Rückstände werden Peche genannt.

Teere und Peche werden unter dem Oberbegriff „Pyrolyseprodukte aus organischem Material“ zusammengefasst (TRGS 551, Abschnitt 1, Abs. 3).

Teerprodukte und Peche sind dunkelbraun bis tiefschwarz und haben einen unangenehmen, teerig-scharfen bzw. rauchartigen Geruch (Holzteer) mit reizender Wirkung.

Teerprodukte sind von den gleichfalls schwarzen Produkten auf Bitumenbasis mit nur geringem PAK-Gehalt und ölig-asphaltigem Geruch zu unterscheiden.

Die bei der Verkokung ebenfalls entstehenden Teeröle wurden zur Gewinnung bestimmter aromatischer Kohlenwasserstoffe wie Naphthalin, Anthracen und Phenanthren sowie zur Produktion von Imprägnierölen genutzt.

Datenblatt PAK

Stoffliche Eigenschaften

Verwendung

Chronologie der Verbote und Regelungen

Gesundheitsrisiken

Einstufung der Schadwirkung

Risikobewertung und Feststellung der Sanierungsdringlichkeit

Quellenermittlung

Richtwerte/Grenzwerte – Nutzerschutz

Arbeitsplatzgrenzwerte – Schutz der Beschäftigten des Sanierungsunternehmens

Wichtige Regelwerke

Tätigkeiten mit PAK/Sanierung

Qualifikation des Sanierungsunternehmens und erforderliche Nachweise

Schutzmaßnahmen

Erfolgskontrolle

Entsorgung

Gesundheitsrisiken

- chronische Toxizität:
  - zahlreiche Einzelverbindungen der PAK krebserzeugend und mutagen (erbgutschädigend)
- akute Toxizität:
  Neben den PAK tritt in teerstämmigen Produkten eine Vielzahl weiterer Verbindungen auf, von denen einige akute Wirkungen zeigen (z. B. Atemwegsreizungen durch Phenole und Kresole).
- Aufnahme: auch über die Haut
- Unit Risk (Benzo[*a*]pyren): $8{,}7 \cdot 10^{-2}$ (LAI-Bericht, 2004)
- anerkannte PAK-verursachte Berufskrankheiten (BK):
  - BK 4113 Lungenkrebs durch polycyclische aromatische Kohlenwasserstoffe bei Nachweis der Einwirkung einer kumulativen Dosis von 100 Benzo[*a*]pyren-Jahren ($\mu g/m^3 \times$ Jahre)
  - BK 4114 Lungenkrebs durch das Zusammenwirken von Asbestfaserstaub und polycyclischen aromatischen Kohlenwasserstoffen (PAK)
    Durch das Zusammenwirken von Asbestfaserstaub und PAK besteht in der Regel eine mindestens additive Erhöhung des Lungenkrebsrisikos (Merkblatt zur Berufskrankheit Nummer 4114, 2009).

Einstufung der Schadwirkung

Verordnung (EG) Nr. 1272/2008 (CLP-Verordnung)

- Pyrolyseprodukte aus organischem Material (Teer, Teeröl u. a. m.):
  - Carc. Cat. 1B: wahrscheinlich krebserzeugend

TRGS 905

- Benzo[*a*]pyren:
  - krebserzeugend mit Verweis auf die CLP-Verordnung, jedoch mit niedrigerem Konzentrationsgrenzwert von 50 mg/kg (0,005 Masse-%)

TRGS 906

- Tätigkeiten oder Verfahren, bei denen Beschäftigte krebserzeugenden PAK ausgesetzt sind, die in Pyrolyseprodukten aus organischem Material (z. B. Steinkohlenruß, Steinkohlenteer oder Steinkohlenteerpech) vorhanden sein können:
  - krebserzeugende Tätigkeit
  Als Bezugssubstanz für Pyrolyseprodukte mit krebserzeugenden PAK kann Benzo[*a*]pyren gewählt werden.

MAK- und BAT-Werte-Liste 2024

- Pyrolyseprodukte aus organischem Material (Braunkohlenteere, Steinkohlenteere, -peche und -öle, Kokereirohgase):
  - Kanzerogenitätskategorie 1 (Abschnitt III krebserzeugende Arbeitsstoffe)

- ○ Benzo[*a*]pyren:
  - Kanzerogenitätskategorie 2 (Abschnitt III)
  - Keimzellmutagenitätskategorie 2 (Abschnitt IX)
  - Gefahr durch Hautresorption (H)
- ○ Naphthalin:
  - Kanzerogenitätskategorie 2 (Abschnitt III): krebserzeugend
  - Keimzellmutagenitätskategorie 3B (Abschnitt IX): keimzellmutagen
- ○ weitere PAK:
  - Kanzerogenitätskategorie 2 (Abschnitt III): krebserzeugend
  - Keimzellmutagenitätskategorie 3A bzw. 3B (Abschnitt IX): keimzellmutagen
  - Gefahr durch Hautresorption (H)

Verordnung (EG) Nr. 1907/2006 (REACH-Verordnung)

- ○ Anthracen:
  - PBT-Stoff, vPvB-Stoff (Anhang XIV „Verzeichnis der zulassungspflichtigen Stoffe“)

Lisow et al., 2015

- ○ Naphthalin:
  - Geruchsschwellenwert: 2,3 µg/m^3 (AIR-Geruchsschwellenwert: 7,3 µg/m^3)

Risikobewertung und Feststellung der Sanierungsdringlichkeit

- ○ Begutachtung der Situation vor Ort
- ○ Materialanalysen
- ○ Raumluftmessungen
- ○ ggf. Oberflächenwischproben

Quellenermittlung

Materialanalysen

Es ist Standard, stellvertretend für die gesamte Stoffgruppe die Analyse der 16 EPA-PAK (vgl. Priority Pollutants, 2014; Toxic and Priority Pollutants, 2014) vorzunehmen: Acenaphthen, Acenaphthylen, Anthracen, Benzo[*a*]anthracen, Benzo[*a*]pyren, Benzo[*b*]fluoranthen, Benzo[*g,h,i*]perylen, Benzo[*k*]fluoranthen, Chrysen, Dibenzo[*a,h*]-anthracen, Fluoranthen, Fluoren, Indeno[1,2,3-*cd*]pyren, Naphthalin, Phenanthren, Pyren

Primär- und Sekundärquellen

- ○ Primärquellen:
  Materialien, die gezielt mit teerstämmigen Produkten behandelt wurden

Datenblatt PAK
Stoffliche Eigenschaften
Verwendung
Chronologie der Verbote und Regelungen
Gesundheitsrisiken
Einstufung der Schadwirkung
Risikobewertung und Feststellung der Sanierungsdringlichkeit
Quellenermittlung
Richtwerte/Grenzwerte – Nutzerschutz
Arbeitsplatzgrenzwerte – Schutz der Beschäftigten des Sanierungsunternehmens
Wichtige Regelwerke
Tätigkeiten mit PAK/Sanierung
Qualifikation des Sanierungsunternehmens und erforderliche Nachweise
Schutzmaßnahmen
Erfolgskontrolle
Entsorgung

Datenblatt PAK

Stoffliche Eigenschaften

Verwendung

Chronologie der Verbote und Regelungen

Gesundheitsrisiken

Einstufung der Schadwirkung

Risikobewertung und Feststellung der Sanierungsdringlichkeit

Quellenermittlung

Richtwerte/Grenzwerte – Nutzerschutz

Arbeitsplatzgrenzwerte – Schutz der Beschäftigten des Sanierungsunternehmens

Wichtige Regelwerke

Tätigkeiten mit PAK/Sanierung

Qualifikation des Sanierungsunternehmens und erforderliche Nachweise

Schutzmaßnahmen

Erfolgskontrolle

Entsorgung

- Sekundärquellen:
  Materialien, die PAK über längere Zeit aus der kontaminierten Raumluft oder durch direkten Kontakt aufgenommen haben Großflächige Sekundärquellen können selbst nach vollständigem Entfernen der Primärquelle(n) erhöhte PAK-Raumluftkonzentrationen verursachen.

Hinweis

> Schnelltests (z. B. „PAK-Marker“, „PAK-Spray“) sind nicht geeignet, PAK-belastete Materialien sicher zu erkennen oder belastete und unbelastete Materialien voneinander zu unterscheiden.

Luftmessungen auf flüchtige PAK

- Analyse der 16 EPA-PAK
- Leitsubstanz: Benzo[*a*]pyren

Siehe hierzu auch „Richtwerte/Grenzwerte – Nutzerschutz“.

Richtwerte/Grenzwerte – Nutzerschutz

Innenraumluft

Ad-hoc-Arbeitsgruppe (jetzt AIR), 2013 (Richtwerte für Naphthalin und Naphthalin-ähnliche Verbindungen; als Naphthalin-ähnliche PAK gelten hierbei die bicyclischen Methyl- und Dimethylnaphthaline sowie die tricyclischen PAK Acenaphthen, Acenaphthylen, Anthracen, Fluoren und Phenanthren):

- Naphthalin:
  - RW I: 10 µg/m³
  - RW II: 30 µg/m³
- Summe bicyclische PAK:
  - RW I (vorläufig): 10 µg/m³
  - RW II (vorläufig): 30 µg/m³
- Summe bi- und tricyclische PAK:
  - RW I (vorläufig): 10 µg/m³
  - RW II (vorläufig): 30 µg/m³

Der Richtwert I für Naphthalin entspricht dem WHO-Richtwert (WHO Guidelines for Indoor Air Quality, 2010).

Vorläufiger Leitwert für Benzo[*a*]pyren (B[*a*]P) in der Innenraumluft, 2021 (Risikobezogene Leitwerte für krebserzeugende Stoffe in der Innenraumluft, vorläufiger Leitwert für Benzo[a]pyren in der Innenraumluft):

- Benzo[*a*]pyren:
  - –0,0008 µg/m³ (v)

Hausstaub

Leitwerte für Hausstaub gemäß Hinweisen für die Bewertung und Maßnahmen zur Verminderung der PAK-Belastung durch Parkettböden mit Teerklebstoffen in Gebäuden (**PAK-Hinweise, 2000**):

- Benzo[*a*]pyren:
  - Aufenthaltsräume: 100 mg pro kg Frischstaub
  - Wohnungen und wohnungsähnliche Räume: 10 mg pro kg Frischstaub

Hinweis

Die PAK-Hinweise sind bauaufsichtlich nicht verbindlich und haben lediglich empfehlenden Charakter.

Gemäß PAK-Hinweisen ist die Staubprobenahme zwingend nach VDI 4300 Blatt 8 (2001) durchzuführen. Aufgrund der zahlreichen Unwägbarkeiten bei der Entnahme von Hausstaubproben und der großen Varianz bei der Entnahme und Aufarbeitung des Probenmaterials ist die Methode jedoch untauglich für die Bewertung gesundheitlicher Risiken infolge einer Belastung mit PAK in Innenräumen. VDI 4300 Blatt 8 wurde daher 2012 zurückgezogen. Erfahrungen zeigen zudem, dass Richtwertüberschreitungen für die Innenraumluft auch dann möglich sind, wenn gemäß PAK-Hinweisen durchgeführte Staubanalysen keinen Handlungsbedarf anzeigen.

Daher ist eine Risikobewertung auf Grundlage der PAK-Hinweise nicht mehr sachgerecht.

Ergänzend ist darauf hinzuweisen, dass vom AIR für das als krebserzeugend eingestufte Benzo[*a*]pyren ein sehr niedriger vorläufiger Leitwert veröffentlicht wurde und auch staubdicht verbaute Teerprodukte wie z. B. Anstriche unter Putz, Feuchtesperren im Mauerwerk oder Asphaltestrich zu einer Belastung der Raumluft mit flüchtigen PAK führen können.

Außenluft

Werte für Benzo[*a*]pyren gemäß **LAI-Bericht, 2004**:

- gemessener Jahresmittelwert 2001:
  - 0,5 ng/m^3
- Zielwert:
  - 1 ng/m^3 (Risiko: $8{,}7 \cdot 10^{-5}$)
- langfristig angestrebt:
  - 0,01 ng/m^3 (Risiko: 10^{-6})

Für die Allgemeinbevölkerung sieht die EU-Kommission hinsichtlich Kanzerogenen in der Außenluft ein Risiko von 10^{-6} als gesellschaftlich akzeptiertes Risiko an (LAI-Bericht, 2004, S. 8).

Datenblatt PAK

Stoffliche Eigenschaften

Verwendung

Chronologie der Verbote und Regelungen

Gesundheitsrisiken

Einstufung der Schadwirkung

Risikobewertung und Feststellung der Sanierungsdringlichkeit

Quellenermittlung

Richtwerte/Grenzwerte – Nutzerschutz

Arbeitsplatzgrenzwerte – Schutz der Beschäftigten des Sanierungsunternehmens

Wichtige Regelwerke

Tätigkeiten mit PAK/Sanierung

Qualifikation des Sanierungsunternehmens und erforderliche Nachweise

Schutzmaßnahmen

Erfolgskontrolle

Entsorgung

Arbeitsplatzgrenzwerte – Schutz der Beschäftigten des Sanierungsunternehmens

Materialien

Einstufung von Materialen als Gefahrstoff gemäß **TRGS 905**:

- Benzo[*a*]pyren:
  - $\geq$ 50 mg/kg (0,005 Masse-%)

Einstufung von Materialen als Gefahrstoff gemäß **Verordnung (EG) Nr. 1272/2008 (CLP-Verordnung)** und **TRGS 906** in Verbindung mit **Richtlinie 2004/37/EG:**

- Summe 16 EPA-PAK:
  - $\geq$ 1.000 mg/kg (0,1 Masse-%)

Luft am Arbeitsplatz (Tätigkeiten mit PAK)

Eine Konzentrationsschwelle, unterhalb derer eine Gefährdung der Gesundheit durch nachweislich krebserzeugende PAK nicht mehr gegeben ist, kann nicht festgelegt werden; daher existiert für diese PAK kein Arbeitsplatzgrenzwert (AGW) nach TRGS 900 und kein MAK-Wert.

Es bestehen folgende Anforderungen gemäß **TRGS 910**:

- Akzeptanzkonzentration für Benzo[*a*]pyren, die bei Unterschreitung mit einem niedrigen, hinnehmbaren Krebsrisiko assoziiert ist:
  - 70 ng/m^3 (Akzeptanzrisiko: $4 \cdot 10^{-4}$)
- Toleranzkonzentration für Benzo[*a*]pyren, die bei Überschreitung mit einem hohen, nicht hinnehmbaren Krebsrisiko assoziiert ist:
  - 700 ng/m^3 (Toleranzrisiko: $4 \cdot 10^{-3}$)

Hinweis:

> Die TRGS 910 in der Fassung Februar 2014 sieht seit geraumer Zeit eine Absenkung des Akzeptanzrisikos auf $4 \cdot 10^{-5}$ (4 : 100.000) im Jahr 2018 vor. Gemäß AGS-Information vom Mai 2021 war die Absenkung für das Frühjahr 2022 vorgesehen, Stand Juni 2025 wurde sie aber bisher noch nicht umgesetzt.

- Akzeptanzkonzentration für Benzo[*a*]pyren spätestens ab 2018:
  - 7 ng/m3 (Akzeptanzrisiko: 4 · 10–5)

Grenzwerte für Produkte

Art. 67 in Verbindung mit **Anhang XVII Nr. 31 Verordnung (EG) Nr. 1907/2006 (REACH-Verordnung)**:

- Kohlenteerdestillate u. Ä.:
  Verwendungsverbot als Stoffe und in Zubereitungen; Ausnahmen:
  - zugelassen zur Holzbehandlung in industriellen Verfahren oder zu gewerblichen Zwecken, sofern der Gehalt von Benzo[*a*]pyren < 0,005 Masse-% und von wasserlöslichen Phenolen < 3 Masse-%

- zugelassen für Holz, das vor dem 31. Dezember 2002 behandelt wurde, wenn das Holz zur Wiederverwendung auf dem Gebrauchtwarenmarkt angeboten wird

○ behandeltes Holz:
Verwendungsverbot innerhalb von Gebäuden und für Spielzeug

○ Bitumenprodukte:
  - Benzo[*a*]pyren: 5 mg/kg

○ Verbraucherprodukte:
  - Sport- und Haushaltsgeräte, Werkzeuge u. a.: 1 mg/kg (bezogen auf jede PAK-Einzelverbindung)
  - Spielzeug und Artikel für Kleinkinder oder Säuglinge: 0,5 mg/kg (bezogen auf jede PAK-Einzelverbindung)

Art. 67 in Verbindung mit **Anhang XVII Nr. 50 Verordnung (EG) Nr. 1907/2006 (REACH-Verordnung)**:

○ Weichmacheröle für die Herstellung von Reifen oder Reifenteilen:
  - Benzo[*a*]pyren: 1 mg/kg
  - Summe 8 PAK: 10 mg/kg

Wichtige Regelwerke

Nutzerschutz

○ **Ad-hoc-Arbeitsgruppe (jetzt AIR), 2013** (Richtwerte für Naphthalin und Naphthalin-ähnliche Verbindungen in der Innenraumluft)

Arbeitsschutz

○ **Gefahrstoffverordnung**, insbesondere § 10
○ **TRGS 524**
○ **TRGS 551**
○ **DGUV Regel 101-004** (bisher BGR 128)

Tätigkeiten mit PAK/Sanierung

Grundsatz

Tätigkeiten mit PAK sind „besonders gefährliche Arbeiten" nach § 2 Abs. 3 **Baustellenverordnung**.

Sanierungsverfahren

○ Primärquellen:
  - Ausbau (Entfernen)

○ Sekundärquellen:
  - Ausbau (Entfernen)
  - Beschichtung
  - räumliche Trennung

Datenblatt PAK
Stoffliche Eigenschaften
Verwendung
Chronologie der Verbote und Regelungen
Gesundheitsrisiken
Einstufung der Schadwirkung
Risikobewertung und Feststellung der Sanierungsdringlichkeit
Quellenermittlung
Richtwerte/Grenzwerte – Nutzerschutz
Arbeitsplatzgrenzwerte – Schutz der Beschäftigten des Sanierungsunternehmens
Wichtige Regelwerke
Tätigkeiten mit PAK/Sanierung
Qualifikation des Sanierungsunternehmens und erforderliche Nachweise
Schutzmaßnahmen
Erfolgskontrolle
Entsorgung

Datenblatt PAK
Stoffliche Eigenschaften
Verwendung
Chronologie der Verbote und Regelungen
Gesundheitsrisiken
Einstufung der Schadwirkung
Risikobewertung und Feststellung der Sanierungsdringlichkeit
Quellenermittlung
Richtwerte/Grenzwerte – Nutzerschutz
Arbeitsplatzgrenzwerte – Schutz der Beschäftigten des Sanierungsunternehmens
Wichtige Regelwerke
Tätigkeiten mit PAK/Sanierung
Qualifikation des Sanierungsunternehmens und erforderliche Nachweise
Schutzmaßnahmen
Erfolgskontrolle
Entsorgung

Qualifikation des Sanierungsunternehmens und erforderliche Nachweise

Folgende Qualifikationen und Nachweise sind erforderlich:

- Betriebshaftpflichtversicherung für Tätigkeiten mit Gebäudeschadstoffen einschließlich PAK
- Sachkunde gemäß DGUV Regel 101-004. Die nach der DGUV-Regel erworbene Sachkunde erfüllt die Fachkundeanforderungen nach Anlage 2A bzw. 2B der TRGS 524.
- Gefährdungsbeurteilung gemäß Gefahrstoffverordnung, Abschnitt 3
- Betriebsanweisung und Unterweisung gemäß § 14 Gefahrstoffverordnung
- Benennung des Aufsichtführenden, des Gerätesachkundigen und des Ersthelfers
- Benennung der Fachkraft für Arbeitssicherheit und des zuständigen arbeitsmedizinischen Dienstes bzw. des Betriebsarztes
- Nachweise bzw. Prüfzeugnisse hinsichtlich Luftreinigungsanlagen, Saugern und Filtereinheiten
- Einsatz von Personal mit arbeitsmedizinischer Überwachung
- Entsorgungskonzept

Schutzmaßnahmen

Sanierung

- Abschottung
- Zugang und Materialtransporte über Schleusen
- technischer Luftwechsel
- H-Sauger
- Persönliche Schutzausrüstung (Schutzanzug, Maske, Schutzhandschuhe)

Brände

Bei Bränden entstehen PAK. Zu Schutzmaßnahmen siehe auch **VdS 2357**.

Erfolgskontrolle

- Raumluftmessungen (siehe auch „Richtwerte/Grenzwerte – Nutzerschutz")
- Orientierungswerte (typische/häufig anzutreffende Hintergrundwerte für die Summe der 16 EPA-PAK) für Oberflächenwischproben nach Brandschadensanierung gemäß **VdS 2357**: Industriebereich < 100 µg/m², Wohn- und Büroraume < 10 µg/m², Sanierungsziel ≤ Hintergrundwert

Entsorgung

- **Grenzwerte des PAK-Gehalts** für **die Einstufung als gefährlicher Abfall** (gemäß Bundesrecht; auf Länderebene ggf. abweichend geregelt):
  - Summe 16 EPA-PAK: 1.000 mg/kg (Grenzwert für Gefährlichkeitsmerkmal H7 gemäß **Abfallverzeichnis-Verordnung**) Anlage Nr. 2.2.1 i. V. m. **Anhang III der Richtlinie 2008/98/EG**): 0,1 Masse-%
  - Benzo[*a*]pyren: 50 mg/kg (Gefahrenrelevante Abfalleigenschaft HP7, vgl. auch „Technische Hinweise zur Einstufung von Abfällen nach ihrer Gefährlichkeit“ [2024] bzw. **Abfallverzeichnis-Verordnung** Anlage Nr. 2.2.1 i. V. m. **Anhang III der Richtlinie 2008/98/EG**)
- **Abfallschlüssel** nach **Abfallverzeichnis-Verordnung**:
  - 17 03 03* Kohlenteer und teerhaltige Produkte
  - 17 01 06* Gemische aus oder getrennte Fraktionen von Beton, Ziegeln, Fliesen und Keramik, die gefährliche Stoffe enthalten
  - 17 02 04* Glas, Kunststoff und Holz, die gefährliche Stoffe enthalten oder durch gefährliche Stoffe verunreinigt sind
  - 17 03 01* kohlenteerhaltige Bitumengemische

  Bei einer gleichzeitigen Belastung mit Asbest (z. B. Dachabdichtungen) gibt die Asbestbelastung in der Regel den Entsorgungsweg (Deponie) vor.
- **Materialwerte Bauschutt** gemäß **Ersatzbaustoffverordnung** Anlage 1, Tabelle 1 „Materialwerte für geregelte Ersatzbaustoffe ohne Gleisschotter, Bodenmaterial und Baggergut“:
  - RC-1: 4,0 µg/l PAK_{15}
  - RC-2: 8,0 µg/l PAK_{15}
  - RC-3: 25 µg/l PAK_{15}

  PAK_{15}: PAK_{16} ohne Naphthalin und Methylnaphthaline
  - RC-1: 10 mg/kg PAK_{16}
  - RC-2: 15 mg/kg PAK_{16}
  - RC-3: 20 mg/kg PAK_{16}

  PAK_{16}: Stellvertretend für die Gruppe der polycyclischen aromatischen Kohlenwasserstoffe (PAK) werden nach der Liste der Environmental Protection Agency (EPA) 16 ausgewählte PAK untersucht: Acenaphthen, Acenaphthylen, Anthracen, Benzo[*a*]anthracen, Benzo[*a*]pyren, Benzo[*b*]fluoranthen, Benzo[*g,h,i*]perylen, Benzo[*k*]fluoranthen, Chrysen, Dibenzo[*a,h*]anthracen, Fluoranthen, Fluoren, Indeno[1,2,3-*cd*]pyren, Naphthalin, Phenanthren und Pyren.
- **Zuordnungswerte Bauschutt** gemäß Deponieverordnung, **Anhang 3 „Zulässigkeits- und Zuordnungskriterien“, Tab. 2 „Zuordnungswerte“:**
  - geologische Barriere ≤ 1 mg/kg TM (Summe PAK nach EPA)
  - DK 0 ≤ 30 mg/kg TM (Summe PAK nach EPA)
  - Rekultivierungsschicht ≤ 5 mg/kg TM (Summe PAK nach EPA)

Datenblatt PAK
Stoffliche Eigenschaften
Verwendung
Chronologie der Verbote und Regelungen
Gesundheitsrisiken
Einstufung der Schadwirkung
Risikobewertung und Feststellung der Sanierungsdringlichkeit
Quellenermittlung
Richtwerte/Grenzwerte – Nutzerschutz
Arbeitsplatzgrenzwerte – Schutz der Beschäftigten des Sanierungsunternehmens
Wichtige Regelwerke
Tätigkeiten mit PAK/Sanierung
Qualifikation des Sanierungsunternehmens und erforderliche Nachweise
Schutzmaßnahmen
Erfolgskontrolle
Entsorgung

Datenblatt PAK
Stoffliche Eigenschaften
Verwendung
Chronologie der Verbote und Regelungen
Gesundheitsrisiken
Einstufung der Schadwirkung
Risikobewertung und Feststellung der Sanierungsdringlichkeit
Quellenermittlung
Richtwerte/Grenzwerte – Nutzerschutz
Arbeitsplatzgrenzwerte – Schutz der Beschäftigten des Sanierungsunternehmens
Wichtige Regelwerke
Tätigkeiten mit PAK/Sanierung
Qualifikation des Sanierungsunternehmens und erforderliche Nachweise
Schutzmaßnahmen
Erfolgskontrolle
Entsorgung

- **Orientierungswerte für das Einleiten** PAK-kontaminierten Wassers in oberirdische Gewässer und öffentliche Abwasseranlagen gemäß **Merkblatt Nr. 4.5/15. Einleitung kontaminierter Wässer, 2005** (Bayerisches Landesamt für Wasserwirtschaft):
  - 2 µg/l (Summe 15 EPA-PAK [ohne Naphthalin])
  - 20 µg/l (Summe Naphthalin und Methylnaphthaline)
  - 0,1 µg/l (Benzo[*a*]pyren)
- **Geringfügigkeitsschwellen** (GFS) zur Beurteilung lokal begrenzter Grundwasserverunreinigungen (**Ableitung von Geringfügigkeitsschwellenwerten für das Grundwasser, 2016** [Bund-/Länderarbeitsgemeinschaft Wasser]):
  - 0,2 µg/l (Summe 15 EPA-PAK [ohne Naphthalin]; ggf. unter Berücksichtigung weiterer relevanter PAK (z. B. aromatische Heterozyklen wie Chinoline)
  - 0,1 µg/l (Anthracen)
  - 0,01 µg/l (Benzo[*a*]pyren)
  - 0,03 µg/l (Summe Benzo[*b*]fluoranthen und Benzo[*k*]fluoranthen)
  - 0,002 µg/l (Summe Benzo[*g,h,i*])perylen und Indeno[1,2,3-*cd*] pyren)
  - 0,01 µg/l (Dibenz[*a,h*]anthracen)
  - 0,1 µg/l (Fluoranthen)
  - 2 µg/l (Naphthalin und Methylnaphthaline, gesamt)

3.6 Datenblatt Pentachlorphenol (PCP)

Datenblatt PCP
Stoffliche Eigenschaften
Verwendung
Chronologie der Verbote und Regelungen
Gesundheitsrisiken
Einstufung der Schadwirkung
Risikobewertung und Feststellung der Sanierungsdringlichkeit
Quellenermittlung
Richtwerte/Grenzwerte – Nutzerschutz
Arbeitsplatzgrenzwerte – Schutz der Beschäftigten des Sanierungsunternehmens
Wichtige Regelwerke
Tätigkeiten mit PCP/Sanierung
Qualifikation des Sanierungsunternehmens und erforderliche Nachweise
Schutzmaßnahmen
Erfolgskontrolle
Entsorgung

Stoffliche Eigenschaften

PCP ist eine synthetische Verbindung aus der Gruppe der chlorierten aromatischen Kohlenwasserstoffe und wurde auch als Natrium-Pentachlorphenolat (PCP-Na) eingesetzt.

Technisches PCP enthält stets auch niedrig chlorierte Phenole (TriCP: Trichlorphenol, TCP: Tetrachlorphenol) und Verunreinigungen von Dioxinen und Furanen (PCDD/PCDF: polychlorierte Dibenzodioxine und polychlorierte Dibenzofurane).

Eigenschaften von PCP

- Dichte: 1,98 g/cm^3
- Siedepunkt: 310 °C (Zersetzung)
- Dampfdruck: 0,011 Pa (20 °C)
  Freies (nicht ionisiertes) PCP ist flüchtig, nicht jedoch PCP-Na.

Stoffanteile in technischem PCP

- PCP: 85 bis 89 Masse-%
- TriCP und TCP: 3 bis 9 Masse-%
- nicht phenolische chlorierte Substanzen wie polychlorierte Biphenyle, Chlorbenzole, polychlorierte Diphenylether: bis ca. 1 Masse-%
- PCDD/PCDF (vor allem Hexachlor-, Heptachlor- und Octachlordibenzodioxine): bis 0,3 Masse-%

Verwendung

Funktionen

- Holzschutz (fungizide Wirkung)
- Konservierung für Leder (z. B. Sitzmöbel) und Schwertextilien (z. B. Teppichböden)

In **baulichen Anlagen** wurden PCP-haltige Holzschutzmittel in **2 Funktionen** eingesetzt:

- **Vorbeugung**:
  - bei tragenden und aussteifenden Hölzern, insbesondere im Dachstuhlbereich, bei Holztreppen sowie bei Holzgeländern
  - bei Holzfenstern und Außentüren als Holz schützende Grundierungen und Lasuren
  - großflächig an Holzverkleidungen, Vertäfelungen und Schallschutzdecken sowie teils auch auf Holzfußböden in Innenräumen, insbesondere bei Verwendung durch Heimwerker, wobei hier die Holzschutzfunktion der eingesetzten Präparate häufig zugunsten einer dekorativen Funktion in den Hintergrund trat

Datenblatt PCP

Stoffliche Eigenschaften

Verwendung

Chronologie der Verbote und Regelungen

Gesundheitsrisiken

Einstufung der Schadwirkung

Risikobewertung und Feststellung der Sanierungsdringlichkeit

Quellenermittlung

Richtwerte/Grenzwerte – Nutzerschutz

Arbeitsplatzgrenzwerte – Schutz der Beschäftigten des Sanierungsunternehmens

Wichtige Regelwerke

Tätigkeiten mit PCP/Sanierung

Qualifikation des Sanierungsunternehmens und erforderliche Nachweise

Schutzmaßnahmen

Erfolgskontrolle

Entsorgung

- 1984: Ende der Verwendung von PCP in Holzschutzmitteln der Firma Desowag (ab 1.4.1984), Ende der Verwendung von Lindan in Holzschutzmitteln der Firma Desowag
- 1989: Der einzige westdeutsche Hersteller stellt die Produktion von PCP ein.
- bis heute: Produktion von PCP im Ausland (China, Taiwan, Frankreich, Indien, USA) und Export aus diesen Ländern. Durch den Import von behandeltem Holz gelangt PCP vermutlich auch nach Deutschland.

Chronologie der Verbote und Regelungen

- 1978:
  - Einführung einer Kennzeichnungspflicht für PCP-haltige Zubereitungen in den alten Bundesländern (PCP-Richtlinie ARGEBAU, 1996, S. 8)
  - Verbot der Anwendung PCP-haltiger Holzschutzmittel mit Prüfzeichen in Aufenthaltsräumen durch das Deutsche Institut für Bautechnik (DIBt) (PCP-Richtlinie ARGEBAU, 1996, S. 8)
  - In der DDR Ende der Zulassung PCP-haltiger Holzschutzmittel für Aufenthaltsräume (PCP-Richtlinie ARGEBAU, 1996, S. 8)
- 1984: Selbstverpflichtung der Mitgliedsunternehmen des Industrieverbands Bauchemie und Holzschutzmittel e. V. (ibh), kein PCP mehr zu verwenden (Selbstverpflichtungen der chemischen Industrie, 2013). Einzelne Hersteller verwenden PCP in Holzschutzmitteln jedoch bis zum Verbot 1989.
- 1986: Verbot der Anwendung PCP-haltiger Holzschutzmittel in Innenräumen (Gefahrstoffverordnung 1986; PCP für Außenanwendungen noch bis 1989 erlaubt)
- 1988: Ende der Zulassung für PCP-haltige Grundierungen im Bereich Fenster und Außentüren in der DDR (PCP-Richtlinie ARGEBAU, 1996, S. 8)
- 1989: Pentachlorphenolverbotsverordnung: Verbot des Inverkehrbringens und der Verwendung von PCP und von PCP-haltigen Produkten mit einem PCP-Gehalt > 0,01 Masse-% und von Holzteilen mit einem PCP-Gehalt > 5 mg/kg
- 1996: PCP-Richtlinie (PCP-Richtlinie ARGEBAU, 1996 [veröffentlicht 1997])
- 2006: Art. 67 in Verbindung mit Anhang XVII Nr. 22 Verordnung (EG) Nr. 1907/2006 (REACH-Verordnung): PCP darf nicht in Verkehr gebracht oder verwendet werden als Stoff, als Bestandteil anderer Stoffe oder in Gemischen in Konzentrationen von ≥ 0,1 Masse-% (die Richtlinie nimmt keinen Bezug auf Erzeugnisse).
- 2006: Gefahrstoffverordnung, Anhang II (zu § 16 Absatz 2), Nr. 3: *„(1) Über das Verwendungsverbot nach Art. 67 in Verbindung mit Anhang XVII Nummer 22 der Verordnung (EG) Nr. 1907/2006 [REACH-Verordnung] hinaus dürfen solche Erzeugnisse nicht verwendet werden, die mit einer Zubereitung behandelt worden sind, die Pentachlorphenol, Pentachlorphenolnatrium oder eine der übrigen PCP-Verbindungen enthält und deren von der Behandlung*

erfasste Teile mehr als 5 Milligramm pro Kilogramm dieser Stoffe enthalten.
(2) Absatz 1 gilt nicht für Holzbestandteile von Gebäuden und Möbeln sowie für Textilien, die vor dem 23. Dezember 1989 mit Zubereitungen behandelt wurden, die Pentachlorphenol, Pentachlorphenolnatrium oder eine der übrigen PCP-Verbindungen enthalten. Für das in Artikel 3 des Einigungsvertrags genannte Gebiet tritt an die Stelle des 23. Dezember 1989 der 3. Oktober 1990.
(3) Absatz 1 gilt nicht für Altholz, welches nach der Altholzverordnung vom 15. August 2002 (BGBl. I S. 3302), die zuletzt durch Artikel 2a der Verordnung vom 20. Oktober 2006 (BGBl. I S. 2298) geändert worden ist, verwertet wird.
(4) Die Absätze 1 bis 3 gelten auch für private Haushalte.“

- 2020: Verordnung (EU) 2019/1021 (EU-POP-Verordnung): Absenkung der Ausnahme für Pentachlorphenol sowie seine Salze und Ester zur Verwendung als Zwischenprodukt oder andere Spezifikation auf höchstens 5 mg/kg (0,0005 Masse-%) in Stoffen, Gemischen oder Erzeugnissen; Konzentrationsgrenze für die Nachweispflicht und unwiederbringliche Zerstörung gemäß Anhang IV: 100 mg/kg
- 2020: Streichung des Eintrags Nr. 22 zu Pentachlorphenol und seinen Salzen in Anhang XVII der Verordnung (EG) Nr. 1907/2006 (REACH), der Beschränkungen für Pentachlorophenol und seine Salze und Ester enthielt, da für diese Stoffe in der Verordnung (EU) 2019/1021 (EU-POP-Verordnung) strengere Beschränkungen festgelegt sind
- 2024: Gefahrstoffverordnung: Wegfall von Anhang II Nr. 3 „Pentachlorphenol und seine Verbindungen“ (zu § 16 Absatz 2)

Gesundheitsrisiken

- chronische Toxizität:
  - krebserzeugend
  - mutagen (erbgutschädigend)
  - reproduktionstoxisch (Verdacht)

  Einfluss auf die Toxizität haben insbesondere auch die Verunreinigungen, darunter PCDD/PCDF (siehe „Stoffliche Eigenschaften“).
- Holzschutzmittelsyndrom:
  Das sogenannte Holzschutzmittelsyndrom als Folgeerkrankung einer jahrelangen Exposition gegenüber PCP in Wohnräumen – im Wesentlichen ein chronisches Ermüdungs- und Erschöpfungssyndrom – ist nicht wissenschaftlich definiert und nicht allgemein akzeptiert.
- Geruchsbelästigung durch Chloranisole

Datenblatt PCP
Stoffliche Eigenschaften
Verwendung
Chronologie der Verbote und Regelungen
Gesundheitsrisiken
Einstufung der Schadwirkung
Risikobewertung und Feststellung der Sanierungsdringlichkeit
Quellenermittlung
Richtwerte/Grenzwerte – Nutzerschutz
Arbeitsplatzgrenzwerte – Schutz der Beschäftigten des Sanierungsunternehmens
Wichtige Regelwerke
Tätigkeiten mit PCP/Sanierung
Qualifikation des Sanierungsunternehmens und erforderliche Nachweise
Schutzmaßnahmen
Erfolgskontrolle
Entsorgung

Tag aufhalten und in denen nutzungsbedingt auch Expositionen z. B. über Staub und Lebensmittel zu erwarten sind, wie in Kindertagesstätten oder Heimen, ist eine gesundheitliche Gefährdung dagegen auch dann möglich, wenn die im Jahresmittel zu erwartende PCP-Raumluftkonzentration unter 1 µg/m^3, aber über 0,1 µg/m^3 liegt und gleichzeitig im Blut (Serum) eine PCP-Belastung von mehr als 70 µg/l oder im Urin eine PCP-Belastung von mehr als 40 µg/l vorliegt.

Arbeitsplatzgrenzwerte – Schutz der Beschäftigten des Sanierungsunternehmens

Materialien

TRGS 524, Abschnitt 4.9.3, verweist auf die HSM-Handlungsanleitung des Landesamtes für Arbeitsschutz, Gesundheitsschutz und technische Sicherheit Berlin (LAGetSi). Die Handlungsanleitung wurde durch das LAGetSi zurückgezogen.

Zur Beurteilung, ab welcher PCP-Konzentration von einer Behandlung bzw. Verunreinigung mit PCP auszugehen ist, könnte hilfsweise der Grenzwert der Verordnung (EU) 2019/1021 (EU-POP-Verordnung) von 5 mg/kg in den von der Behandlung erfassten Teilen herangezogen werden.

Luft am Arbeitsplatz (Tätigkeiten mit PCP)

Eine Konzentrationsschwelle, unterhalb derer eine Gefährdung der Gesundheit durch PCP nicht mehr gegeben ist, kann nicht festgelegt werden; daher existiert für PCP kein Arbeitsplatzgrenzwert (AGW) nach TRGS 900 und kein MAK-Wert.

Wichtige Regelwerke

Nutzerschutz

- **PCP-Richtlinie ARGEBAU, 1996** (inzwischen über die Muster-Verwaltungsvorschrift Technische Baubestimmungen (MVV TB) länderspezifisch eingeführt)

Arbeitsschutz

- **Gefahrstoffverordnung**, insbesondere § 10
- **TRGS 524**
- **DGUV Regel 101-004**

Tätigkeiten mit PCP/Sanierung

Grundsatz

Tätigkeiten mit PCP sind „besonders gefährliche Arbeiten" nach § 2 Abs. 3 **Baustellenverordnung**.

Sanierungsverfahren

- Primärquellen:
  - Entfernen des Bauteils
  - Entfernen PCP-behandelter Bereiche des Bauteils
  - Beschichtung
  - räumliche Trennung
- Sekundärquellen:
  - Ausbau (Entfernen)
  - Beschichtung
  - räumliche Trennung

Die Einstufungen und Grenzwerte für Holzstaub gemäß MAK- und BAT-Werte-Liste 2024 sowie TRGS 553, TRGS 905 und TRGS 906 sind gegebenenfalls zu beachten.

Qualifikation des Sanierungsunternehmens und erforderliche Nachweise

Folgende Qualifikationen und Nachweise sind erforderlich:

- Betriebshaftpflichtversicherung für Tätigkeiten mit Gebäudeschadstoffen einschließlich PCP
- Sachkunde gemäß DGUV Regel 101-004. Die nach der DGUV-Regel erworbene Sachkunde erfüllt die Fachkundeanforderungen nach Anlage 2A bzw. 2B der TRGS 524.
- Gefährdungsbeurteilung gemäß Gefahrstoffverordnung, Abschnitt 3
- Betriebsanweisung und Unterweisung gemäß § 14 Gefahrstoffverordnung
- Benennung des Aufsichtführenden, des Gerätesachkundigen und des Ersthelfers
- Benennung der Fachkraft für Arbeitssicherheit und des zuständigen arbeitsmedizinischen Dienstes bzw. des Betriebsarztes
- Nachweise bzw. Prüfzeugnisse hinsichtlich Luftreinigungsanlagen, Saugern und Filtereinheiten
- Einsatz von Personal mit arbeitsmedizinischer Überwachung
- Entsorgungskonzept

Schutzmaßnahmen

Sanierung

- Abschottung
- Zugang und Materialtransporte über Schleusen
- technischer Luftwechsel
- H-Sauger
- Persönliche Schutzausrüstung (Schutzanzug, Maske, Schutzhandschuhe)

Datenblatt PCP
Stoffliche Eigenschaften
Verwendung
Chronologie der Verbote und Regelungen
Gesundheitsrisiken
Einstufung der Schadwirkung
Risikobewertung und Feststellung der Sanierungsdringlichkeit
Quellenermittlung
Richtwerte/Grenzwerte – Nutzerschutz
Arbeitsplatzgrenzwerte – Schutz der Beschäftigten des Sanierungsunternehmens
Wichtige Regelwerke
Tätigkeiten mit PCP/Sanierung
Qualifikation des Sanierungsunternehmens und erforderliche Nachweise
Schutzmaßnahmen
Erfolgskontrolle
Entsorgung

Datenblatt Blei

Stoffliche Eigenschaften

Verwendung

Chronologie der Verbote und Regelungen

Gesundheitsrisiken

Einstufung der Schadwirkung

Quellenermittlung

Richtwerte/Grenzwerte – Nutzerschutz

Arbeitsplatzgrenzwerte – Schutz der Beschäftigten des Sanierungsunternehmens

Wichtige Regelwerke

Tätigkeiten mit Blei und bleihaltigen Verbindungen/ Sanierung

Qualifikation des Sanierungsunternehmens und erforderliche Nachweise

Schutzmaßnahmen

Erfolgskontrolle

Entsorgung

Gehalt im Material

- Farben und Lacke, Beschichtungen (höherer Bleigehalt):
  - in der Regel > 10 Masse-%
- PVC-Stabilisatoren (geringerer Bleigehalt; in der Regel Kombination aus bleifreien und bleihaltigen Stabilisatoren)

Verwendungszeitraum

- bis 1973: Bleileitungen für die Hausinstallation
- bis in die 1980er-Jahre:
  - Einsatz von Bleicarbonaten (Bleiweiß) und Bleisulfaten in Farben für Holz und Metalle
  - Einsatz von Blei(II)-chromat in Europa
- ab 2015: Verzicht der europäischen PVC-Industrie auf den Einsatz von Bleistabilisatoren in PVC (Vinyl 2010. Freiwillige Selbstverpflichtung der PVC-Industrie zur nachhaltigen Entwicklung, 2001)
- bis heute: kein Verbot der Herstellung und Verwendung von Bleimennige

Chronologie der Verbote und Regelungen

- 1988: Nach TRGS 602, Abschnitt 4.1.24, soll *„auf den Einsatz von bleihaltigen Korrosionsschutzpigmenten […] wegen möglicher Umweltbelastungen weitestgehend verzichtet werden. Ausnahme: Bleimennige für den schweren Korrosionsschutz bei Sanierung langlebiger Stahlbauten und wenn eine vollständige rostfreie Oberfläche während der Vorbehandlung nicht erzielt werden kann.“*
- 2006: Verwendungsverbot von Bleicarbonaten nach Art. 67 in Verbindung mit Anhang XVII Nr. 16 Verordnung (EG) Nr. 1907/2006 (REACH-Verordnung) sowie Gefahrstoffverordnung und Chemikalien-Verbotsverordnung; Ausnahme: Verwendung in Farben, die für die originalgetreue Wiederherstellung von Kunstwerken und historischen Bestandteilen oder von Einrichtungen denkmalgeschützter Gebäude bestimmt sind, wenn die Verwendung von Ersatzstoffen nicht möglich ist
- 2008: Das Etikett auf der Verpackung bleihaltiger Anstrichmittel und Lacke mit einem Gesamtbleigehalt > 0,15 Masse-% muss gemäß Verordnung (EG) Nr. 1272/2008 (CLP-Verordnung), Anhang II, Nr. 2.1, folgenden Hinweis tragen: „Achtung! Enthält Blei. Nicht für den Anstrich von Gegenständen verwenden, die von Kindern gekaut oder gelutscht werden könnten.“
- 2012: Aufnahme von Bleichromat, Bleisulfochromatgelb und Bleichromatmolybdatsulfatrot wegen der Einstufung als krebserzeugend (Kategorie 1B) nach Verordnung (EU) Nr. 125/2012 in den Anhang XIV Verzeichnis der zulassungspflichtigen Stoffe der Verordnung (EG) Nr. 1907/2006 (REACH)
- 2024: Absenkung der Grenzwerte für Blei und seine anorganischen Verbindungen in der Richtlinie (EU) 2024/869 auf 0,03 mg/m^3 (Hinweis: In der Veröffentlichung war die Einheit fehlerhaft veröf-

fentlicht und nachfolgend in einer Berichtigung auf die korrekte Einheit mg/m³ korrigiert worden.)

Gesundheitsrisiken

- Blei und Bleiverbindungen:
  - krebserzeugend
  - reproduktionstoxisch
  - bioakkumulierend
  - umweltgefährdend
- Einstufung:
  - T: giftig
  - Xn: gesundheitsschädlich
  - N: umweltgefährlich
- als chemisches Element im menschlichen Körper nicht abbaubar
- Aufnahme: oral und inhalativ (bleihaltiger Staub)
- anerkannte bleiverursachte Berufskrankheit (BK):
  - BK 1101 Erkrankungen durch Blei oder seine Verbindungen

Einstufung der Schadwirkung

Verordnung (EG) Nr. 1272/2008 (CLP-Verordnung)

- Bleiverbindungen (soweit nicht separat ausgewiesen), Bleihexafluorsilikat:
  - Reproduktionstoxizität: Repr. 1A (reproduktionstoxisch)
  - akute Toxizität: Acute Tox. 4
  - spezifische Zielorgan-Toxizität (wiederholte Exposition): STOT RE 2
  - gewässergefährdend: Aquatic Acute 1, Aquatic Chronic 1

Hinweis

> Die Schadwirkungen bei zahlreichen weiteren Bleiverbindungen, wie z. B. Bleidiazid, Bleichromat, Blei(II)-acetat, Bleisulfochromatgelb, Bleichromatmolybdatsulfatrot, Bleihydrogenarsenat, Bleipulver und massivem Blei, weisen z. T. unterschiedliche Einstufungen auf; in der Regel sind die Verbindungen u. a. als reproduktionstoxisch (Repr. 1A) und/oder krebserzeugend (Carc. 1A bzw. 1B) eingestuft.

MAK- und BAT-Werte-Liste 2024

- Blei und anorganische Bleiverbindungen (einatembare Fraktion) außer Bleiarsenat und Bleichromat:
  - Kanzerogenitätskategorie 4 (Abschnitt III, krebserzeugende Arbeitsstoffe)
  - Keimzellmutagenitätskategorie 3A (Abschnitt IX)
  - Schwangerschaftsgruppe B

Datenblatt Blei
Stoffliche Eigenschaften
Verwendung
Chronologie der Verbote und Regelungen
Gesundheitsrisiken
Einstufung der Schadwirkung
Quellenermittlung
Richtwerte/Grenzwerte – Nutzerschutz
Arbeitsplatzgrenzwerte – Schutz der Beschäftigten des Sanierungsunternehmens
Wichtige Regelwerke
Tätigkeiten mit Blei und bleihaltigen Verbindungen/Sanierung
Qualifikation des Sanierungsunternehmens und erforderliche Nachweise
Schutzmaßnahmen
Erfolgskontrolle
Entsorgung

Datenblatt Blei

Stoffliche Eigenschaften

Verwendung

Chronologie der Verbote und Regelungen

Gesundheitsrisiken

Einstufung der Schadwirkung

Quellenermittlung

Richtwerte/Grenzwerte – Nutzerschutz

Arbeitsplatzgrenzwerte – Schutz der Beschäftigten des Sanierungsunternehmens

Wichtige Regelwerke

Tätigkeiten mit Blei und bleihaltigen Verbindungen/ Sanierung

Qualifikation des Sanierungsunternehmens und erforderliche Nachweise

Schutzmaßnahmen

Erfolgskontrolle

Entsorgung

- Verwendungsverbot für Bleicarbonate (Bleiweiß), Bleihydroxidcarbonat und Bleisulfate als Stoffe oder als Komponenten von Zubereitungen, die zur Verwendung als Farben bestimmt sind

Davon ausgenommen nach § 17 **Gefahrstoffverordnung** sowie nach **Chemikalien-Verbotsverordnung 1993**, Anhang (zu § 1), Abschnitt 8:

- Erhaltung und Restaurierung von Kunstwerken sowie von historischen Gebäuden und ihren Inneneinrichtungen, wenn die Verwendung von Ersatzstoffen nicht möglich ist

Arbeitsschutz

- **Gefahrstoffverordnung**, insbesondere § 10
- **TRGS 505**:
  Als Tätigkeiten mit bleihaltigen Gefahrstoffen im Baubereich gelten u. a.:
  - Ausbau und Transportieren von Bleiblechen und -rohren
  - Dacheindeckungen mit bleihaltigen Werkstoffen
  - Bearbeiten von Blei, Bleilegierungen oder bleihaltigen Deckschichten, Entfernen bleihaltiger Beschichtungen z. B. durch Abbrennen, mittels abrasiver Verfahren (z. B. Bürsten, Schleifen, Polieren, Strahlen und Nadeln) oder Abbeizen
  - Schweißen oder Brennschneiden von Metallteilen mit bleihaltigen Beschichtungen
  - Glasmalarbeiten, Bleiverglasungen (insbesondere bei Restaurierung historischer Bleiverglasungen)
  - Entfernen bleihaltiger Bauteile bzw. bleihaltiger Baustoffe bei der Sanierung bzw. beim Abriss von Gebäuden

Tätigkeiten mit Blei und bleihaltigen Verbindungen/Sanierung

Grundsatz

Tätigkeiten mit Blei und Bleiverbindungen sind „besonders gefährliche Arbeiten“ nach § 2 Abs. 3 **Baustellenverordnung**.

Sanierungsverfahren

- Materialien aus metallischem Blei:
  - Ausbau (Entfernen)
- Materialien mit bleihaltigen Anstrichen:
  - Ausbau (Entfernen)
  - Entfernen bleihaltiger Beschichtungen (z. B. Abbeizen, Strahlen)
  - ggf. Beschichtung

Qualifikation des Sanierungsunternehmens und erforderliche Nachweise

Folgende Qualifikationen und Nachweise sind erforderlich:

- Betriebshaftpflichtversicherung für Tätigkeiten mit Gebäudeschadstoffen einschließlich Blei und Bleiverbindungen
- Fachkunde gemäß Gefahrstoffverordnung

- ○ Gefährdungsbeurteilung gemäß Gefahrstoffverordnung, Abschnitt 3
- ○ Betriebsanweisung und Unterweisung gemäß § 14 Gefahrstoffverordnung
- ○ Benennung des Aufsichtführenden, des Gerätesachkundigen und des Ersthelfers
- ○ Benennung der Fachkraft für Arbeitssicherheit und des zuständigen arbeitsmedizinischen Dienstes bzw. des Betriebsarztes
- ○ Nachweise bzw. Prüfzeugnisse hinsichtlich Luftreinigungsanlagen, Saugern und Filtereinheiten
- ○ Einsatz von Personal mit arbeitsmedizinischer Überwachung
- ○ Entsorgungskonzept

Schutzmaßnahmen

Sanierung

- ○ Abschottung
- ○ Zugang und Materialtransporte über Schleusen
- ○ technischer Luftwechsel
- ○ H-Sauger
- ○ Persönliche Schutzausrüstung (Schutzanzug, Maske, Schutzhandschuhe)

Erfolgskontrolle

- ○ Materialproben
- ○ ggf. Wischproben

Entsorgung

- ○ **Abfallschlüssel** nach **Abfallverzeichnis-Verordnung**:
  - 17 04 03 Blei [für metallisches Blei]
    Metallisches Blei ist kein gefährlicher Abfall, sondern dem Recycling zuzuführen.
  - 17 02 04* Glas, Kunststoff und Holz, die gefährliche Stoffe enthalten oder durch gefährliche Stoffe verunreinigt sind [für Baumaterialien die mit Blei oder mit Bleiverbindungen kontaminiert sind]
    PVC mit Bleistabilisatoren ist kein gefährlicher Abfall.
- ○ **Werte für Bauschutt** gemäß **Ersatzbaustoffverordnung**,
  Anlage 4, Tabelle 2 „Im Rahmen des Eignungsnachweises zu untersuchende Parameter“:
  - Blei im Eluat (µg/l);
    Anlage 4, Tabelle 2.2 „Überwachungswerte (Feststoffwerte) bei RC-Baustoffen:“
  - Blei 140 mg/kg

Datenblatt Blei
Stoffliche Eigenschaften
Verwendung
Chronologie der Verbote und Regelungen
Gesundheitsrisiken
Einstufung der Schadwirkung
Quellenermittlung
Richtwerte/Grenzwerte – Nutzerschutz
Arbeitsplatzgrenzwerte – Schutz der Beschäftigten des Sanierungsunternehmens
Wichtige Regelwerke
Tätigkeiten mit Blei und bleihaltigen Verbindungen/Sanierung
Qualifikation des Sanierungsunternehmens und erforderliche Nachweise
Schutzmaßnahmen
Erfolgskontrolle
Entsorgung

Datenblatt Blei

Stoffliche Eigenschaften
Verwendung
Chronologie der Verbote und Regelungen
Gesundheitsrisiken
Einstufung der Schadwirkung
Quellenermittlung
Richtwerte/Grenzwerte – Nutzerschutz
Arbeitsplatzgrenzwerte – Schutz der Beschäftigten des Sanierungsunternehmens
Wichtige Regelwerke
Tätigkeiten mit Blei und bleihaltigen Verbindungen/ Sanierung
Qualifikation des Sanierungsunternehmens und erforderliche Nachweise
Schutzmaßnahmen
Erfolgskontrolle
Entsorgung

○ **Zuordnungswerte Bauschutt** gemäß **Deponieverordnung**, Anhang 3 „Zulässigkeits- und Zuordnungskriterien", Tab. 2 „Zuordnungswerte":
- Feststoffwerte Blei:
  Rekultivierungsschicht ≤ 140 mg/kg TM
- Eluatwerte Blei:
  geologische Barriere ≤ 0,02 mg/l
  DK 0 ≤ 0,05 mg/l
  DK I ≤ 0,2 mg/l
  DK II ≤ 1 mg/l
  DK III ≤ 5 mg/l

○ Grenzwert für Holzhackschnitzel und Holzspäne zur Herstellung von Holzwerkstoffen gemäß Altholzverordnung, Anhang II (zu § 3 Abs. 1):
- 30 mg/kg"

3.8 Regelwerke, Kategorien und Begriffe (Datenblätter Kapitel 3.1 bis 3.7)

3.8.1 Regelwerke

Nachfolgend werden die wichtigsten Regelwerke, auf die bei den Datenblättern zurückgegriffen wird, kurz erläutert.

3.8.1.1 Chemikalienverordnungen der EU

Das deutsche Chemikalienrecht basiert überwiegend auf EU-Verordnungen. Verbote bzw. Einschränkungen für die in diesem Buch behandelten Gebäudeschadstoffe werden im Wesentlichen durch 3 EU-Verordnungen geregelt:

- EU-POP-Verordnung: Verordnung (EU) Nr. 2019/1021
- REACH-Verordnung: Verordnung (EG) Nr. 1907/2006
- CLP-Verordnung: Verordnung (EG) Nr. 1272/2008

EU-POP-Verordnung

Inhalt

Als EU-POP-Verordnung wird die europäische Verordnung über persistente organische Schadstoffe zur Umsetzung globaler Abkommen zur Beendigung oder Einschränkung der Produktion, Verwendung und Freisetzung von Stoffen bezeichnet, die als besonders giftig gelten, in der Umwelt weiträumig transportiert werden, sich in der Nahrungskette anreichern und nur sehr langsam abgebaut werden können (POP: persistent organic pollutants).

Bedeutung für Gebäudeschadstoffe

Anhang I der EU-POPVerordnung enthält das Verbot u. a. von PCB, DDT, PCP und Lindan sowie SCCP (kurzkettige chlorierte Paraffine).

Anhang IV enthält Konzentrationsgrenzen für POP-Stoffe (u. a. SCCP, DDT, Lindan, PCB, HBCD und PCP) für eine gesondert erforderliche Entsorgung.

Anhang V enthält Vorgaben zu den Entsorgungsverfahren, die auch von Konzentrationsgrenzen abhängen.

REACH-Verordnung

Inhalt

Als REACH-Verordnung wird die europäische Verordnung zur Registrierung, Bewertung, Zulassung und Beschränkung chemischer Stoffe bezeichnet (REACH: Regulation Concerning the Registration, Evaluation, Authorisation and Restriction of Chemicals). Hersteller und Importeure von Chemikalien müssen mit der obligatorischen Registrierung ihrer Chemikalien Daten vorlegen und die von den Stoffen ausgehenden Risiken selbst bewerten. Aufgabe der Behörden ist u. a. die Prüfung der Registrierungen und die Regulierung von Stoffen mit besonders besorgniserregenden Eigenschaften oder von Stoffen, die zu Risiken für Mensch oder Umwelt führen.

Bedeutung für Gebäudeschadstoffe

Anhang XVII „Beschränkungen der Herstellung, des Inverkehrbringens und der Verwendung bestimmter gefährlicher Stoffe, Gemische und Erzeugnisse" der REACH-Verordnung enthält Verbote bzw. Beschränkungen u. a. für Asbest, Teeröle, PCP, Blei und Bleisalze (Bleicarbonate, Bleisulfate) sowie Quecksilberverbindungen.

CLP-Verordnung

Inhalt

Als CLP-Verordnung wird die europäische Verordnung zur Einstufung, Kennzeichnung und Verpackung von gefährlichen Stoffen und Gemischen bezeichnet (CLP: Classification, Labelling and Packaging of Substances and Mixtures). Die Verordnung bringt die EU-Rechtsvorschriften in Übereinstimmung mit dem GHS (Globally Harmonized System of Classification and Labelling of Chemicals: Global harmonisiertes System zur Einstufung und Kennzeichnung von Chemikalien), einem im Rahmen der Vereinten Nationen vereinbarten System zur Ermittlung gefährlicher Chemikalien und zur Unterrichtung der Nutzer über das Gefahrenpotenzial (vgl. Globally Harmonized System of Classification and Labelling of Chemicals [GHS], 2003).

Bedeutung für Gebäudeschadstoffe

In Anhang VI „Harmonisierte Einstufung und Kennzeichnung für bestimm te gefährliche Stoffe" sind die Gefährlichkeitsmerkmale gemäß CLP-Verordnung (Verordnung [EG] Nr. 1272/2008, ehemals 67/548/EWG Stoff-Richtlinie), wie z. B. Karzinogenität (Kategorie Carc. 1A, 1B oder 2), Keimzellmutagenität (Kategorie Muta. 1A, 1B oder 2), Reproduktionstoxizität (Kategorie Repr. 1A, 1B oder 2), gewässergefährdend (Kategorien Aquatic Acute 1, Aquatic Chronic 1, 2, 3 und 4), persistent, bioakkumulierbar und toxisch (PBT), sehr persistent und sehr bioakkumulierbar (vPvB) und schädigt die Ozonschicht (Ozone 1), festgelegt. In Anhang VI, Tabelle 3.1, werden die Stoffe aufgelistet und u. a. den Gefahrenkategorien zugeordnet, z. B. Asbest: Karzinogenität Kategorie Carc. 1A, Pentachlorphenol: Karzinogenität Kategorie 2 und weitere, Bleiverbindungen: Reproduktionstoxizität Kategorie Repr. 1A und weitere.

3.8.1.2 Nationale Regelungen für Gefahrstoffe

Allgemeines

Die Gefahrstoffverordnung enthält die übergeordneten nationalen Regelungen zu Gefahrstoffen. Die Konkretisierung erfolgt in den Technischen Regeln für Gefahrstoffe (TRGS). Die TRGS geben den Stand der Technik, Arbeitsmedizin und Arbeitshygiene sowie andere gesicherte wissenschaftliche Erkenntnisse zu Tätigkeiten mit Gefahrstoffen einschließlich deren Einstufung und Kennzeichnung wieder. Sie werden vom Ausschuss für Gefahrstoffe (AGS) aufgestellt und vom Bundesministerium für Arbeit und Soziales im Gemeinsamen Ministerialblatt (zuvor bis Dezember 2006 im Bundesarbeitsblatt) bekannt gegeben. Bei Tätigkeiten mit Gebäudeschadstoffen hat der Arbeitgeber die erforderlichen technischen Schutzmaßnahmen sowie Maßnahmen des organisatorischen Arbeitsschutzes, der Hygiene oder der Arbeitsmedizin entsprechend der jeweiligen TRGS festzulegen.

TRGS mit Bezug zu Gebäudeschadstoffen:

TRGS 500	Schutzmaßnahmen
TRGS 505	Blei
TRGS 517	Tätigkeiten mit potenziell asbesthaltigen mineralischen Rohstoffen und daraus hergestellten Gemischen und Erzeugnissen
TRGS 519	Asbest. Abbruch-, Sanierungs- oder Instandhaltungsarbeiten
TRGS 521	Abbruch-, Sanierungs- und Instandhaltungsarbeiten mit alter Mineralwolle
TRGS 524	Schutzmaßnahmen bei Tätigkeiten in kontaminierten Bereichen
TRGS 528	Schweißtechnische Arbeiten
TRGS 551	Teer und andere Pyrolyseprodukte aus organischem Material
TRGS 553	Holzstaub
TRGS 558	Tätigkeiten mit Hochtemperaturwolle
TRGS 559	Quarzhaltiger Staub
TRGS 560	Luftrückführung bei Tätigkeiten mit krebserzeugenden, erbgutverändernden und fruchtbarkeitsgefährdenden Stäuben
TRGS 600	Substitution
TRGS 900	Arbeitsplatzgrenzwerte
TRGS 903	Biologische Grenzwerte (BGW)
TRGS 905	Verzeichnis krebserzeugender, keimzellmutagener oder reproduktionstoxischer Stoffe
TRGS 906	Verzeichnis krebserzeugender Tätigkeiten oder Verfahren nach § 2 Absatz 3 Nummer 4 GefStoffV
TRGS 910	Risikobezogenes Maßnahmenkonzept für Tätigkeiten mit krebserzeugenden Gefahrstoffen

TRGS 905

Die TRGS 905 ist eine nationale Ergänzung zur Verordnung (EG) Nr. 1272/2008 (CLP-Verordnung), Anhang VI, Teil 3, Tabelle 3.2. Sowohl die CLP-Verordnung als auch die TRGS 905 sind zu beachten.

Diese TRGS enthält ein Verzeichnis von Stoffen, die auf der Grundlage gesicherter wissenschaftlicher Erkenntnisse gemäß § 2 Absatz 3 Nr. 3 Gefahrstoffverordnung als krebserzeugend, keimzellmutagen oder reproduktionstoxisch der Kategorien 1A, 1B oder 2 entsprechend den Kriterien des Anhangs I der Verordnung (EG) Nr. 1272/2008 (CLP-Verordnung) eingestuft wurden. Die TRGS 905 führt Stoffe auf, die nicht im Anhang VI, Teil 3, Tabelle 3.1, der CLP-Verordnung genannt sind, sowie Stoffe, für die der AGS eine von der CLP-Verordnung abweichende Einstufung beschlossen hat.

3.8.2 Kategorien karzinogener, mutagener und reproduktionstoxischer Stoffe (KMR-Stoffe)

3.8.2.1 Verordnung (EG) Nr. 1272/2008 (CLP-Verordnung)

Karzinogene (krebserzeugende) Stoffe

- Karzinogenität Kategorie Carc. 1A: Stoffe, die bekanntermaßen beim Menschen krebserzeugend sind
  Die Einstufung erfolgt überwiegend aufgrund von Nachweisen beim Menschen.

Die Einstufung wird insbesondere durch Befunde zum Wirkungsmechanismus gestützt, die beispielsweise darauf hinweisen, dass eine Steigerung der Zellproliferation, Hemmung der Apoptose oder Störung der Differenzierung im Vordergrund steht. Einstufung und MAK- und BAT-Wert berücksichtigen die vielfältigen Mechanismen, die zur Kanzerogenese beitragen können, sowie ihre charakteristischen Dosis-Zeit-Wirkungsbeziehungen.

- Kategorie 5: Stoffe, die bei Tier oder Mensch Krebs erzeugen oder als krebserzeugend für den Menschen anzusehen sind und für die ein MAK-Wert abgeleitet werden kann
  Im Vordergrund steht hier ein **genotoxischer Wirkungsmechanismus**, für den aber bei Einhaltung des MAK- und BAT-Wertes nur ein sehr geringer Beitrag zum Krebsrisiko für den Menschen zu erwarten ist.
  Die Einstufung und der MAK- und BAT-Wert werden gestützt durch Informationen zum Wirkungsmechanismus sowie zur Dosisabhängigkeit und durch toxikokinetische Daten.

3.8.3 Begriffe

Abfallschlüssel

Sechsstellige Nummer, mit der Abfälle den im *Abfallverzeichnis* der *Abfallverzeichnis-Verordnung* aufgeführten Abfallarten zugeordnet werden. Mit einem Sternchen (*) versehene Nummern kennzeichnen Abfallarten als „gefährlich" im Sinne des § 48 Kreislaufwirtschaftsgesetz.

Siehe auch *Abfallverzeichnis* und *Abfallverzeichnis-Verordnung.*

Abfallverzeichnis

Das Abfallverzeichnis bildet die Anlage (zu § 2 Abs. 1) der *Abfallverzeichnis-Verordnung.*

Siehe auch *Abfallschlüssel* und *Abfallverzeichnis-Verordnung.*

Abfallverzeichnis-Verordnung

Verordnung über das Europäische Abfallverzeichnis (Abfallverzeichnis-Verordnung – AVV) vom 10. Dezember 2001

Die Verordnung legt in Umsetzung von EU-Recht die Abfallbezeichnung und die Einstufung von Abfällen nach ihrer Gefährlichkeit fest. Die Abfälle werden den im *Abfallverzeichnis* aufgeführten Abfallarten mit einem sechsstelligen *Abfallschlüssel* zugeordnet.

Siehe auch *Abfallschlüssel* und *Abfallverzeichnis.*

AGW

Arbeitsplatzgrenzwert

Der AGW nach § 2 Abs. 8 Gefahrstoffverordnung und TRGS 900 gibt an, bis zu welcher Konzentration eines Stoffes akute oder chronische schädliche Auswirkungen auf die Gesundheit bei beruflich Exponierten im Allgemeinen **nicht** zu erwarten sind. AGW werden vom Bundesministerium für Arbeit und Soziales in der TRGS 900 veröffentlicht.

Im Unterschied zu den (nicht verbindlichen) *MAK-Werten* und *BAT-Werten* der Senatskommission zur Prüfung gesundheitsschädlicher Arbeitsstoffe (*MAK-Kommission*) der Deutschen Forschungsgemeinschaft (DFG) können bei der Festlegung von AGW auch sozialpolitische, ökonomische, technologische und weitere nicht wissenschaftliche Gesichtspunkte berücksichtigt werden.

Siehe auch *BAT-Wert*, *MAK-Kommission* und *MAK-Wert*.

Akzeptanzrisiko/Akzeptanzkonzentration

Die Gefahrstoffverordnung definiert unter § 2 „Begriffsbestimmungen" im Absatz 8a die Akzeptanzkonzentration als die Konzentration eines als krebserzeugend eingestuften Stoffs in der Luft am Arbeitsplatz, die bei 40-jähriger arbeitstäglicher Exposition mit dem Akzeptanzrisiko assoziiert ist. Bei Einhaltung der Akzeptanzkonzentration wird das Risiko einer Krebserkrankung als niedrig und akzeptabel angesehen (Bereich niedrigen Risikos). Bei einer Überschreitung der Akzeptanzkonzentration bis zur Erreichung der Toleranzkonzentration ist von einem mittleren Risiko auszugehen (Bereich mittleren Risikos). Die weiteren Details sind in der TRGS 910 geregelt. Gemäß TRGS 910 ist das **Akzeptanzrisiko** eine **stoffübergreifende Größe**, die die statistische Wahrscheinlichkeit des Auftretens einer Krebserkrankung übergangsweise in Höhe von $4 \cdot 10^{-4}$ (4 : 10.000) angibt.

Die **Akzeptanzkonzentration** ist dagegen eine **stoffspezifische Größe**. Sie bezeichnet die Konzentration eines Stoffes in der Luft am Arbeitsplatz, die über seine Exposition-Risiko-Beziehung (ERB) dem Akzeptanzrisiko entspricht und bei Unterschreitung mit einem niedrigen, hinnehmbaren Risiko assoziiert wird.

Siehe auch *Toleranzrisiko/Toleranzkonzentration*.

ARGEBAU/Bauministerkonferenz

Arbeitsgemeinschaft der für Städtebau, Bau- und Wohnungswesen zuständigen Minister und Senatoren der 16 Bundesländer (ARGEBAU, inzwischen als Bauministerkonferenz bezeichnet)

Eine der wichtigsten Aufgaben der ARGEBAU bzw. der Bauministerkonferenz ist es, für einheitliche Rechts- und Verwaltungsvorschriften der Bundesländer im Bereich des Wohnungswesens, des Bauwesens und des Städtebaus sowie für deren einheitlichen Vollzug zu sorgen. Die Bauministerkonferenz stimmt sich u. a. über die Musterbauordnung (MBO) ab, die die Grundlage für die in der Gesetzgebungskompetenz der einzelnen Bundesländer liegenden Landesbauordnungen darstellt.

aromatisch

Eigenschaft eines bestimmten Typs ringförmiger (cyclischer) Kohlenwasserstoffe

ASI-Arbeiten

Abbruch-, Sanierungs- und Instandhaltungsarbeiten

EPA-PAK

Zur Analyse von polycyclischen aromatischen Kohlenwasserstoffen (PAK) erstellte die Umweltschutzbehörde der USA (*EPA*) wegen der großen Zahl der Einzelverbindungen, die in der Routineanalytik nicht alle analysiert werden können, Ende der 1970er-Jahre eine Liste mit den 16 am häufigsten in Umweltproben vorkommenden PAK. Die Analyse auf diese 16 als EPA-PAK bezeichneten Verbindungen gilt als Standard für Untersuchungen. Es handelt sich um die Verbindungen Acenaphthen, Acenaphthylen, Anthracen, Benzo[*a*]anthracen, Benzo[*a*]pyren, Benzo[*b*]fluoranthen, Benzo[*g,h,i*]perylen, Benzo[*k*]fluoranthen, Chrysen, Dibenzo[*a,h*]anthracen, Fluoranthen, Fluoren, Indeno[1,2,3-*cd*]pyren, Naphthalin, Phenanthren und Pyren.

F

Kürzel für „Faser“ in Einheiten zur Konzentrationsangabe von Schadstoffen in der Luft (z. B. F/m^3)

GDV

Der Gesamtverband der Deutschen Versicherungswirtschaft e. V. gibt die VdS-Richtlinien heraus. VdS-Richtlinien haben keinen verbindlichen Charakter.

Siehe auch *VdS*

genotoxisch

Fähigkeit giftiger Stoffe, das Erbmaterial in der Zelle zu schädigen

IARC

International Agency for Research on Cancer (Internationale Agentur für Krebsforschung)

Die IARC ist Teil der Weltgesundheitsorganisation der Vereinten Nationen (*WHO*).

Kamilit

Gruppenbezeichnung für Stein- und Schlackenwolleerzeugnisse der DDR

karzinogen

krebserzeugend

keimzellmutagen

keimzellenerbgutverändernd

Keimzellmutagen wirkende Stoffe erzeugen in Keimzellen Genmutationen oder Chromosomenveränderungen, die vererbt werden.

KMF

künstliche Mineralfasern

Siehe Kapitel 3.2.

KMR-Stoffe

karzinogene (krebserzeugende) und/oder mutagene (erbgutschädigende) und/oder reproduktionstoxische (fortpflanzungsgefährdende) Stoffe

Kongener

Kongenere sind Moleküle einer Verbindung, die dasselbe Molekülgrundgerüst haben, sich aber in der Zahl und/oder der räumlichen Anordnung der am Grundgerüst gebundenen Atome (Substituenten) unterscheiden. So ist das Molekülgrundgerüst der polychlorierten Biphenyle (PCB) das Biphenyl. Die insgesamt 209 möglichen PCB-Kongenere unterscheiden sich durch die Zahl und/oder die Anordnung der Chloratome am Biphenylgrundgerüst. Von den polychlorierten Dibenzodioxinen (PCDD) existieren 75, von den polychlorierten Dibenzofuranen (PCDF) 135 Kongenere.

MAK-Kommission

Senatskommission zur Prüfung gesundheitsschädlicher Arbeitsstoffe der Deutschen Forschungsgemeinschaft (DFG)

Die Aufgabe der MAK-Kommission besteht in der wissenschaftlichen Politikberatung. Hierfür erarbeitet die MAK-Kommission Vorschläge u. a. für maximale Arbeitsplatzkonzentrationen (*MAK-Werte*) und biologische Arbeitsstofftoleranzwerte (*BAT-Werte*) sowie Einstufungen u. a. für krebserzeugende, *keimzellmutagene* und die Schwangerschaft beeinträchtigende Stoffe. Die MAK-Kommission arbeitet nach rein wissenschaftlichen Grundsätzen. Sozialpolitische, ökonomische, technologische und weitere nicht wissenschaftliche Gesichtspunkte bleiben gemäß Satzung unberücksichtigt.

Die Arbeitsergebnisse der MAK-Kommission werden jährlich überarbeitet und von der DFG als MAK- und BAT-Werte-Liste (vgl. MAK- und BAT-Werte-Liste 2024) veröffentlicht. Zugleich werden sie als Empfehlung dem Bundesministerium für Arbeit und Soziales übergeben. Dieses prüft die Empfehlungen unter Berücksichtigung auch nicht wissenschaftlicher Gesichtspunkte und kann ihnen – unverändert oder verändert – in geeigneter Form Rechtsverbindlichkeit als Grundlage des Arbeitsschutzes verleihen, insbesondere in Form von Arbeitsplatzgrenzwerten (*AGW*), die vom Bundesministerium für Arbeit und Soziales in der TRGS 900 veröffentlicht werden.

Siehe auch *BAT-Wert* und *MAK-Wert*.

MAK-Wert

MAK: maximale Arbeitsplatzkonzentration

Der MAK-Wert ist die höchstzulässige Konzentration eines Arbeitsstoffs als Gas, Dampf oder Schwebstoff in der Luft am Arbeitsplatz, die nach dem gegenwärtigen Stand der Kenntnis auch bei wiederholter und langfristiger, in der Regel täglich 8-stündiger Exposition, jedoch bei Einhaltung einer durchschnittlichen Wochenarbeitszeit von 40 Stunden, im Allgemeinen die Gesundheit der Beschäftigten **nicht** beeinträchtigt und diese nicht unangemessen belästigt (z. B. durch ekelerregenden Geruch).

Arbeitsstoffe, die sich beim Menschen oder im Tierversuch als krebserzeugend erwiesen haben, werden in die Kanzerogenitätskategorien 1 oder 2 eingestuft und erhalten **keinen** MAK-Wert oder *BAT-Wert*. Arbeitsstoffe mit **Verdacht** auf krebserzeugende Wirkung werden in Kategorie 3 eingestuft; sie erhalten nur dann einen MAK-Wert oder BAT-Wert, wenn der Stoff oder seine *Metaboliten* nicht *genotoxisch* wirken. Stoffe mit krebserzeugenden Eigenschaften, deren Wirkungsstärke aufgrund der verfügbaren Informationen bewertet werden kann, werden in die Kategorien 4 und 5 eingestuft. Hierfür wird eine Exposition am Arbeitsplatz definiert (MAK-Wert oder BAT-Wert), bei der kein bzw. ein sehr geringer Beitrag zum Krebsrisiko für den Menschen zu erwarten ist. In die Kategorie 4 werden Stoffe eingestuft, bei denen ein nicht genotoxischer Wirkungsmechanismus im Vordergrund steht. In die Kategorie 5 werden genotoxische Kanzerogene mit geringer Wirkungsstärke eingestuft.

Siehe auch *BAT-Wert* und *MAK-Kommission*.

Masseeinheiten

mg (Milligramm): 10^{-3} g
µg (Mikrogramm): 10^{-6} g
ng (Nanogramm): 10^{-9} g
pg (Pikogramm): 10^{-12} g
fg (Femtogramm): 10^{-15} g

Metabolit

Zwischenprodukt bei der Umsetzung eines chemischen Stoffes im (menschlichen) Stoffwechsel

mutagen

erbgutverändernd

Mutagen wirkende Stoffe erzeugen Genmutationen oder Chromosomenveränderungen, die vererbt werden.

PAK

polycyclische aromatische Kohlenwasserstoffe (engl. PAH: polycyclic aromatic compounds)

Siehe Kapitel 3.5.

PBT-Stoffe/vPvB-Stoffe

persistente, bioakkumulierende und toxische Stoffe (PBT: persistent, bioaccumulative and toxic) bzw. sehr persistente und sehr bioakkumulierende Stoffe (vPvB: very persistent and very bioaccumulative)

PBT- und vPvB-Stoffe stellen ein nicht vorhersehbares langfristiges Risiko für die menschliche Gesundheit und die Umwelt dar. Nach Freisetzung in die Umwelt können die schädlichen Wirkungen dieser Stoffe nicht beseitigt werden, da sie sehr lange in der Umwelt verbleiben, sich in der Nahrungskette anreichern und giftig sind. Es bedarf daher konsequenter Vorsorgemaßnahmen, um die Freisetzung von PBT- und vPvB-Stoffen zu verhindern und das Schutzniveau für die menschliche Gesundheit und die Umwelt sicherzustellen, das in Art. 1 Abs. 1 Verordnung (EG) Nr. 1907/2006 (REACH-Verordnung) als Ziel festgelegt ist. Die Kriterien für PBT- und vPvB-Stoffe finden sich in der REACH-Verordnung, Anhang XIII. Mit der Verordnung (EU) Nr. 253/2011 erfolgte eine Aktualisierung der Kriterien.

PCB

polychlorierte Biphenyle (engl. polychlorinated biphenyls)

Siehe Kapitel 3.3.

PCDD

polychlorierte Dibenzodioxine (engl. polychlorinated dibenzodioxins)

PCDF

polychlorierte Dibenzofurane (engl. polychlorinated dibenzofurans)

PCP

Pentachlorphenol (engl. pentachlorphenol)

Siehe Kapitel 3.6.

persistent

beständig

Eigenschaft von Stoffen, in der Umwelt nicht oder nur schwer abbaubar zu sein

Poissonwert

nach der Poissonverteilung, einer Wahrscheinlichkeitsberechnung, ermittelter Wert

reproduktionstoxisch

fortpflanzungsgefährdend

Unterschieden wird nach den Kategorien R_D (entwicklungsschädigend; engl. harmful to development; kann das Kind im Mutterleib schädigen) und R_F (fruchtbarkeitsgefährdend; die Fortpflanzungsfähigkeit beeinträchtigend).

Richtwert

Den wesentlichen rechtlichen Rahmen für die Festsetzung von Richtwerten (RW) für Luftverunreinigungen in der Innenraumluft zum Schutz der Gebäudenutzer bildet das Baurecht. Gemäß den Landesbauordnungen ist ein Gebäude so zu errichten und zu unterhalten, dass die Nutzer keinen Gesundheitsgefahren oder erheblichen Belästigungen ausgesetzt sind.

Nach einem Beschluss der Gesundheitsministerkonferenz obliegt die Festlegung toxikologisch begründeter Richtwerte für die Innenraumluft dem

Ausschuss für Innenraumrichtwerte (AIR; vormals Ad-hoc-Arbeitsgruppe Innenraumrichtwerte der Innenraumlufthygiene-Kommission des Umweltbundesamtes und der Arbeitsgemeinschaft der Obersten Landesgesundheitsbehörden [Ad-hoc-Arbeitsgruppe]). Mit der Veröffentlichung des sogenannten Basisschemas (Ad-hoc-Arbeitsgruppe [jetzt AIR], 1996) hat die Ad-hoc-Arbeitsgruppe eine Leitlinie für die Abschätzung von Risiken durch Verunreinigungen der Innenraumluft vorgegeben. Auf dieser Grundlage werden Richtwerte für Substanzen in der Raumluft abgeleitet. Mit dem Leitfaden „Bewertung von chemischen Innenraumluftverunreinigungen auf der Grundlage von Messergebnissen“ des Ausschusses für Innenraumrichtwerte (AIR) aus dem Jahr 2025 werden die genaue Vorgehensweise bei der Anwendung der einzelnen Beurteilungsmaßstäbe sowie die dabei heranzuziehenden Beurteilungswerte erläutert.

Gesundheitsbezogene Richtwerte für die Innenraumluft werden vom AIR erarbeitet. Dabei werden **2 Richtwertkategorien** definiert: Richtwert I (RW I, Vorsorgewert) und Richtwert II (RW II, Gefahrenwert).

Der **Richtwert I** (RW I, Vorsorgewert) gibt die Konzentration eines Stoffes in der Innenraumluft an, bei deren Einhaltung oder Unterschreitung im Rahmen einer Einzelstoffbetrachtung nach gegenwärtigem Erkenntnisstand auch bei lebenslanger Exposition bei empfindlichen Personen keine gesundheitlichen Beeinträchtigungen zu erwarten sind. Es ergibt sich kein weiterer Handlungsbedarf. Der RW I bzw. seine Unterschreitung kann auch als Sanierungszielwert genutzt werden. Er sollte nicht ausgeschöpft, sondern nach Möglichkeit unterschritten werden. Eine Überschreitung des Vorsorgewerts RW I ist mit einer über das übliche Maß hinausgehenden, hygienisch unerwünschten Belastung verbunden. Mit der Überschreitung des RW I wird der sogenannte Besorgnisbereich erreicht. Er ist dadurch gekennzeichnet, dass zwar einerseits keine (unmittelbare) Gesundheitsgefährdung anzunehmen ist, gleichwohl aber in diesem Konzentrationsbereich bei besonders empfindlichen Personen gesundheitliche Effekte nicht mehr mit der erwünschten Sicherheit auszuschließen sind. Da zudem bei einer Überschreitung des RW I aus toxikologischer Sicht nicht mehr ein als ausreichend anzusehender Abstand bis zum Gefahrenwert (RW II) und damit zu einer konkreten Gesundheitsgefährdung besteht, sind vorsorglich Maßnahmen zu ergreifen.

Bei Überschreitung des RW I (im Bereich zwischen RW I und RW II) sind bei flüchtigen organischen Verbindungen (VOC) zunächst keine baulichen oder sonstigen quellenbezogenen Veränderungen vorzunehmen, sondern es ist vor allem verstärkt zu lüften. Wenn jedoch trotz nachweisbar intensiveren Lüftens eine Kontrollmessung nach einer gewissen Zeit (in der Regel nach einem Monat) keine erkennbare Verbesserung der Luftqualität anzeigt und der RW I nach wie vor überschritten wird, sind in einem zweiten Schritt auch für Konzentrationen im Bereich zwischen RW I und RW II weitergehende, gegebenenfalls auch bauliche Maßnahmen zu empfehlen, da eine über einen längeren Zeitraum (> 12 Monate) erhöhte Belastung aus Gründen der Vorsorge nicht akzeptabel ist. Bei Stoffen, die auch an Partikel und Staub gebunden sind (z. B. Naphthalin und naphthalinähnliche Verbindungen), sind direkt bauliche Maßnahmen erforderlich. Vor der Umsetzung baulicher Maßnahmen kann das regelmäßige staubbindende Reinigen (feuchtes Wischen) sinnvoll sein.

Der **Richtwert II** (RW II, Gefahrenwert) ist ein wirkungsbezogener, begründeter Wert, der sich auf die gegenwärtigen toxikologischen und epidemiologischen Kenntnisse zur Wirkungsschwelle eines Stoffes unter Einführung von Unsicherheitsfaktoren stützt. Er stellt die Konzentration eines Stoffes dar, bei deren Erreichen bzw. Überschreiten unverzüglich Handlungsbedarf besteht, da diese Konzentration geeignet ist, insbesondere für empfindliche Personen einschließlich Kindern, bei Daueraufenthalt in den Räumen eine gesundheitliche Gefährdung darzustellen.

Der rechtliche Bezug des RW II sind die Landesbauordnungen, insbesondere § 3 und § 16. Bei Überschreitung des Gefahrenwerts RW II sind zur Abwendung möglicher Gesundheitsgefahren Nutzungsempfehlungen auszusprechen und unverzüglich expositionsmindernde Maßnahmen einzuleiten. Eine Schließung der Räume kann notwendig sein.

Die Überschreitung des RW II soll mit einer Kontrollmessung unter üblichen Nutzungs- bzw. Lüftungsbedingungen und – soweit möglich und sinnvoll – einer Bestimmung der inneren Belastung der Raumnutzer mittels Human-Biomonitoring (HBM) verbunden werden.

Wenn die Quelle der Belastung identifiziert ist, ist sie in der Regel zu entfer nen; bei bauseitigen Quellen erfolgt dies durch entsprechende bauliche Maß nahmen. Falls die Quelle nicht kurzzeitig entfernt werden kann, sollte zumindest die Exposition kurzfristig deutlich reduziert werden, und es sollten in Abhängigkeit von den örtlichen Gegebenheiten gegebenenfalls vorläufige oder alternative Maßnahmen (Versiegelung, Abschottung, Anstriche und/ oder Einschränkung oder Aufgabe der Raumnutzung) als mögliche Optionen umgesetzt werden. Gegebenenfalls müssen weitere bauliche Maßnahmen ergriffen werden.

RW

Richtwert

TEQ

toxic equivalency (Toxizitätsäquivalent)

TEQ dienen der Abschätzung der Giftigkeit einer Stoffgruppe, indem die Einzelwirkungen summiert und auf die Wirkung eines Einzelstoffs bezogen werden. Anwendung finden TEQ insbesondere bei den polychlorierten Dioxinen. Es wird davon ausgegangen, dass die verschiedenen Dioxine die gleichen toxischen Wirkungsmechanismen haben und sich nur in der Stärke ihrer Wirkung unterscheiden. Diese unterschiedliche Wirkungsstärke wird mit einem Faktor, dem Toxizitätsäquivalentfaktor (TEF), berücksichtigt. Dabei wird die relative Giftwirkung der einzelnen Verbindungen im Vergleich zu dem hochgiftigen 2,3,7,8-TCDD (2,3,7,8-Tetrachlordibenzo-1,4-dioxin) bewertet. Dieses hat den Faktor 1. Die toxische Wirkung wird dann über die Gehalte der Einzelverbindungen und den zugehörigen Faktor als Toxizitätsäquivalent errechnet und addiert. Der TEQ-Wert entspricht dann der toxischen Wirkung einer vergleichbaren Menge 2,3,7,8-TCDD.

VDI 3492

Die VDI 3492 „Messen anorganischer faserförmiger Partikel – Rasterelektronenmikroskopisches Verfahren“ beschreibt ein Verfahren zur Bestimmung der Konzentration anorganischer faserförmiger Partikel in der Innenraum- bzw. in der Außenluft. Es erfolgt eine Zuordnung der Fasern zu bestimmten Faserklassen (Chrysotil, Amphibolasbest, Calciumsulfat, sonstige anorganische Fasern). Die Auswertung erfolgt mittels Rasterelektronenmikroskopie und energiedispersiver Röntgenanalyse.

VDI 3866-Reihe

Die VDI 3866-Richtlinienreihe „Bestimmung von Asbest in technischen Produkten“ besteht aus den Blättern 1 bis 5, wobei sich das Blatt 1 mit der Entnahme und Aufbereitung der Proben befasst. Es beschreibt die Probenahmeausrüstung, die Probenahme selbst und die Vorbereitungen zur Analyse, die in den Folgeblättern 2 bis 5 näher beschrieben sind. Die Richtlinie korrespondiert mit der VDI 6202 Blatt 3 „Schadstoffbelastete bauliche und technische Anlagen – Asbest – Erkundung und Bewertung“ (2021), bezieht sich aber mehr auf die analysengerechte Probe und die Probenpräparation.

VDI 3876

Die VDI 3876 „Messen von Asbest in Bau- und Abbruchabfällen sowie daraus gewonnenen Recyclingmaterialien – Probenaufbereitung und Analyse“ wurde 2018 herausgegeben. Da damit erstmalig Asbest in Abfällen nach einer definierten Methode festgestellt werden konnte, ergab sich eine Abfolge weiterer Normen und Festlegungen. In der VDI 3876 bezog man sich bereits auf die LAGA PN 98 für die Gewinnung der Proben aus Haufwerken und spezifizierte die sogenannte Hotspot-Beprobung. Denn bei den an der Oberfläche vorgefundenen Bruchstücken von asbesthaltigen Bauprodukten kann es sich um einzelne konkrete Funde mit gegebenenfalls weiterer Verteilung im angesprochenen Haufwerk handeln.

VDI 3877

Blatt 1 und Blatt 2 der VDI 3877 „Messen von Innenraumverunreinigungen“ beschäftigen sich mit dem Messen von auf Oberflächen abgelagerten Faserstäuben. Blatt 1 beschreibt die Probenahme mittels Kontaktproben (z. B. Klebeband) von auf Oberflächen abgelagerten Stäuben und deren Untersuchung mit dem Rasterelektronenmikroskop (REM). Die Beurteilung der Ergebnisse erfolgt nach einem halbquantitativen Schema mit Angabe von Belastungsklassen für die festgestellten Faserarten. Im Blatt 2 wird die Probenahmestrategie für Kontaktproben beschrieben sowie die Bewertung der Messergebnisse im Hinblick auf die daraus abzuleitenden Maßnahmen als Konvention festgelegt.

VDI 4300-Reihe

Die Reihe VDI 4300 beschäftigt sich mit dem Messen von Innenraumluftverunreinigungen. VDI 4300 Blatt 1 „Messen von Innenraumluftverunreinigungen – Allgemeine Aspekte der Messstrategie“ (2024) definiert den

Anwendungsbereich Innenraum und benennt die Stoffe bzw. die Belastungsfaktoren in den Kategorien Strahlung, Fasern, Stäube, Partikel, anorganische Verunreinigungen, chemisch-organische Verunreinigungen, mikrobielle Expositionen sowie Raumklima und weitere physikalische Faktoren, die den Innenraum verunreinigen oder belasten können. Sie beschreibt für Deutschland die baujahresabhängige Verwendung in Gebäuden, nennt die Kriterien zur Bewertung einer Innenraumluftverunreinigung als Grenzwerte (nur für Tetrachlorethenanlagen neben Lebensmittelbetrieben gegeben) und die seit 1966 vom Ausschuss für Innenraumrichtwerte (AIR) herausgegebenen Richt- und Leitwerte mit ihrer faktisch justiziablen Gültigkeit. Liegen diese nicht vor, sollen die Stoffe über Referenzwerte vergleichend betrachtet werden. Die stoffbezogenen Innenraumquellen werden in Anhang A als Beispiele aufgezählt und den etablierten Messverfahren zugeordnet. Des Weiteren beschreibt die VDI 4300 Blatt 1 den Ablauf der Messungen von der Messplanung über die Probenahme und Analyse bis zur Bewertung und dazu die Quellen und Senken der Schadstoffe im Innenraum.

Die weiteren Blätter dieser Reihe sind folgende:

- VDI 4300 Blatt 2 „Messen von Innenraumluftverunreinigungen – Meßstrategie für polycyclische aromatische Kohlenwasserstoffe (PAH), polychlorierte Dibenzo-p-dioxine (PCDD), polychlorierte Dibenzofurane (PCDF) und polychlorierte Biphenyle (PCB)“ (1997)
- VDI 4300 Blatt 4 „Messen von Innenraumluftverunreinigungen – Messstrategie für Pentachlorphenol (PCP) und gamma-Hexachlorcyclohexan (Lindan) in der Innenraumluft“ (2022)
- VDI 4300 Blatt 7 „Messen von Innenraumluftverunreinigungen – Bestimmung der Luftwechselzahl in Innenräumen“ (2001)
- VDI 4300 Blatt 9 „Messen von Innenraumluftverunreinigungen – Messstrategie für Kohlendioxid (CO_2)“ (2005)
- VDI 4300 Blatt 11 „Messen von Innenraumluftverunreinigungen – Messstrategie für die Erfassung von luftgetragenen Partikeln im Innenraum – $PM_{2,5}$-Fraktion“ (2013)
- VDI 4300 Blatt 12 „Messen von Innenraumluftverunreinigungen – Messstrategie und Bestimmung von ultrafeinen Partikeln“ (2021)
- VDI 4300 Blatt 13 E „Messen von Innenraumluftverunreinigungen – Durchführung mikroskopischer Analysen von Materialproben zur Beurteilung von mikrobiellem Wachstum“ (2025)
- VDI-EE 4300 Blatt 14 „Messen von Innenraumluftverunreinigungen – Anforderungen an mobile Luftreiniger zur Reduktion der aerosolgebundenen Übertragung von Infektionskrankheiten“ (2021)

Hinweis

In dem Leitfaden des Ausschusses für Innenraumrichtwerte (AIR) „Bewertung von chemischen Innenraumluftverunreinigungen auf der Grundlage von Messergebnissen“, der 2025 als Bekanntmachung des Umweltbundesamtes veröffentlicht wurde, erfolgt die Bewertung von chemischen Innenraumluftverunreinigungen auf der Grundlage von Messergebnissen. Der Leitfaden enthält ein 4 Schritte umfassendes Ablaufschema als grundlegende Vorgehensweise, das bei allen Innenraumluftverunreinigungen angewendet werden kann.

Die gesamte VDI 4300-Reihe wird sukzessive in die DIN EN ISO 16000-Reihe „Innenraumluftverunreinigungen“ überführt. Gegebenenfalls werden nationale Anforderungen weiter in der VDI-Reihe geführt werden.

VDI 6202-Reihe

Die VDI 6202-Richtlinienreihe „Schadstoffbelastete bauliche und technische Anlagen“ beginnt mit VDI/GVSS 6202 Blatt 1 „Schadstoffbelastete bauliche und technische Anlagen – Abbruch-, Sanierungs- und Instandhaltungsarbeiten“ (2013) und beschreibt die Aufgaben der Bauherren, der Schadstoffgutachter, der Sanierungsfachplaner sowie der Schadstoffkoordinatoren und der Sanierungsfachfirmen. Sie geht auf deren Leistungsfähigkeit, Zuverlässigkeit und Qualität mit personellen und technischen Voraussetzungen ein. Die Sanierungsausführung wird mit Personal, Schutzmaßnahmen und Schutzeinrichtungen, Verfahren, Geräten und Abfallentsorgung beschrieben.

Die VDI 6202 Blatt 3 „Schadstoffbelastete bauliche und technische Anlagen – Asbest – Erkundung und Bewertung“ wurde 2021 herausgegeben. Die Regel leistete einen wesentlichen neuen Beitrag mit einer rechnerisch-statistischen Betrachtung der Aussagesicherheit, die je nach Art und Umfang der dort bezeichneten Verdachtsmomente die Anzahl von Probenahmen und Analysen festlegt (siehe auch Kapitel. 2.3.2). Dabei werden grundsätzliches Erfahrungswissen und gegebenenfalls vorhandene individuelle Erfahrungen zum Verdachtsmoment sowie die vor Ort festgestellte Einheitlichkeit (Homogenität) bei der angenommenen Trefferwahrscheinlichkeit berücksichtigt. Die Verdachtsstellen von als einheitlich angesprochenen Bauprodukten werden zu einem Verdachtsmoment zusammengefasst und beprobt. Für sie wird ein einheitliches (stimmiges) Analysenergebnis erwartet. Erweist sich diese Arbeitshypothese durch voneinander abweichende Analysenergebnisse als nicht zutreffend, können die Verdachtsmomente gegebenenfalls neu abgegrenzt werden, und es kann nachbeprobt werden. Die Anzahl der Beprobungen ist somit nicht starr gefasst, sondern auf die jeweiligen Bedingungen und Erkenntnisse anzupassen. Auch kann aus wirtschaftlichen Erwägungen heraus mit einer zunächst geringeren Anzahl Proben gearbeitet werden. Dann sollte allerdings das Risiko von nicht erkannten Schadstoffvolumina (bzw. von nicht erkannten asbestfreien Volumina) beziffert werden, und es kann damit keine „Freizeichnung“ vorgenommen werden.

Der aktuelle Entwurf der VDI 6202 Blatt 3.1 E „Schadstoffbelastete bauliche und technische Anlagen – Asbesthaltige Brandschutzklappen“ (2024) beschreibt die Erkundung zur Klärung des Asbestverdachts in Raumlufttechnischen Anlagen (Brandschutzklappen, Luftleitungen und deren Umfeld), Details zum Vorgehen bei der neu eingeführten individuellen Bewertung von asbesthaltigen Brandschutzklappen gemäß der Asbestrichtlinie bis hin zur Sanierungsplanung und -durchführung. Die individuelle Bewertung durch den Schadstoffgutachter bildet die Grundlage und Voraussetzung für die Tätigkeiten der Prüfsachverständigen für Brandschutz und der Wartungstechniker sowie für die Priorisierung und Sanierung der asbesthaltigen Brandschutzklappen.

Der aktuelle Entwurf der VDI 6202 Blatt 10 E „Schadstoffbelastete bauliche und technische Anlagen – Asbest im Bauschutt, in Recyclingmaterial und in Altablagerungen" (2024) ergänzt die VDI 3876 sowie die LAGA-Mitteilung 23 und die LAGA PN 98 insbesondere zum Umfang der notwendigen Stichproben für Asbesterkundungen im Bauschutt. Das Blatt 10 gibt Beprobungsstrategien für abbruchnahe Haufwerke, zerkleinerten Bauschutt oder prozessierte RC-Materialien differenziert vor und beachtet die statistisch aussagekräftige Stichprobenanzahl.

Die VDI 6202 Blatt 20 „Schadstoffbelastete bauliche und technische Anlagen – Qualifizierung von Personal" (2017) und ihre Ergänzung, die VDI 6202-MT Blatt 20.1 „Schadstoffbelastete bauliche und technische Anlagen – Asbest – Qualifizierung von Personal" (2024), die eine verkürzte Fassung des vorhandenen Blattes 20 darstellt, regeln die Schulungsinhalte und Prüfung von Sachverständigen in Bezug auf Asbest, die gemäß der LAGA-Mitteilung 23 für die Absicherung der Asbestfreiheit von RC-Materialien und die Untersuchung von Abbruchmaterial geeignet sind. Mit den Schulungen nach VDI-MT 6202 Blatt 20.1 und Qualifizierung zum VDI-Sachverständigen Asbest wird das Säulenkonzept der LAGA-Mitteilung 23 flankiert, zumal einige Bundesländer explizit diese Qualifizierung einfordern:

- 1. Säule: Erkundung vor Abbruch und selektivem Rückbau
- 2. Säule: korrekte Abfalleinstufung und Ausschleusung der asbesthaltigen Abfälle
- 3. Säule: Input-basierter Ansatz der RC-Anlage (nur asbestfreie Materialien gelangen in die RC-Anlage.)

LAGA-Mitteilung 32 / LAGA PN 98

Bei der LAGA-Mitteilung 32 / LAGA PN 98 handelt es sich um eine grundlegende Richtlinie für das Vorgehen bei physikalischen, chemischen und biologischen Untersuchungen im Zusammenhang mit der Verwertung/Beseitigung von Abfällen. Dabei werden Grundregeln für die Entnahme von Proben aus festen und stichfesten Abfällen sowie abgelagerten Materialien definiert. Darüber hinaus wird darin die abfallcharakterisierende Probenahme von Haufwerken beschrieben.

Die „Handlungshilfe zur Anwendung der LAGA Mitteilung 32 (LAGA PN 98)" mit Stand vom Oktober 2024 präzisiert die Vorgaben bei bestimmten Abfällen durch weitere hilfreiche Konkretisierungen, wodurch die Ergebnisqualität erhöht werden kann. Auch werden Klarstellungen zur Sachkunde bzw. Fachkunde getroffen und es wird auf die mindestens alle 5 Jahre erforderlichen Auffrischungskurse zum Erhalt der Fachkunde hingewiesen.

5 Schadstoffe in Bauteilen, Konstruktionsabschnitten und technischen Anlagen

5.1 Erdberührte Bauteile und Schadstoffe im Boden

Mögliche Schadstoffvorkommen

Asbest

- Pflanzgefäße
- Standaschenbecher
- Asbestbauprodukte im Bauschutt
- Straßenbeläge
- Fugenfüllungen von Bodenplatten
- Formteile für Mauerkronen
- Horizontalsperren
- Erdtankisolierungen
- Perimeterabdichtungen
- Druckrohre für Trinkwasser
- Kanalrohre für Abwasser/Regenwasser
- Bauschuttablagerungen
- Korrosionsabtrag von Dächern und Fassaden

KMF

- Rohrisolierungen

PAK

- Außenbeschichtungen im Fundamentbereich
- Rohrisolierungen
- Horizontalsperren
- Straßenbeläge
- Fugenfüllungen von Bodenplatten
- Holzbauteile im Außenbereich
- Erdtankisolierungen

PCP

- Zäune und Palisaden

Blei

- Wasserrohre als Hausanschluss
- Reste von Farbentschichtungen

Asbest

Abb. 5.1.1: Pflanzgefäße

Aus Asbestzement gefertigtes Pflanzgefäß

Abb. 5.1.2: Standaschenbecher

Ein aus Asbestzement gefertigter Standaschenbecher

Abb. 5.1.3: Asbestzement-Bruchstücke in Bauschuttrecyclingmaterial

In Bauschuttrecyclingmaterial finden sich häufig Asbestzement-Bruchstücke aus unsachgemäßer Aufbereitung. Sehr häufig wurden und werden diese Materialen als Tragschicht zum Wegebau, zur Arbeitsraumverfüllung oder für temporäre Baustraßen eingesetzt.

Das Bild zeigt aussortierte Asbestzement-Bruchstücke.

Asbest

Abb. 5.1.4: Asbestzement-Wellplatten, ungeregelt entsorgt

Die verbotene Entsorgung von Asbestprodukten ist hier offen erfolgt und kann vergleichsweise einfach beseitigt werden. Wären sie vergraben worden, fiele der Schaden weitaus höher aus. Damit muss bei allen alten Bebauungsflächen gerechnet werden.

Abb. 5.1.5: Asbestmörtel

Asbestmörtel in einer Bauschuttdeponie, die für ein Schulzentrum revitalisiert werden soll. Infolge des Einsatzes von Erdbaumaschinen ohne Begleitkontrolle wurden die Mörtelmassen breitflächig verteilt.

Abb. 5.1.6: Straßenbeläge

Asbest diente als Zusatz zur Verbesserung der Standfestigkeit von Asphaltbelägen und in Füllern oder war in der Gesteinskörnung des Asphaltbelags bereits aus natürlichen Vorkommen enthalten.

Asbest

Abb. 5.1.7: Fugenfüllungen von Bodenplatten

Fugen zwischen Betonplatten von Wegen und Hofbefestigungen wurden häufig mit teer- oder bitumenbasierten Abdichtungen versehen. Das Abdichtungsmaterial kann ebenfalls Asbest enthalten.

Abb. 5.1.8: Horizontalsperren

Die Horizontalsperre der erdberührten Bauteile besteht hier aus einer sichtbar hervortretenden Pappe mit Asbestfasern in der Einlage. Sie kann insbesondere bei alten Gebäuden aus Teerpech bestehen. In der Regel wurde sie in der Grundmauer unter oder knapp über der Sohldecke eingesetzt, ebenso aber auch unter oder über der Kellerdecke.

Abb. 5.1.9: Asbestzement-Wellplatten als Perimeterdämmung

Die Perimeterdämmung von Gebäuden wurde auch mit eingestellten Asbestzement-wellplatten ausgeführt.

Asbest

Abb. 5.1.10: Formteile für Mauerkronen

Diese abgelagerten Formteile für Mauerkronen bestehen aus Asbestzement.

KMF

Abb. 5.1.11: Rohrisolierungen

Erdverlegte Leitungen können Isolierungen aus KMF oder PAK aufweisen.

PAK

Abb. 5.1.12: Außenbeschichtungen im Fundamentbereich

Das Bild zeigt Anstriche von Mauerschutzplatten bzw. Dränageplatten auf Teerbasis.

PAK

Abb. 5.1.13: Horizontalsperren

Die Horizontalsperre der erdberührten Bauteile besteht hier aus einer sichtbar hervortretenden Pappe. Sie kann insbesondere bei alten Gebäuden aus Teerpech bestehen und in einzelnen Fällen auch Asbest enthalten. In der Regel wurde sie in der Grundmauer unter oder knapp über der Sohldecke eingesetzt, ebenso aber auch unter oder über der Kellerdecke.

Abb. 5.1.14: Straßenbeläge

Oberflächenbefestigungen im Außenbereich sind früher mit teerhaltigem Asphalt ausgeführt worden. Unter neueren Deckschichten können daher noch PAK-haltige Lagen vorhanden sein.

Abb. 5.1.15: Fugenfüllungen von Bodenplatten

Fugen zwischen Betonplatten von Wegen und Hofbefestigungen wurden häufig mit teer- oder bitumenbasierten Abdichtungen versehen. Das Abdichtungsmaterial kann ebenfalls Asbest enthalten.

PAK

Abb. 5.1.16: Holzbauteile im Außenbereich

PAK und andere als Schadstoffe anzusehende Bestandteile von Teerölen wurden als Imprägnierungen für Holzbauteile wie Bahnschwellen oder Telegrafenmasten eingesetzt, die später eine zweite Verwendung im Außenbereich von Gebäuden fanden.

Auch die Anstriche von Holzbauteilen im Außenbereich enthielten häufig Teeröle (z. B. Carbolineum oder Kreosot).

Abb. 5.1.17: Erdtankisolierungen

Beschichtungen älterer Erdtanks enthalten häufig PAK, in einzelnen Fällen auch Spritzasbest oder KMF (Zwischenschichten).

PCP

Abb. 5.1.18: Zäune und Palisaden

Holzbauteile wurden häufig mit PCP-haltigen Anstrichen zum vorbeugenden Holzschutz (z. B. Xylamon oder Xyladecor) versehen.

Ergänzende Hinweise

Asbest

Grundtragplatten von Pavillonbauten können Asbestzement-Anteile enthalten.

Im **Oberboden** werden heute als ungeregelte Verfüllungen aus früheren Bautätigkeiten oder aus Abbruch **Asbestzement-Bruchstücke** gefunden.

Asbestzement-Rohre wurden in Deutschland von 1930 bis ca. 1993 verbaut. Druckrohre konnten bis zum 31. Dezember 1994 verbaut werden; unter Umständen wurden jedoch noch nach diesem Datum Lagerbestände verwendet. Asbestfrei sind Rohre mit der Kennzeichnung „NT" sowie vor 1930 und nach 1993 hergestellte Rohre.

In **Anstrichen mit Brandschutzfarben** kann generell Asbest enthalten sein.

PCB

Stahlrohre und Eisenbauteile können PCB-haltige Beschichtungen aufweisen.

Auch **wasserdichte Beschichtungen** können mit PCB-haltigen Materialien ausgeführt sein.

PAK

Abdichtungen im Sockelbereich wurden häufig mit Teer- oder Teer-Epoxidharz-Anstrichen ausgeführt. Solche alten Teeranstriche enthalten immer PAK.

5.2 Fassaden

Mögliche Schadstoffvorkommen

Asbest

- großformatige Fassadenbekleidungen
- kleinformatige Fassadenbekleidungen
- Asbestzement-Träger von Fassadenelementen
- Distanzstreifen in Betonfertigteilfassaden
- Attikaverkleidungen
- Dachüberstände
- Sockelverkleidungen
- Pfeilersockelverblendungen
- Untersichten von Stahlbetonbauteilen
- Geschossübergänge
- Brüstungen
- Durchbruchslaibungen in Blechfassaden
- Putze und Spachtel
- Haftbrücken von Trapezblechfassaden
- Batzen- und Dünnbettmörtel für Natursteinfassaden
- Klebemörtel für KMF-Dämmstoffe
- geschossübergreifender Brandschutz an Glasfassaden
- Wärmedämm-Verbundsysteme
- Stahlstützen in Stahlbetonskelettbauten
- Fugen

KMF

- Wandfüllungen von Pavillon- und Barackenbau
- Asbestzement-Sandwichplatten
- Wärmedämm-Verbundsysteme
- Dämmungen unter Fassadenbekleidungen
- Betonfertigteile
- Innendämmung

PCB (ggf. Chlorparaffine)

- Dichtstoffmassen in Klinkerfassaden
- Fugen in Waschbetonfassaden
- Fugenmassen in Betonfertigteilen

Blei

- Steinmetzverfugungen und -verdübelungen
- Abdeckungen von Mauerkronen und Simsen
- Korrosionsanstriche von Gitterwerken (Menninge)
- Farbanstriche mit weißen und rotbraunen Bleipigmenten

Asbest

Abb. 5.2.1: Großformatige Fassadenbekleidungen: Asbestzement-Platten

Auf einer gegebenenfalls ebenso asbesthaltigen Unterkonstruktion wurden Asbestzement-Platten (Pfeil) ohne Fugendichtung montiert. Diese Konstruktionsart kam vorwiegend im Industriebau zur Anwendung.

Abb. 5.2.2: Großformatige Fassadenbekleidungen: Wellplatten

Asbestzement-Dachplatten (Berliner Welle) wurden hier als Fassadenplatten eingesetzt.

Abb. 5.2.3: Großformatige Fassadenbekleidungen: Baracken und Pavillons

Diese werkseitig beschichteten Asbestzement-Platten wurden häufig im Baracken- und Pavillonbau, aber auch im Fassadenbau eingesetzt.

Das untere Bild zeigte die Herstelleraufschrift auf der Innenseite der Platten.

Asbest

Abb. 5.2.4: Kleinformatige Fassadenbekleidungen: Kunstschiefer

Werkseitig beschichtete kleinformatige Asbestzement-Platten wurden zumeist im Schuppenmuster auf Holztraggerüste genagelt. Vielfach wurden einzelne Platten gegen asbestfreie Platten ausgetauscht.

Abb. 5.2.5: Kleinformatige Fassadenbekleidungen: offene Kanten

Diese asbesthaltigen Platten weisen trotz werkseitig vorhandener Beschichtung offene Kanten auf.

Asbest

Abb. 5.2.11: Distanzstreifen in Betonfertigteilfassaden

Zur Ausrichtung von Fassadenelementen wurden Distanzstreifen aus Asbestzement (Pfeil) verwendet.

Abb. 5.2.12: Pfeilersockelverblendungen

Der Sockel dieses Pfeilers wurde mit einem Asbestzement-Formteil verkleidet.

Abb. 5.2.13: Großformatige Fassadenbekleidungen: Trapezprofilplatten

Asbestzement-Tafeln wurden auch in Trapezprofiloptik hergestellt. Die Fassadenplatten im Sturz- (Bild oben) und Sockelbereich (Bild unten) sind stärker als die üblichen Asbestzement-Platten.

Asbest

Abb. 5.2.14: Untersichten von Stahlbetonbauteilen

Untersichten von Stahlbetonkragplatten (Pfeil) oder Treppenzugängen sind häufig mit Asbestzement-Platten (bzw. im Innenbereich mit leichten asbesthaltigen Platten) verkleidet.

Abb. 5.2.15: Geschossübergänge

Im Bereich von Geschossübergängen wurden hier Sandwichelemente eingesetzt. Diese können Asbestzement-Platten oder leichte asbesthaltige Platten enthalten. Die Außenseite, hier im Bereich von Stützen (Pfeile), besteht aus farblich beschichteten Platten, Metallplatten oder Glasscheiben.

Abb. 5.2.16: Brüstungen: Asbestzement-Sandwichplatten

Im Brüstungsbereich (oberes Bild) wurden Sandwichelemente eingesetzt, die aus Asbestzement (außen oder innen), Glas (außen), Styropor, PUR-Schaum oder KMF und Span- oder Holzfaserplatten (innen) bestehen können. Das untere Bild zeigt eine Innenansicht solcher Brüstungselemente.

Asbest

Abb. 5.2.17: Brüstungen: Füllungen innen

Das Bild zeigt eine Sandwichplatte aus Holzfaserplatte und Asbestzement als Brüstungsfüllung innen.

Abb. 5.2.18: Asbestzement-Platten als Balkonverkleidungen

Das Bild zeigt Balkonbrüstungen aus Asbestzement-Teilen und kleinformatige Asbestzement-Platten als Fassadenverkleidung.

Asbest

Abb. 5.2.19: Leichte Asbestplatten-Elemente

Diese Platten der Fassadenelemente verbanden die Fassaden-Blechelemente durchgängig und wurden bei der Demontage zerstört.

Abb. 5.2.20: Leichte Asbestplatten-Abdeckung

Installationskanäle entlang der Fassaden (innen) wurden mit verschiedenen Asbestprodukten isoliert, da sie die Traglast wenig beanspruchen.

Abb. 5.2.21: Durchbruchslaibungen in Blechfassaden

Die Durchbruchslaibung dieser Blechfassade ist mit einer leichten asbesthaltigen Platte ausgestattet. Die Anschlussfuge zum Stahlbetonskelett wurde mit Spritzasbest versiegelt.

Asbest

Abb. 5.2.22: Putze und Spachtel: Putzfassaden

Außenputze außer Kratzputz und Edelkratzputz können asbesthaltig sein.

Der farbige Feinputz oder Spachtel der Fassade auf dem unteren Bild ist asbesthaltig. Er wurde später mit einem Wärmedämm-Verbundsystem überdeckt.

Abb. 5.2.23: Putze und Spachtel: Buntsteinputze

Buntsteinputze (Pfeil) bestehen aus einem Gemisch aus Kunstharz und einer gefärbten oder naturfarbenen Gesteinskörnung, dem verschiedentlich als Thixotropiermittel oder zur Herabsetzung der Brennbarkeit Asbest beigemischt wurde.

Abb. 5.2.24: Putze und Spachtel: Fassadenspachtel

Diese Fassade ist mit einer glatten Spachtelung und einem elastischen Farbanstrich versehen. Der Spachtel kann Asbestfasern enthalten.

Asbest

Abb. 5.2.25: Putze und Spachtel: Fugenspachtel

Die im oberen Bild zu sehende Plattenfuge einer Mauerkrone wurde mit einer zähelastischen Spachtelmasse verschlossen. Nach 50 Jahren Bewitterung sind die Asbestfasern deutlich sichtbar freigelegt.

Dasselbe Material wurde zum Verschluss von Mauerwerksfugen eingesetzt. Das untere Bild zeigt eine aufgebogene Blechverkleidung mit dem Asbestspachtel darauf.

Abb. 5.2.26: Haftbrücken von Trapezblechfassaden

Unter dem äußeren Anstrich von Trapezblechfassaden kann sich eine 1 bis 3 mm dicke Haftbrücke aus Spritzasbest befinden.

Asbest

Abb. 5.2.27: Dünnbettmörtel von Natursteinfassaden

Natursteinfassaden sind vor allem im Sockelbereich häufig in einen Dünnbettmörtel eingeklebt. Sowohl der Dünnbettmörtel als auch der Naturstein (z. B. Diorit, Granodiorit, Gabbro oder Basalt) kann asbesthaltig sein.

Abb. 5.2.28: Klebemörtel für KMF-Dämmstoffe

Hinter den vorgehängten Tafeln von Waschbetonfassaden befindet sich zumeist eine Mineralfaserdämmung, die mit Mörtelbatzen (Pfeil) angeklebt wurde. Der verwendete Mörtel ist häufig asbesthaltig.

Abb. 5.2.29: Geschossübergreifender Brandschutz an Glasfassaden

Bei Stahlkonstruktionen oder Stahlbetonskelettkonstruktionen mit einer vorgesetzten Glasfassade wurden gegen geschossübergreifenden Brandüberschlag auf der Rauminnenseite häufig leichte asbesthaltige Platten wie hier Promabest-Platten montiert.

Abb. 5.2.30: Wärmedämm-Verbundsysteme

Bei diesem Wärmedämm-Verbundsystem hinter einer vorgehängten Natursteinfassade sind die Dämmelemente aus Schaum mit einem Nut-Feder-System verbunden. Die Feder (Pfeil) besteht aus Asbestzement.

Asbest

Abb. 5.2.31: Stahlstützen in Stahlbetonskelettbauten

Die Stahlstützen zwischen den Fenstern (oberes Bild, Pfeil) können unter der äußeren Verkleidung Promabest-Platten enthalten.

In einer Reihe von Stahlbetonpfeilern der Fensterfassaden befindet sich bei Gebäudetrennfugen oft ein Stahlpfeiler (unteres Bild). In dem hier abgebildeten Beispiel wurde der notwendige Brandschutz mit Spritzasbest (Pfeil) hergestellt und die Verkleidung anschließend den anderen Pfeilern angepasst.

Asbest

Abb. 5.2.32: Fugen: Asbestschaumplatten in Fassadenfugen

Hier wurden Asbestschaumplatten (Pfeil), teilweise einseitig mit einer Aluminiumfolie kaschiert, zusammengelegt in die Fassadenfugen eingeschoben.

Abb. 5.2.33: Fugen: Dichtstoffmassen im Plattenbau

Bei Plattenbauten in der DDR wurde als Fugendichtstoff Morinol, ein Kunststoff auf der Basis von Polyvinylacetat mit Asbest, eingesetzt.

Abb. 5.2.34: Asbestseil im Fugenspalt

Der Spalt zur vorgehängten Brüstung (schwarz isoliert) wurde hier mit einem Asbestseil verschlossen.

Asbest

Abb. 5.2.35: Fugen: Rundschnüre in Dehnfugen

Im Außenbereich sind in Dehnfugen auch Chrysotilasbestrundschnüre anzutreffen.

KMF

Abb. 5.2.36: Barackenbauten in Leichtbauweise

Barackenbauten weisen in den Außenwänden Sandwichkonstruktionen mit KMF als Dämmstoff auf.

Abb. 5.2.37: Wärmedämm-Verbundsysteme

Bei Wärmedämm-Verbundsystemen befindet sich hinter der Putz- und Bewehrungsschicht häufig KMF-Dämmstoff, der auf das Mauerwerk geklebt oder gedübelt wurde.

KMF

Abb. 4.2.38: Dämmungen unter Fassadenbekleidungen

Unter Fassadenbekleidungen befinden sich oft Dämmungen, die aus KMF bestehen. Vielfach wurden diese Dämmungen direkt auf die Rohbaukonstruktion geklebt (unteres Bild).

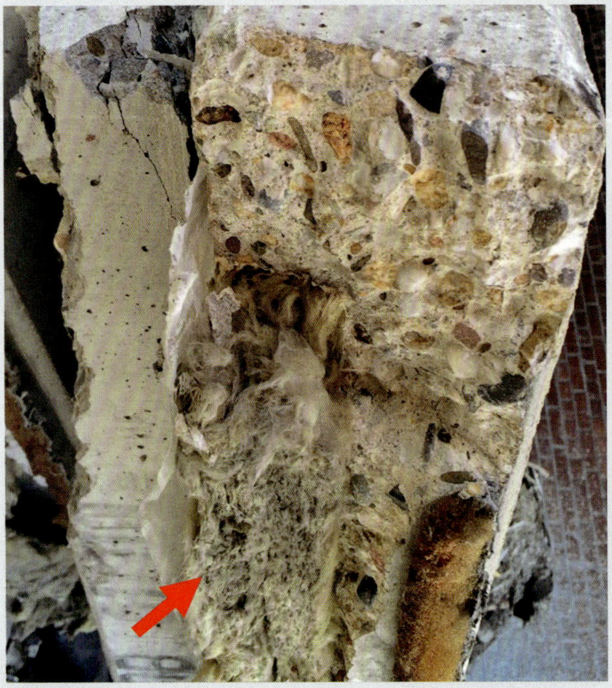

Abb. 5.2.39: Betonfertigteile

Im Kern von Betonfertigteilen von Fassaden können als Dämmung KMF (Pfeil) enthalten sein.

PCB

Abb. 5.2.40: Dichtstoffmassen in Klinkerfassaden

An Klinkerfassaden wurden Feldfugen oft mit PCB-haltigen Dichtstoffmassen verfüllt.

Abb. 5.2.41: Fugen in Waschbetonfassaden

Typisch für Waschbetonfassadenelemente und andere Betonelemente ist die PCB-haltige Polysulfiddichtstoffmasse (Thiokol) zwischen den Elementen.

Asbest

Abb. 5.3.2: Dacheindeckungen: Kunstschiefer

Kleinformatige asbesthaltige Platten (Kunstschiefer) sind häufig verwendet worden. Da insbesondere an Dachöffnungen leicht Schäden entstehen, die unter Umständen mit asbestfreiem Ersatzmaterial repariert wurden, ist ein Abgleich mit der übrigen Fläche erforderlich.

Abb. 5.3.3: Dacheindeckungen: Bitumenschindeln

Bitumenschindeln können Asbest enthalten.

Abb. 5.3.4: Dachdeckermörtel

Ältere Dachdeckermörtel können asbesthaltig sein.

Asbest

Abb. 5.3.5: Dachbahnen

Die Dachbahnen alter Flachdachkonstruktionen enthalten häufig Asbest. Oft sind neue Dachbahnen über altes Material verlegt. Gelegentlich finden sich auch Dachbahnen unter Dachziegeleindeckungen.

Abb. 5.3.6: Teeranstriche

Teeranstriche können Asbest und hohe Anteile an PAK enthalten.

Abb. 5.3.7: Attikaverkleidungen

Im Bereich der Attika besteht die innere oder äußere Verkleidung häufig aus Asbestzement-Platten. Die Platten können ohne Beschichtung (oberes Bild) und mit Beschichtung (unteres Bild) vorliegen.

Asbest

Abb. 5.3.8: Warmdachkonstruktionen

Dieses Dämmpaket bestehtaus einer Korkmasse mit asbesthaltigem Kleber. Es kann auch aus KMF bestehen.

Abb. 5.3.9: Brandschutzverkleidungen: Dachbinder

Das Bild zeigt mit Promabest-Platten ummantelte Binder im Bereich des Drempels. Darunter befindet sich ein Asbestzement-Lüftungskanal. Es ist hier mit abgelagerten asbesthaltigen Stäuben zu rechnen.

Asbest

Abb. 5.3.10: Wandverkleidungen der Mansarden

Auf diesem Dachboden wurden Holzkonstruktionen und Asbestpappenverkleidungen verwendet, um Räume abzutrennen.

Abb. 5.3.11: Brandschutzverkleidungen: Dachunterseite

Diese Unterseite eines Daches wurde mit leichten Brandschutzplatten (Promabest-Platten) verkleidet.

Asbest

Abb. 5.3.12: Kölner Lüftung

Asbestzement-Entlüftungsrohre als Teil einer Kölner Lüftung sind meist nur unter dem Dach erkennbar, da sie in den Wohngeschossen überwiegend in das Mauerwerk integriert sind.

Abb. 5.3.13: Asbestmörtel zwischen Schamotte

Die Setzmörtel von Schamottesteinen (im Bild über einem Asbestzement-Formteil) enthielten Asbestfasern.

Abb. 5.3.14: Abzug-Toschirohr mit Asbestzement-Platte auf dem Dach

Das Abzugsrohr aus einem Asbestformteil wurde mit einer Asbestzement-Platte abgedeckt.

Abb. 5.3.15: Lüftungsgitter

Abluftführungen auf dem Dach können oft aus Asbestzement (Markierung) bestehen.

Asbest

Abb. 5.3.16: Kamine: thermische Trennung von Verkleidungen

An den Befestigungselementen für die äußere Verkleidung von Kaminen befinden sich zumeist asbesthaltige thermische Trennlagen wie z. B. Asbestpappen (Pfeil).

Abb. 5.3.17: Asbestzement-Dächer bei Brandeinwirkung

Das obere Bild zeigt einen brennenden Dachstuhl einer Lagerhalle in der Nachbarschaft. Die Wellasbestplatten des Daches zerplatzten dabei in faserige Schichten. Sie wurden hier bis zum Standort des Fotografen gewirbelt, das Bild unten zeigt die herabgefallenen Reste auf einem Dachfensterglas.

KMF

Abb. 5.3.18: Dämmungen im Dachbereich: Flachdachdämmungen

Das Bild zeigt eine Flachdachdämmung aus KMF zwischen Dachkonstruktion (hier Trapezblech) und Dachhaut (hier Dachbahnen).

Abb. 5.3.19: Dämmungen im Dachbereich: Wanddämmungen

In zu Wohnzwecken ausgebauten Dachräumen ist hinter den Wandabschnitten mit Dämmpakten aus KMF zu rechnen.

Abb. 5.3.20: Dämmungen im Dachbereich: Zwischensparrendämmungen

Zwischensparrendämmungen wurden überwiegend aus KMF hergestellt.

KMF

Abb. 5.3.21: Dämmstoffe um Rohrleitungen und Ausdehnungsgefäße

Rohrleitungen und Ausdehnungsgefäße unter dem Dach sind oft mit KMF gedämmt.

Abb. 5.3.22: Spritzbrandschutz

Spritzbrandschutz im Dachbereich besteht häufig aus KMF. Unter der KMF-Lage kann sich bei älteren Gebäuden noch Spritzasbest aus einer früheren unvollständigen Sanierung befinden.

PAK

Abb. 5.3.23: Dachbahnen

Dachbahnen und Vorstriche unter alten Dachbahnen enthalten oft PAK. Bei Reparatur oder Neueindeckung wurden oft neue Eindeckungen über alte gelegt. Daher ist der gesamte Querschnitt zu betrachten.

Das Bild zeigt einen für Reparaturen vorgehaltenen Lagerbestand PAK-haltiger Dachbahnen.

PAK

Abb. 5.3.24: Dachdämmungen

Bei Warmdächern wurde früher Teerkork mit hohen PAK-Gehalten als Dachdämmung verwendet.

Abb. 5.3.25: Bauteilentkopplungen

Im Dachbereich wurden ebenso wie in anderen Gebäudeteilen Dachpappen und/oder Korkschrotplatten zur Entkopplung von Konstruktionshölzern und Mauerwerk eingesetzt.

PCP

Abb. 5.3.26: Holztragwerke

Dieses Holztragwerk wurde werkseitig oder nachträglich mit Holzschutzmitteln (PCP) behandelt. Die meisten Holzschutzmittel waren farblos und sind ohne Analysen nicht zu erkennen.

Blei

Abb. 5.3.27: Bleibleche

Die Bleibleche wurden als vollständige Dachhaut oder als Übergänge z. B. zu Einbauten und aufgehenden Mauerwerken oder als Mauerkronenabdeckung von Klempnern eingearbeitet.

Ergänzende Hinweise

Asbest

Promabest-Platten, die in der Regel Chrysotil- und Amositasbest enthalten, besitzen auch im Ruhezustand ein hohes Faserfreisetzungspotenzial.

Gemauerte Kamine weisen oft asbesthaltige Bauteile in Dehnfugen oder zwischen Verkleidung und Mauerwerk auf.

Spritzasbest findet sich unter **Trapezblechdächern und Rabitzdecken** (z. B. bei Rundsporthallen oder Tonnengewölben).

In **Anstrichen mit Brandschutzfarben** kann generell Asbest enthalten sein.

5.4 Wände und Decken

Mögliche Schadstoffvorkommen

Asbest

- Massivtrennwände
- Toilettentrennwände
- Trockenbauwände
- bewegliche Brandschutzwandelemente
- Brandschutzstützenverkleidungen
- Verkleidungen von Versorgungsschächten
- Brandschutz von Trägern und Unterzügen
- Brandschutz an tragenden Konstruktionsteilen
- Brandabschottungen
- Verkleidungen von Holzbalkendecken
- Π-Platten-Decken
- Verkleidungen in Innenräumen
- geschossübergreifender Brandschutz
- Asbestgewebematten
- Spachtel als Reparatur, Füll- und Glättspachtel
- Putze
- Dünnbettmörtel

KMF

- Akustikdeckenplatten
- Auflagendämmungen
- Paneeldecken
- Spritzmassen unter Brandschutzcoatings

PCB (ggf. Chlorparaffine)

- Innenanstriche
- Fugenmassen
- Wilhelmi-Deckenplatten

PAK

- Anstriche
- Dämmungen mit Korkschrotplatten
- Fugenmassen
- Pohlmann-Decken

PCP

- Wandverkleidungen aus Holz

Blei

- Farbanstriche mit Ölbinderfarben

Asbest

Abb. 5.4.1: Massivtrennwände: Montageausgleich

Zum Montageausgleich wurden auch Asbestzement-Platten (Pfeil) eingesetzt.

Abb. 5.4.2: Massivtrennwände: Gleitlager im Stahlbetonbau

Neben Asbestzement-Platten wurden häufig Asbestpappen als Gleitlager im Stützenbereich verwendet.

Sie sind selbst frei liegend schwer erkennbar; hier sind sie zusätzlich vollständig durch Ortbetonreste (Pfeil) verdeckt.

Abb. 5.4.3: Gleitlager mit Asbestschnur im Stahlbetonbau

Neben Asbestzement-Platten und asbesthaltigen Leichtbauplatten oder Asbestpappen wurden auch Gummiplatten hinter einer Umfassung aus Asbestkordeln eingesetzt. Das untere Bild zeigt den Zustand nach Demontage.

Asbest

Abb. 5.4.4: Massivtrennwände: Mauerstärken

Die Schalungswände für Betonwände wurden mit sogenannten Mauerstärken fixiert. Sie bestehen u. a. aus Asbestbeton, die Stöpsel und deren Zementleim können auch Asbest enthalten (oberes Bild).

Das untere Bild zeigt freigelegte Mauerstärken; sie brechen oft beim Zerstören der Wände aus dem Verbund.

Abb. 5.4.5: Mauerstärke mit Chrysotilasbestschnur

Diese Spannhülse wurde aus Brandschutzgründen mit Asbestschnur gefüllt.

Asbest

Abb. 5.4.6: Massivtrennwände: Wand- und Deckenanschlüsse

Die Anschlussfugen der Mauerwerksausfachungen zu Stahlbetonskelettkonstruktionen sind oft mit einem Asbeststrick ausgestopft. Das Bild zeigt eine offene Anwendung; vielfach sind die Asbeststricke jedoch von Fugenmörtel oder Putz verdeckt.

Abb. 5.4.7: Massivtrennwände: Füllungen zwischen Wänden und Decken

Deckenanschlüsse können zum Ausgleich oder gegen Brandüberschlag mit schwach gebundenen Asbestplatten ausgefüllt sein, die von außen durch Mörtelfugen verdeckt sind.

Abb. 5.4.8: Asbestschnur in Deckenfuge

Die Fuge einer Betondecke wurde mit einer Asbestschnur gestopft und mit einer Bitumen-Fugenmasse versiegelt.

Asbest

Abb. 5.4.9: Leichte Asbestplatte an Unterzügen

Die Unterseite vergossener Stahlträger wurde hier mit einer leichten asbesthaltigen Platte isoliert.

Abb. 5.4.10: Abstandhalter

Die durch einen Abbruch freigelegten 2 asbesthaltigen Abstandhalter rechts haben die häufige Knochenform. Links ist ein Kunststoff-Abstandhalter zu sehen.

Abb. 5.4.11: Abstandhalter nach Oberflächenfräsung

Wenn die Abstandhalter nur wenig überschichtet sind, können sie mit einem emissionsarmen Fräsverfahren sichtbar gemacht werden. Das Risiko deutlich tiefer liegender Abstandhalter bleibt aber immer bestehen.

Asbest

Abb. 5.4.12: Linearer Abstandhalter mit Asbest

Neben den gut sichtbaren Kunststoffschnüren enthält dieser Abstandhalter auch Asbest.

Abb. 5.4.13: Abstandhalter in Knochenform

Die typischen Muster aufrecht oder wie hier seitlich stehender Abstandhalter (2 parallele Striche) sind oft sehr schwer zu erkennen. Die komplexer geformten Abstandhalter sind überwiegend asbesthaltig.

Abb. 5.4.14: Kubischer Abstandhalter

Einfache Formen der Abstandhalter wurden auch mit Asbest hergestellt, hier ein von Ze-mentmilch verdeckter Fund.

Asbest

Abb. 5.4.15: Asbestdeckplättchen an Schalungsstößen

Die Stöße der Schalungen waren mit dünnen Plättchen abgedeckt worden, die oft etwas aufschwimmen. Sie bilden sich späterhin nur schlecht erkennbar ab.

Abb. 5.4.16: Trennwände aus Porenbeton

Die Dünnbett-Fugenmörtel von Porenbetonsteinen können Asbestfasern enthalten.

Asbest

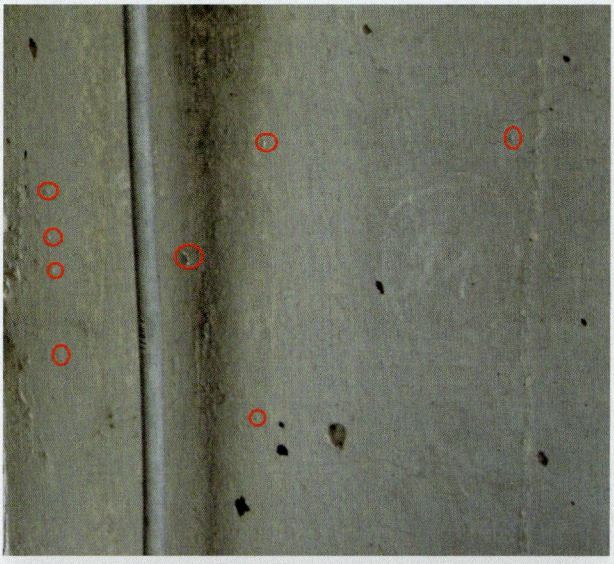

Abb. 5.4.17: Massivtrennwände: Spritzasbestkontaminationen

Wände weisen bei Gebäuden mit Spritzasbestverwendungen gelegentlich Spritzasbestreste (oberes Bild, Markierungen) unter Farbschichten aus der Herstellung oder aus späteren Sanierungen auf. Ebenso kann es bei Spritzasbestverwendungen bereits während der Herstellung der Trennwände zu Kontaminationen gekommen sein (unteres Bild, Pfeile), die zum Teil „eingemauert“ wurden und erst im Zuge von Abbruchmaßnahmen freigesetzt werden.

Asbest

Abb. 5.4.18: Toilettentrennwände

Toilettentrennwände können aus Asbestzement-Platten (oberes Bild) hergestellt sein.

Die Trennwände im unteren Bild weisen auch Kunststoff-Asbest-Sandwichelemente (Pfeil) auf.

Abb. 5.4.19: Trockenbauwände: Asbestzement-Platten

Trockenbauwände können wie hier aus Asbestzement-Platten bestehen.

Asbest

Abb. 5.4.20: Trockenbauwände: Gipskartonplatten

Trockenbauwände aus Gipskarton mit KMF-Füllung weisen häufig Asbestpappenstreifen (Pfeil) in den U-Profilen zum Boden und/oder zur Decke auf.

Abb. 5.4.21: Trockenbauwände: Holzkonstruktionen

Die Beplankung (Pfeil) dieser Trennwand mit Holzkonstruktion besteht aus beschichteten Asbestzement-Platten.

Abb. 5.4.22: Bewegliche Brandschutzwandelemente

Die Kontaktflächen der Wandelemente zum Boden oder zur Decke können Asbestrundschnüre (Pfeil) oder Asbestpappen enthalten, die ein hohes Faserfreisetzungspotenzial besitzen.

Asbest

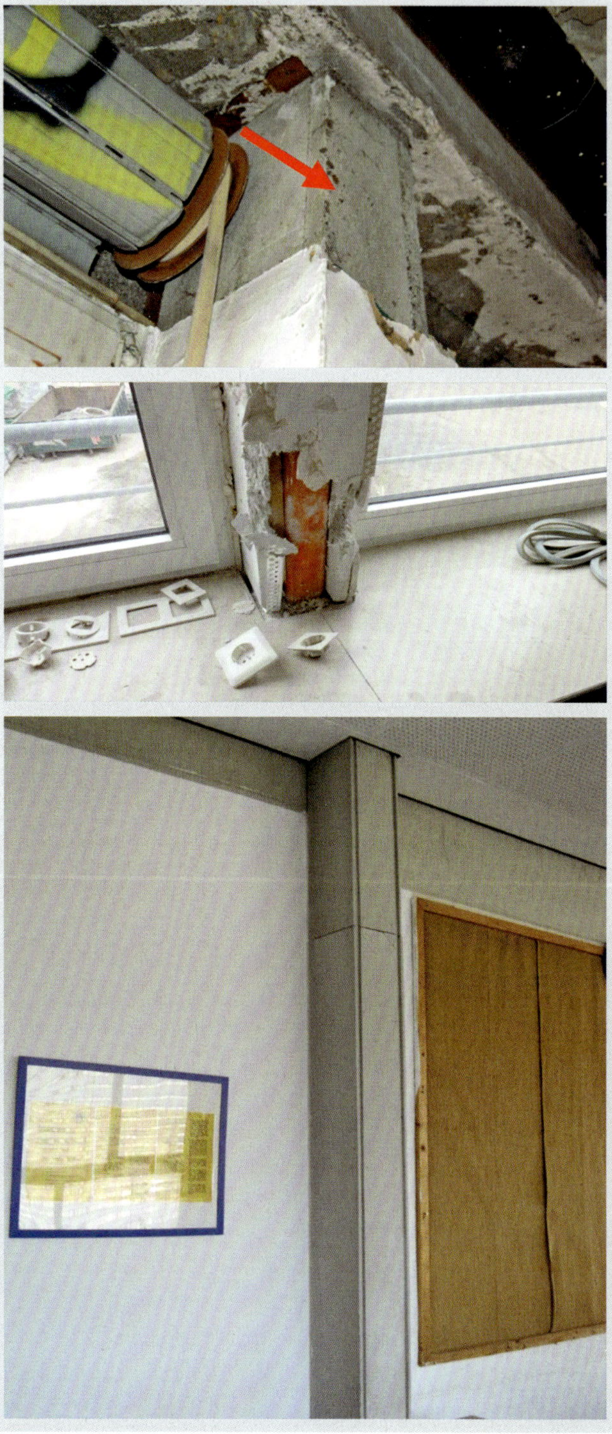

Abb. 5.4.23: Brandschutzstützenverkleidungen: asbesthaltige Platten

Das obere Bild zeigt eine Ummantelung von Stahlstützen zwischen Fenstern mit Promabest-Platten (Pfeil), das mittlere Bild eine geöffnete Stützenverkleidung. Eine solche Ummantelung ist meist nicht erkennbar, da sie überputzt ist und/oder einen Farbanstrich trägt. Ein Hinweis auf das Vorhandensein von Promabest-Platten kann ein hohler Klang beim Abklopfen sein.

Die Stützenverkleidung auf dem unteren Bild besteht ebenfalls aus asbesthaltigen Brandschutzplatten.

Asbest

Abb. 5.4.24: Brandschutzstützenverkleidungen: Spritzasbest

Das obere Bild zeigt Spritzasbest an einer Stahlstütze sowie an Unterzügen, die sich hinter Verkleidungen aus Gipskarton bzw. oberhalb einer abgehängten Decke befanden. Im Zuge des Einbaus, bei späteren Umbauten oder bei Renovierungen kommt es oft zu Verschleppungen und Sekundärbelastungen, sodass in nahezu allen Bereichen mit Spritzasbestresten zu rechnen ist.

Auch aufgrund von Beschichtungen ist die Spritzasbestverwendung wie im unteren Bild vielfach nicht zu erkennen.

Abb. 5.4.25: Verkleidungen von Versorgungsschächten

Geschossübergreifende Versorgungsschächte sind aus Brandschutzgründen häufig mit Promabest-Platten (Pfeil) ausgekleidet oder verkleidet. Dies ist vielfach im Siedlungsbau im Küchen- und Badbereich anzutreffen. Der Fliesenklebstoff gilt als „asbestkontaminiert", kann aber auch bereits Asbest als Standmittel enthalten.

Asbest

Abb. 5.4.26: Brandschutz von Trägern und Unterzügen

Das Bild zeigt Spritzasbest an Stahlunterzügen oberhalb einer abgehängten Decke.

Abb. 5.4.27: Brandschutz an tragenden Konstruktionsteilen

Diese Stahlunterzüge wurden auf 3 Seiten mit Promabest-Platten (Pfeil) verkleidet.

Abb. 5.4.28: Brandabschottungen

Das obere Bild zeigt Brandabschottungen aus Promabest-Platten (Pfeil) im Bereich von Kabeldurchführungen über einem Stahlrahmentürelement, das untere Bild Abschottungen aus Asbestzement- oder Promabest-Platten zwischen Brandabschnitten oberhalb von abgehängten Decken.

Asbest

Abb. 5.4.29: Verkleidungen von Holzbalkendecken

Der notwendige Mindestbrandschutz an einer Holzbalkendecke wurde hier durch Promabest-Platten (Pfeil) hergestellt. Da die Platten vor Ort zugeschnitten wurden, ist mit einer erheblichen Kontamination durch abgelagerten Staub an den angrenzenden Bauteilen zu rechnen.

Abb. 5.4.30: Π-Platten-Decken

Beton-Π-Platten-Konstruktionen wurden als Fertigteile häufig mit einer Neptunstahlbewehrung mit geringer Wärmeformstabilität hergestellt. Daher wurden solche Plattenkonstruktionen zusätzlich mit Spritzasbest beschichtet.

Abb. 5.4.31: Verkleidungen in Innenräumen: Holzfaser-Asbestzement-Platten

Holzfaser-Asbestzement-Platten (Fulgupal-Platten), hier mit weißer Farbe beschichtet (Pfeil), gehören zu den fest gebundenen asbesthaltigen Produkten. Sie wurden in großen Flächenanteilen in öffentlichen Gebäuden wie z. B. Universitäten, Schulen, Bibliotheken oder Hallenbädern verbaut.

Asbest

Abb. 5.4.32: Verkleidungen in Innenräumen: Promabest-Platten

Aktenlagerräume (oberes Bild) wurden zum Brandschutz häufig über Boden, Wand und Decke vollständig mit Promabest-Platten (Pfeile) ausgeführt.

Das untere Bild zeigt großflächige Deckenverkleidungen mit Promabest-Platten in einer Wartungs- und Reparaturhalle.

Asbest

Abb. 5.4.33: Geschossübergreifender Brandschutz

Gegen geschossübergreifenden Brandüberschlag wurden hier auf der Rauminnenseite einer Glasfassade leichte asbesthaltige Platten (Promabest-Platten) montiert (oberes Bild).

Solche Platten wurden jeweils bis in das nächste Geschoss eingebaut (unteres Bild, Pfeil). Erst nach Entfernen von abgehängten Decken oder Induktionsheizungen wurde dies sichtbar.

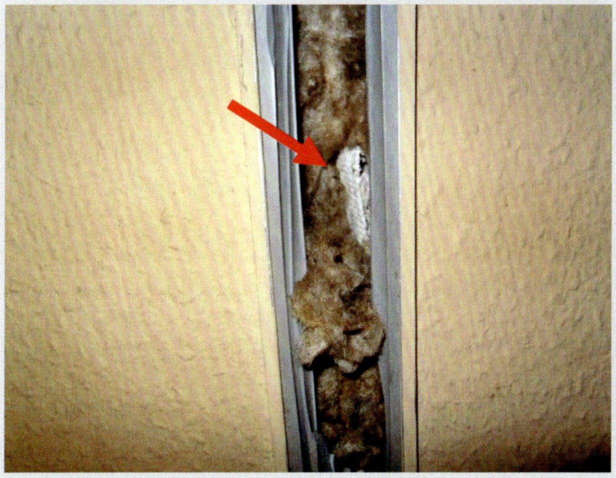

Abb. 5.4.34: Asbestgewebematten

Das Bild zeigt eine Bauteilfuge mit grauer Gummiprofilabdeckung vor einer Brandschutzschürze mit Asbestgewebematte (Pfeil), die insbesondere in Bergsetzungsgebieten als bewegliche Fugendichtung eingesetzt wurde.

Asbest

Abb. 5.4.35: Spachtel: Gipskartonplatten

Bei Trockenbauwänden und abgehängten Decken mit Gipskartonplatten können die Verspachtelungen bis zu 10 Masse-% Asbest enthalten.

Wie dieser asbesthaltige Gipsspachtel oberhalb einer abgehängten Decke sind die Verspachtelungen meist nicht sichtbar.

Abb. 5.4.36: Spachtel: Wandanschlussprofile

Spachtelungen von Wandanschlussprofilen (Pfeil) enthalten häufig Asbest.

Abb. 5.4.37: Spachtel: Elektroinstallation

Spachtelungen von Leitungsschlitzen und Installationsdosen enthalten häufig Asbest.

Asbest

Abb. 5.4.38: Spachtel: Ortbeton und Fertigbeton

Hier ist die asbesthaltige Spachtelung der Betonfläche auch unter den Farbschichten durch die veränderte Oberflächenstruktur gut erkennbar.

Abb. 5.4.39: Spachtel: geschalte Betonuntergründe

Auch glatt geschalte Betonuntergründe benötigen eine Spachtelung, bevor ein dünnlagiger Kunstharzoberputz appliziert wird. Hier sind beide Lagen – asbesthaltige Spachtelung und Putz – zu erkennen.

Abb. 5.4.40: Putze: Wandputze

Häufig sind asbesthaltige Wandspachtelmassen und Wandputze (Kunstharz-, Gips-, Kalkgips- oder Kalkzementputze) vorzufinden.

Asbest

Abb. 5.4.41: Putze: Buntsteinputze

Buntsteinputze können Asbest im Bindemittel oder in der Gesteinskörnung enthalten.

Abb. 5.4.42: Dünnbettmörtel

Verschiedene Dünnbettmörtel (Fliesenklebstoffe) enthielten bis 1984 Asbest als Thixotropiermittel.

Abb. 5.4.43: Fliesenimitate

Fliesenspiegel wurden auch aus sehr dünnen und starren Asbestzement-Platten mit einer Dekorfolie aufgebaut. Das Bild zeigt anhand eines Loches für Kabelverlegungen den Wandaufbau mit Faserplatte in einem Holzhaus. Durch die Störungen wurden Raumluftbelastungen mit 1.800 F/m^3 hervorgerufen.

KMF

Abb. 5.4.44: Akustikdeckenplatten

Akustikdeckenplatten bestehen aus einem Gemisch aus Basaltfasern (Steinwolle) und Kaolin. Sie wurden als abgehängte Decken eingesetzt. Darüber befinden sich häufig nachträglich angeordnete KMF-Dämmstoffmatten.

Abb. 5.4.45: Decken- und Wanddämmung

Abgehängte Decken und Leichtbauwände enthalten systematisch Mineralwolle-Dämmmatten.

Abb. 5.4.46: Paneeldecken

Auf Paneeldecken befinden sich zumeist KMF-Dämmstoffmatten auf einem schwarzen Vlies, das als Rieselschutz dient.

KMF

Abb. 5.4.47: Spritzmassen unter Brandschutzcoatings

Stahlträgerkonstruktionen benötigen eine Brandschutzbeschichtung, die hier mit einer Mineralfaserspritzmasse hergestellt wurde. Die Konstruktion wurde zusätzlich mit einem Brandschutzcoating überarbeitet.

PCB

Abb. 5.4.48: Innenanstriche: matt

Matte Anstriche auf Innenwänden und Decken sind häufig PCB-haltig und können zu PCB-Belastungen in der Raumluft führen.

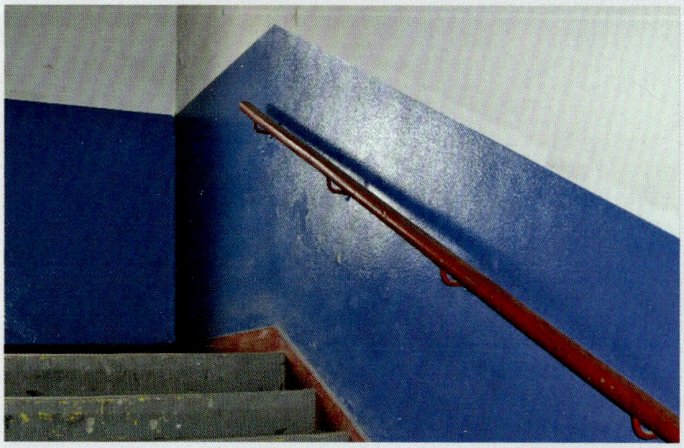

Abb. 5.4.49: Innenanstriche: glänzend

Glänzende Anstriche auf Innenwänden können PCB-haltig sein. Solche Anstriche wurden häufig in Fluren und Kellerräumen angebracht.

PCB

Abb. 5.4.50: Innenanstriche: abgehängte Decken

Abgehängte Decken enthalten sehr häufig einen PCB-haltigen Anstrich, der in der Raumluft zu hohen PCB-Belastungen führt.

Abb. 5.4.51: Fugenmassen

PCB-haltige Fugenmasse

PAK

Abb. 5.4.52: Wilhelmi-Deckenplatten

Deckenplatten dieses Typs wurden werkseitig mit PCB behandelt.

Abb. 5.4.53: Anstriche

Kellermauerwerke wurden bis 1980 zum Teil mit Anstrichen auf Steinkohlenteerbasis, bei älteren Gebäuden auf Holzteerbasis versehen. In Innenräumen wird das Vorkommen gewöhnlich durch den typischen PAK-Geruch auffällig.

PAK

Abb. 5.4.54: Dämmungen mit Korkschrotplatten

Die Dämmplatten, zum Teil auch als gebackene Korkschrotplatten mit eigener Klebstoffentwicklung und PAK-Anteilen durch Verkokung, wurden häufig in den Wänden von Kühlräumen unter einer Verfliesung eingesetzt.

Abb. 5.4.55: Fugenmassen

Das Bild zeigt eine Fugenmasse aus Teer mit hohem PAK-Gehalt.

Abb. 5.4.56: Pohlmann-Decken

Diese Stahlbetonrippendecken wurden mit einer teergetränkten Pappe ausgekleidet, die einen sehr hohen PAK-Gehalt aufweist.

PCP

Abb. 5.4.57: Wandverkleidungen aus Holz

Holzverkleidungen weisen zum Teil werkseitige Behandlungen mit PCP auf. Teilweise wurde später zusätzlich ein PCP-haltiger Anstrich aufgebracht (z. B. Xyladecor).

Blei

Abb. 5.4.58: Bleifarben

Alte Wandfarben und Holzfarben als Ölbinderfarben können unabhängig vom Farbton der Deckschicht mit Bleifarben gestrichen worden sein.

Ergänzende Hinweise

Asbest

Promabest-Platten, die in der Regel Chrysotil- und Amositasbest enthalten, besitzen auch im Ruhezustand ein hohes Faserfreisetzungspotenzial.

Der Sandwichaufbau von **Brandschutzwänden** kann Promabest-Platten enthalten.

In **Anstrichen mit Brandschutzfarben** kann generell Asbest enthalten sein.

Asbestspachtelmassen wurden von verschiedenen Gewerken genutzt. Daher können Decken, Wände (Gipskartonwände, aber auch Spachtelmassen auf Putz), Laibungen, Simse (durch Festigkeitsansprüche), Heizungsnischenspiegel oder Reparaturflecken und die Motagespachtel verschiedener technischer Einbauten unterschiedlich asbesthaltig sein. Insbesondere die dünn ausgezogenen Flächenspachtel führen trotz geringer Gehalte zu sehr hohen Faserfreisetzungen bei mechanischer Bearbeitung.

KMF

Ausfachungen im Trockenbau können mit KMF-Matten ausgeführt sein.

5.5 Böden

Mögliche Schadstoffvorkommen

Asbest

Oberbodenbeläge als Nutzschicht
- PVC-Bahnenware
- großformatige PVC-Plattenware
- kleinformatige PVC-Plattenware
- Asphalt-Tiles
- mehrlagige Bodenbeläge und asbesthaltige Klebstoffe
- überdeckte asbesthaltige Altbeläge und Klebstoffe
- Bodenbeschichtungen und Dünnestriche
- Terrazzoböden
- Kunststeinböden und Sockelleisten
- Magnesitestriche
- Kontaminationen aus der Bauzeit

Klebstoffe und Nivellierspachtel
- Teerklebstoffe für Holzböden
- Bodenspachtelmassen
- Ausgleichsmörtel
- Bitumenspachtel auf Gussasphalt

Tragschichten und Dämmungen
- Trittschalldämmungen
- Ständerfußböden

KMF

- Dämmlagen unter Estrichen

PCB (ggf. Chlorparaffine)

- Anstriche und Beschichtungsstoffe
- Bodenfugen

PAK

- Asphaltplatten für Schwerlastbeläge
- Gussasphalt
- Teerklebstoffe für Holzböden
- Teerspachtelmassen für Feuchteisolierungen

Blei

- Schüttungen aus Schlacken
- Leinölimprägnierungen und Leinölfarben von Holzböden

Asbest: Oberbodenbeläge als Nutzschicht

Abb. 5.5.1: PVC-Bahnenware

Auch PVC-Bahnenware wurde mit Asbestfaseranteilen gefertigt. Im oberen Bild sind 3 Varianten zu erkennen.

Das mittlere Bild zeigt einen Cushioned-Vinyl-(CV-)Bodenbelag aus PVC (häufig auch als Florentiner Muster anzutreffen) mit einem anhaftenden Filz auf der Rückseite.

Im untersten Bild ein weiterer Cushioned-Vinyl-Belag mit Design-Oberfläche, hier als Treppenstufenbelag und ebenfalls mit darunter erkennbarer asbesthaltiger Pappe (Unterseite).

Asbest: Oberbodenbeläge als Nutzschicht

Abb. 5.5.2: Großformatige PVC-Plattenware

Das obere Bild zeigt einen großformatigen asbesthaltigen PVC-Bodenbelag.

Im mittleren Bild ist asbesthaltige PVC-Plattenware neben einer nicht asbesthaltigen Linoleumbahnenware zu sehen.

Häufig wurden auf asbestfreie Mosaiksteinzeugfliesen asbesthaltige PVC-Bodenbeläge verklebt (unteres Bild).

Asbest: Oberbodenbeläge als Nutzschicht

Abb. 5.5.3: Kleinformatige PVC-Plattenware

Asbesthaltige Beläge wurden auch als kleinformatige PVC-Platten (Flex-Platten, verschiedentlich als Floor-Flex-Platten bezeichnet) überwiegend mit einem bitumenhaltigen Klebstoff verklebt, der zumeist ebenfalls asbesthaltig war. Flex-Platten bestehen aus PVC; 80 bis 90 % aller Varianten der Flex-Platten waren asbesthaltig. Heute sind diese etwa 3 mm dicken Platten stark versprödet und setzen infolge der Behandlung mit Reinigern Asbestfasern über die Oberfläche frei sowie zusätzlich hohe Mengen bei einem Bruch. Flex-Platten finden sich häufig als grau oder braun melierte Platten, es gibt daneben allerdings auch alle anderen Farbgebungen.

Abb. 5.5.4: Asphalt-Tiles

Bei Asphalt-Tiles handelt es sich um Fußbodenfliesen aus Asbestfasern und Asphalt mit Füllstoffen. Diese in den USA entwickelten Hartfliesen sind meist dicker als Flex-Platten und brechen leichter als diese.

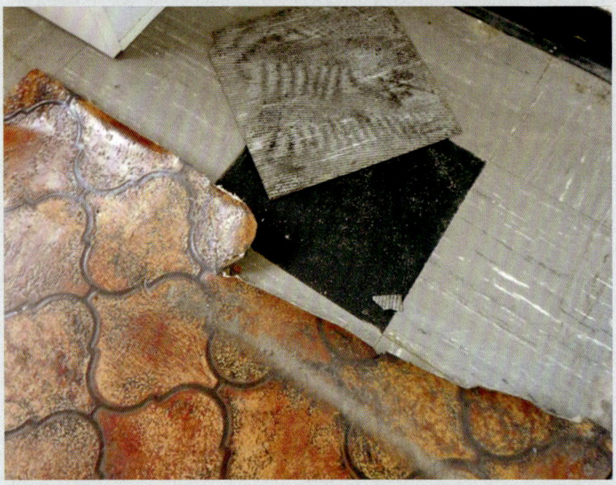

Abb. 5.5.5: Mehrlagige Bodenbeläge und asbesthaltige Klebstoffe

Das Bild zeigt 3 Asbestprodukte: Der asbesthaltige Flex-Platten-Belag wurde mit einem asbesthaltigen schwarzen Klebstoff verlegt und später mit einem asbesthaltigen Cushioned-Vinyl-Belag aus Bahnenware überdeckt.

Asbest: Oberbodenbeläge als Nutzschicht

Abb. 5.5.6: Überdeckte asbesthaltige Altbeläge und Klebstoffe

Auf asbesthaltigen PVC-Platten wurden oft andere Beläge verlegt, zum Teil wurden die asbesthaltigen Beläge auch entfernt. Die asbesthaltigen Klebstoffe befinden sich jedoch vielfach bis heute unter den Neubelägen.

Abb. 5.5.7: Bodenbeschichtungen und Dünnestriche

Die Verwendung von Asbest in Reaktionsbeschichtungen (Epoxidharz, Polyurethan) z. B. für Bodenbeschichtungen wie auf der abgebildeten Parkfläche, Dünnestriche, Behälterbeschichtungen, Industrieböden oder Schrammborde war üblich. Häufig wurde Asbest auch vor Ort beigemischt.

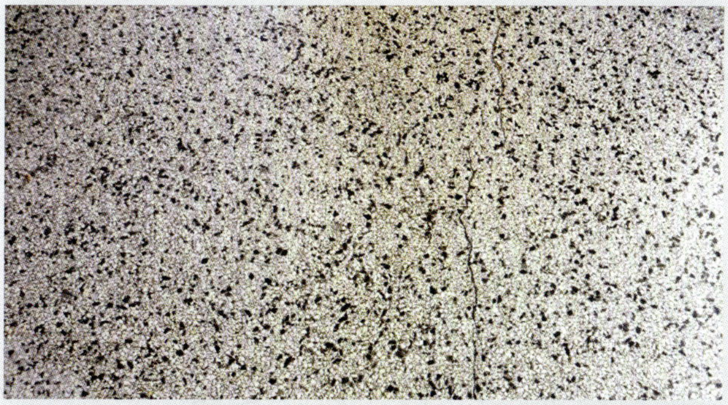

Abb. 5.5.8: Terrazzoböden

Terrazzobeläge können je nach Gesteinskörnung (z. B. Diorit, Gabbro oder Basalt) asbesthaltig sein.

Abb. 5.5.9: Kunststeinböden und Sockelleisten

In Kunststeinplatten auf Böden und auf Treppen sind potenziell asbesthaltige Gesteine wie z. B. Diorit oder Gabbro enthalten.

Sockelleisten wurden häufig aus gefärbtem Asbestzement hergestellt.

Asbest: Oberbodenbeläge als Nutzschicht

Abb. 5.5.10: Magnesitestriche

Magnesitestriche (Steinholzestriche oder Steinholzböden) waren sehr oft asbesthaltig. Sie wurden im Industriebereich als Nutzböden verwendet. Von ca. 1945 bis ca. 1976 wurden sie auch im sozialen Wohnungsbau (oberes Bild) als Estrich unter Bodenbelägen (Parkett oder PVC) eingesetzt.

Die in Werkhallen verbreitet eingesetzten Magnesitestriche enthielten neben deutlich erkennbaren Holzfaseranteilen (mittleres Bild) kaum erkennbare Asbestfaseranteile. Es finden sich sowohl sehr große Flächen, die so hergestellt wurden (unteres Bild), als auch kleinere Reparaturflächen.

Asbest: Oberbodenbeläge als Nutzschicht

Abb. 5.5.11: Kontaminationen aus der Bauzeit

Unter Estrich können sich Restbelastungen aus der Bauzeit wie hier Spritzasbestreste (Pfeil) befinden.

Asbest: Klebstoffe und Nivellierspachtel

Abb. 5.5.12: Teerklebstoffe für Holzböden

PAK-haltige Parkettklebstoffe können auch asbesthaltig sein.

Abb. 5.5.13: Bodenspachtelmassen

In Gebäuden der Errichtungszeit bis 1970 finden sich unter keramischen oder anderen Bodenbelägen häufig asbesthaltige Bodenbeläge oder mehrschichtige asbesthaltige Spachtellagen.

Asbest: Klebstoffe und Nivellierspachtel

Abb. 5.5.14: Ausgleichsmörtel

Unter Teppichböden finden sich häufig mehrere Schichten hydraulischer Spachtelmassen. Zumeist ist die unterste Spachtelschicht asbesthaltig, sodass alle Spachtelschichten als „asbesthaltig" gelten, da eine Trennung der verschiedenen Schichten in der Regel nicht möglich ist.

Abb. 5.5.15: Bitumenspachtel auf Gussasphalt

Gebäude aus der Nachkriegszeit, in denen in Deutschland stationierte Soldaten lebten, weisen neben asbesthaltigen Bodenbelägen (Flex-Platten) asbesthaltige Spachtel auf Bitumenbasis als Nivelliermasse auf Gussasphalt auf. Eine Trennung von Gussasphaltestrich und der bis zu 1 cm dicken Nivelliermasse ist nicht möglich.

Asbest: Tragschichten und Dämmungen

Abb. 5.5.16: Trittschalldämmungen

Unter dem dünnen PVC-Belag befindet sich hier eine asbesthaltige Trittschalldämmungs- und Ausgleichsbahn.

Abb. 5.5.17: Ständerfußböden

Ständerböden als Tragschicht von Kunststoffbelägen oder Teppichböden können Asbest im Umleimer (oberes Bild, Pfeil) aufweisen. Auch die Platten können Asbest enthalten.

Unter dem aufgeständerten Boden im unteren Bild befindet sich ein Ständerfuß aus einer asbesthaltigen Platte.

KMF

Abb. 5.5.18: Dämmlagen unter Estrichen

Unter Estrichen wurden Dämmlagen aus KMF (Pfeil) ausgeführt, hier eine Dämmlage mit Sperrbahn. In der Detailaufnahme im unteren Bild ist der Aufbau – Rohdecke, Dämmlage aus KMF, Sperrbahn, Estrich – zu erkennen.

KMF-Dämmungen können sich auch unter Hohlraumböden befinden.

PCB

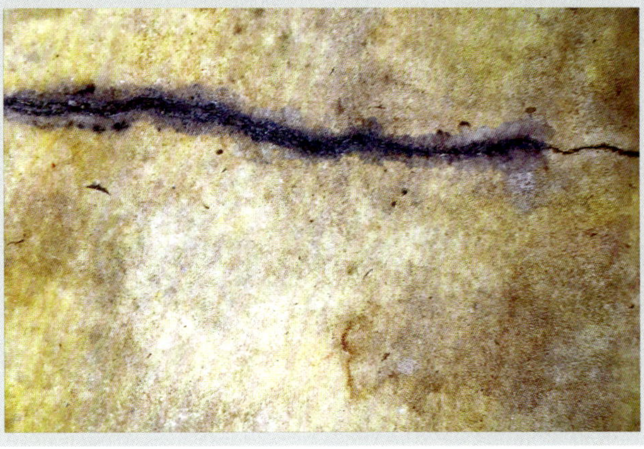

Abb. 5.5.19: Anstriche und Beschichtungsstoffe

In Reaktionsbeschichtungen lassen sich je nach Anwendungsgebiet (Wand- oder Bodenfarbe) höhere Konzentrationen an PCB (zumeist Clophen A60) feststellen. Die Aufnahme zeigt einen Epoxibelag und eine Rissreparatur.

PCB

Abb. 5.5.20: Bodenfugen

Als Fugenmaterial wurden wie bei Wänden häufig PCB-haltige Polysulfiddichtstoffmassen (Thiokol) eingesetzt.

PAK

Abb. 5.5.21: Asphaltplatten für Schwerlastbeläge

PAK-haltige Asphaltplatten wurden zumeist in der Schwerindustrie in Werkstätten und Ausbildungsstätten eingesetzt.

Abb. 5.5.22: Gussasphalt

Gussasphalt enthielt bis ca. 1984 auch PAK-haltige Bindemittel.

PAK

Abb. 5.5.23: Teerklebstoffe für Holzböden

PAK-haltige Parkettklebstoffe (oberes Bild) können auch asbesthaltig sein.

Steinholz oder Holzpflaster, zumeist in der Industrie und in Werkstätten, aber auch in Schulen (z. B. Turnhallen, Foyers oder Aulen) eingesetzt, wurde zumeist mit PAK-haltigen Klebstoffen verklebt (mittleres Bild). Das Holzpflaster (unteres Bild) weist in diesen Fällen eine starke Sekundärbelastung auf.

PAK

Abb. 5.5.24: Teerspachtelmassen für Feuchteisolierungen

Im Fußbodenaufbau älterer Wohnbauten lassen sich in nicht unterkellerten Erdgeschossen oder in Kellergeschossen häufig mehrlagige Teerspachtelmassen feststellen, die dem Feuchteschutz dienten.

Ergänzende Hinweise

Asbest

Zu den am häufigsten verwendeten **asbesthaltigen Bodenbelägen** zählen PVC-Bodenplatten, Flex-Platten und Cushioned-Vinyl-(CV-)Bahnen. Flex-Platten fanden in der Nachkriegszeit in großem Umfang Anwendung im sozialen Wohnungsbau.

Im Verlauf der Nutzungszeit wurden diese Beläge entweder entfernt, wobei der schwarze Klebstoff zurückblieb, oder mit einem anderen Bodenbelag wie z. B. Teppichboden, keramischen Fliesen oder Natursteinplatten und in jüngerer Zeit mit Laminat überarbeitet, sodass stets mit asbesthaltigen Produkten auch unter den neueren Belägen gerechnet werden muss. Nach der aktuellen Rechtslage ist eine solche Überdeckung allerdings nicht mehr zulässig, sodass die Klebstoffe zuvor entfernt werden müssen.

In **Gussasphaltestrichen** wurden je nach Herkunft potenziell asbesthaltige Gesteine als Körnung oder als Füller eingesetzt. Daher unterliegen der Umgang mit und die Bearbeitung von Gussasphaltestrichen sowie daran ausgeführte Tätigkeiten der Gefahrstoffverordnung.

In **Anstrichen mit Brandschutzfarben** kann generell Asbest enthalten sein.

KMF

Faserbewehrungen von Estrichmörteln können KMF enthalten.

Auch **Dämmungen an Rohrleitungsdurchführungen** sind vielfach mit KMF erfolgt.

Asbest: Fenster

Abb. 5.6.3: Fensterkitte in Einscheibenverglasungen

Bei alten Einscheibenverglasungen, vorzugsweise in Gitterkonstruktionen (oberes und mittleres Bild) z. B. in industriellen Gewächshäusern oder in Gärten, wurden häufig helle asbesthaltige Kitte auf Leinölbasis oder schwarze asbesthaltige Kitte auf Teerbasis eingesetzt (oberes Bild).

Einscheibenverglasungen bei Holzrahmenfenstern (unteres Bild) weisen häufig asbesthaltige Kitte auf Leinölbasis auf.

Abb. 5.6.4: Zementkitt bei Betonrahmenfenstern

Die Glasfuge im Betonrahmen des Industriefensters enthält einen grauen, zementartigen Kitt.

Asbest: Fenster

Abb. 5.6.5: Glasbausteine

Der Fugenmörtel zwischen diesen Glasbausteinen enthält Asbest.

Abb. 5.6.6: Lichtkuppelbänder

Metallrahmen von Lichtkuppelbändern oder Sheddächern können asbesthaltige Fensterkitte enthalten.

Abb. 5.6.7: Brandschutzfenster mit Betonrahmen

Dieses Fenster ist mit Asbestplatten in der Rahmenkonstruktion ausgeführt.

Asbest: Fenster

Abb. 5.6.8: Verglaste Trennungen von Brandabschnitten

Bei dieser Metallrahmenkonstruktion aus dem Jahr 1988 wurden Streifen aus Asbestpappe in den Rahmen eingelegt.

Abb. 5.6.9: Fensterbänke: Asbestzement

Außen- und Innenfensterbänke bestehen häufig aus Asbestzement (oberes Bild, Pfeil), vielfach in Schwarz oder Grau, aber auch in Beige. Einige Varianten können leicht mit Natursteinfensterbänken verwechselt werden. An der Bruchkante (unteres Bild) sind die Asbestfasern erkennbar.

Asbest: Fenster

Abb. 5.6.10: Fensterbänke: Antidröhnmassen

Unter Fensterbänken können sich wie hier im Außenbereich asbesthaltige Antidröhnmassen bzw. Abdichtungen befinden.

Abb. 5.6.11: Brüstungsfüllungen

Bei zumeist raumhohen Fenster- oder Türelementen befindet sich im Brüstungsbereich eine Asbestzement-Auskleidung, gegebenenfalls mit einer dahinter liegenden Dämmung.

Asbest: Türen und Tore

Abb. 5.6.12: Zimmertüren

Furnierte, beschichtete oder lackierte Türblätter mit leichten asbesthaltigen Platten als Kern sind oft kaum von asbestfreien Türblättern zu unterscheiden.

Asbest: Türen und Tore

Abb. 4.6.13: Türfüllungen

Wie diese Toilettentüren können Metallrahmentüren mit einer Ausfachung aus Asbestzement versehen sein.

Abb. 4.6.14: Türzargen

in zweiteiligen Metalltürzargen befinden sich zwischen den Metallprofilen oft schwach gebundene Asbestplatten.

Abb. 5.6.15: Sicherheitstüren

Türen mit Sicherheitsverglasung weisen häufig Asbestrundschnüre zwischen Verglasung und Rahmen auf (oberes Bild). Sie sind schwer zu erkennen, wenn darüber später mit einer anderen Dichtstoffmasse versiegelt wurde.

Glasscheiben bei Türen mit Sicherheitsverglasung wurden auch mit asbesthaltigem Fensterkitt (unteres Bild) eingesetzt.

Asbest: Türen und Tore

Abb. 5.6.16: Stahlbrandschutztüren

Ältere Brandschutztüren sind mit asbesthaltigen Rundschnüren im Schlosseinsatz und/ oder als Anschlagdichtung ausgeführt. Zudem wurden Asbestpappen oder -platten im Türfalzbereich und im gesamten Türblatt verwendet. Stahltüren können auch KMF enthalten.

Abb. 5.6.17: Aufzugtüren

Aufzugtüren und die Portale von Aufzügen sind oft mit Brandschutzisolierungen aus Asbestplatten bzw. Asbestpappen oder mit Asbestschnüren ausgestattet.

Abb. 5.6.18: Bunkertüren

Als Abdichtung und Anschlagdichtung wurden bei Bunkertüren häufig Asbestschnüre eingesetzt.

Asbest: Türen und Tore

Abb. 5.6.19: Schiebe- und Rolltore

Ältere Schiebe- oder Rolltore enthalten asbesthaltige Füllungen oder andere asbesthaltige Bauteile.

Auf dem unteren Bild sind die asbesthaltigen Platten zu erkennen.

Abb. 5.6.20: Rolltorkästen

Dieser Rolltorkasten enthält eine Asbestgewebeschürze, die den Öffnungsspalt flexibel abdichten soll. Oft sind die Rolltorkästen auch aus schwach gebundenen Asbestplatten hergestellt.

KMF

Abb. 4.6.21: Füllungen in Fensterrahmen und Fassadenelementen

Die Wärmedämmung in den Verbindungselementen von Fensterfronten wird vorwiegend mit KMF ausgeführt. Auf dem unteren Bild sind auf der KMF-Dämmung Reste von Asbest zu erkennen, die wahrscheinlich aus der gemeinsamen Bearbeitung während der Bauzeit stammen.

PCB

Abb. 5.6.22: Fensterkitte

Leinölkitte für Fenster- und Türglas können PCB enthalten.

PCB

Abb. 5.6.23: Anschlussfugen

An Fenstern sowie zwischen Einbaurahmen und Mauerwerk (oberes Bild) wurden sowohl innen als auch außen häufig PCB-haltige Polysulfiddichtstoffmassen (Thiokol) eingesetzt.

Der Anschluss der Fensterbänke an die Fensterlaibungen oder an die Fassade wurde ebenfalls oft mit PCB-haltigen Dichtstoffmassen verschlossen (unteres Bild).

Abb. 5.6.24: Farbanstriche von Stahltüren und -zargen

Die verwendeten Farben enthalten zum Teil PCB. Solche Anstriche finden sich auch bei anderen Metallbauteilen wie Geländern oder Klimakammern.

Blei

Abb. 5.6.25: Bleiglasfenster

Die Stege dieser Fenster sind aus Bleistreben.

Abb. 5.6.26: Fensterfarben mit Blei

Metallrahmen und Holzrahmen von Fenstern wurden mit Bleiweißfarben und rotbraunen Bleifarben gestrichen (oberes Bild).

Das untere Bild zeigt eine Bearbeitung durch Abflämmen.

Ergänzende Hinweise

Asbest

Asbesthaltige Fensterkitte finden sich nicht nur in älteren Einscheibenverglasungen und Kellerfenstern, sondern auch in Zugangstüren mit Sicherheitsverglasungen (Drahtglas) insbesondere in öffentlichen Gebäuden wie Schulen. Daneben wurde das Sicherheitsglas zusätzlich mit einer Asbestschnur zum Türrahmen eingeschlagen. Wird an den heute stark versprödeten Kitten gearbeitet, ist dies nicht zerstörungsfrei möglich.

In **Anstrichen mit Brandschutzfarben** kann generell Asbest enthalten sein.

Montagespachtel mit Asbest wurden für die Fixierung von Fenster- und Türzargen ca. 1–3 cm breit eingesetzt, **Flächenspachtel** mit Asbest auch abweichend von den anschließenden Wänden über die gesamte Laibungsfläche.

KMF

Füllungen von Brandschutztüren, Stahlzargen und Türelementen sowie Zargen- und Rolltorlamellenfüllungen aus glasfaserverstärktem Kunststoff (GFK) können KMF enthalten.

PAK

Zur **Bauteilentkopplung bei Fenstern, Türen und Toren** wurden zwischen Rahmen und Laibung Teerpappen eingebaut.

5.7 Elektrische Geräte und Anlagen

Mögliche Schadstoffvorkommen

Asbest

- Kabelabschottungen und Kabelbrandschutz
- Kabeldurchführungen
- Kabelführungsbühnen
- Kabeltrassen und -kanäle
- Schalträume
- Schaltanlagen
- Funkenlöschkammern
- Schmelzsicherungen
- Notstromaggregate
- Bremsbeläge in Antriebsanlagen
- Nachtspeicherheizgeräte
- Elektroheizgeräte
- Leuchten
- Wärmeschränke
- Projektoren

KMF

- Kabeldurchführungen

PCB (ggf. Chlorparaffine)

- Schalträume
- Transformatoren
- Großkondensatoren
- Kondensatoren in Leuchtstoffröhrenlampen

Asbest

Abb. 5.7.1: Kabelabschottungen und Kabelbrandschutz

Kabelabschottungen in Decken und Wänden können Asbest enthalten. Oft wurden alte Abschottungen aus Brandschutzgründen erneuert, wobei unter den neuen Abschottungen Reste aus früheren asbesthaltigen Abschottungen vorliegen können. Auch Kabelbrandschutz wie z. B. Flamastic kann Asbest enthalten.

Kabelabschottungen mit asbesthaltigen Stopfmassen sind ebenfalls im Bodenbereich zu finden (mittleres Bild).

Abschottungen mit Brandschutzkissen (unteres Bild) können KMF enthalten. Ältere Ausführungen enthalten auch Asbest.

Asbest

Abb. 5.7.2: Flamastic

Das Brandschutzcoating wurde auch auf längere Kabelstrecken vor einer Wand aufgebracht.

Abb. 5.7.3: Kabeldurchführungen

Ein- und Durchführungen von Kabeln (oberes Bild) wurden in der DDR häufig mit asbesthaltigem Morinol abgedichtet.

Dies gilt auch für größere Kabelabschottungen (unteres Bild).

Asbest

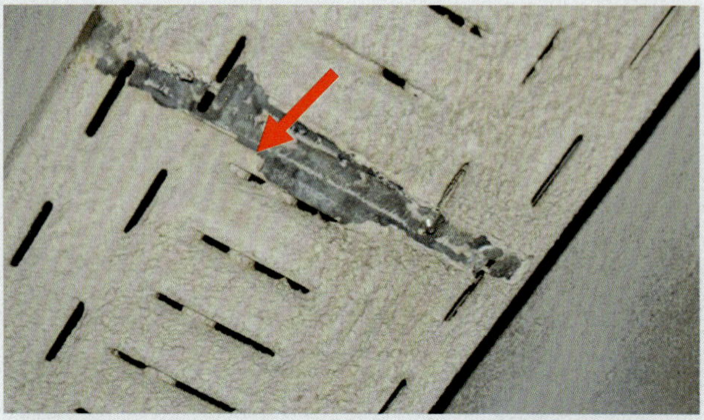

Abb. 5.7.4: Kabelführungsbühnen: Spritzasbest

Kabelführungsbühnen wurden mit einer asbesthaltigen Spritzmasse (Pfeil) belegt.

Abb. 5.7.5: Kabelführungsbühnen: Asbestzement-Platten

In diese Kabelführungsbühne aus Metall sind Asbestzement-Platten eingelegt.

Abb. 5.7.6: Kabelführungsbühnen: abgelagerte Stäube

Abgelagerte Stäube auf Kabelführungsbühnen können nach 15 Jahren bis zu 0,4 Masse-% Asbest enthalten und sind daher vor jeder Tätigkeit an den Kabelführungsbühnen zu untersuchen.

Asbest

Abb. 5.7.7: Kabeltrassen und -kanäle

Bei Übergängen von Brandabschnitten wie im abgebildeten Beispiel ist mit schwach gebundenem Asbest zu rechnen. Über der Glasflügeltür befinden sich oberhalb der abgehängten Decke Promabest-Platten (Pfeile) sowie im Bereich der Kabelübergänge asbesthaltige Stopfmassen.

Abb. 5.7.8: Schalträume: Wandkonstruktionen

Schalträume wurden häufig aus Asbestzement-Platten (Pfeil) konstruiert und mit Farbe beschichtet. Bei den Anstrichen liegt ein deutlicher Hinweis auf PCB-Farben vor.

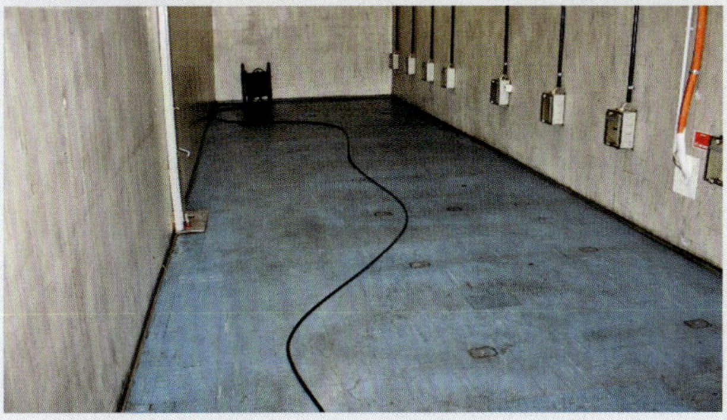

Abb. 5.7.9: Schalträume: Bodenbeläge

In Schalträumen können Boden und Wände mit asbesthaltigen PVC-Belägen (Flex-Platten) ausgekleidet sein.

Asbest

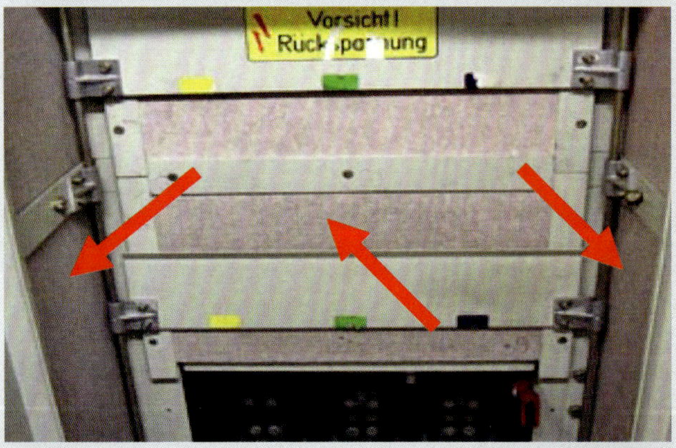

Abb. 5.7.10: Schaltanlagen

Schaltanlagen können asbesthaltige Sicherungen, asbesthaltige Bauteile der Gehäuserückseiten, asbesthaltige Boden- und Wandverkleidungen sowie asbesthaltige Stopfmassen enthalten.

Wand- und Konstruktionsteile aus Asbestzement (mittleres Bild, Pfeile) wurden zum Zeitpunkt der Montage zugeschnitten. Im Schaltschrank befinden sich daher auch größere Mengen asbesthaltiger Stäube.

Auf den Unterseiten von Einschubböden in Schaltanlagen (unteres Bild) wurde häufig eine leichte asbesthaltige Pappe aufgeklebt. Bei einer Versprödung des Klebstoffs fallen die Platten herunter und zerbrechen, sodass auch in solchen Anlagen mit asbesthaltigem Staub gerechnet werden muss.

Asbest

Abb. 5.7.11: Schaltanlagen

Schütze mit Entladewiderständen enthielten Asbestteile (Pfeile) zur thermischen Trennung.

Abb. 5.7.12: Funkenlöschkammern

Funkenlöschkammern sind häufig mit Asbestzement-Platten (Pfeile) konstruiert.

Asbest

Abb. 5.7.13: Schmelzsicherungen

Zwischen dem Porzellangehäuse und den Schwertaustritten der Sicherungen (oberes und mittleres Bild, Pfeile) befindet sich eine asbesthaltige Pappe.

Trotz Asbestverbots können durch Importware asbesthaltige Sicherungen auf den Markt kommen (z. B. aus China). Häufig werden sie über einen zentralen Einkauf auf dem Weltmarkt beschafft. In Schaltanlagen der Industrie finden sich daher noch heute Schmelzsicherungen mit asbesthaltigen Pappen (unteres Bild), die deutliche Raumluftbelastungen verursachen können.

Asbest

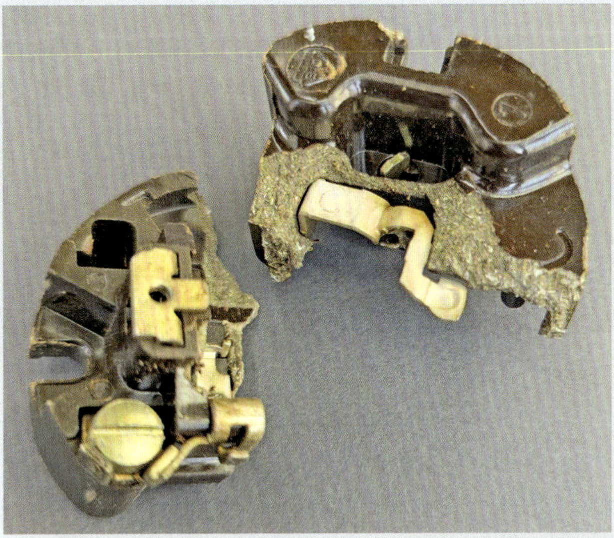

Abb. 5.7.14: Duroplaste (Hartkunststoff) mit Asbestfasern

Die zerbrochene alte Lampenfassung im oberen Bild zeigt deutlich Asbestfasern. Weitere Verwendungszwecke für Duroplast mit Asbestfasern sind u. a. Steckdosen, Lichtschalter so-wie Hausanschluss- und Sicherungskästen. Das untere Bild zeigt einen Sicherungskasten aus diesem Material.

Asbest

Abb. 5.7.15: Notstromaggregate

Notstromaggregate sind an Bauteilen, die sich stark erhitzen, mit thermischen Trennungen aus Asbesttextilgewebe (Pfeil) ausgestattet.

Abb. 5.7.16: Bremsbeläge in Antriebsanlagen

In Antriebsanlagen von Aufzügen und in Kettenzügen wurden bis in das Jahr 2000 asbesthaltige Bremsbeläge (Pfeil) verwendet. Die abgelagerten Stäube in den Aufzugmaschinenräumen bzw. in den Kettenzügen sind daher asbesthaltig.

Abb. 5.7.17: Nachtspeicherheizgeräte

Bis 1994 wurden asbesthaltige Bauteile verwendet. Sie befinden sich häufig im Kontakt mit dem Luftstrom der Warmluft und können daher Asbestfasern in die Raumluft abgeben. Geräte, die heute noch asbesthaltig sind, haben ihre technische Lebensdauer deutlich überschritten und stellen eine konkrete Gefahr dar.

Nachtspeicherheizgeräte der Gerätegruppe 3 gemäß Merkblatt Asbest in alten Elektro-Speicherheizgeräten 2004 enthalten asbesthaltige Pappen auf fast allen inneren Teilen des Gehäuses sowie im unteren Abschluss als Überhitzungsschutz zum Boden.

Nachtspeicherheizgeräte der Gerätegruppe 2 weisen zumeist nur eine asbesthaltige Dämmstoffhülse für die Steuerpatrone auf. Hierdurch werden keine Asbestfasern freigesetzt.

Das Absaugen des Staubes mit herkömmlichen Hausstaubsaugern hinter dem Luftaustrittsgitter ist verboten, es darf nur unter Aufsicht eines Sachkundigen nach TRGS 519 erfolgen.

Asbest

Abb. 5.7.18: Elektroheizgeräte

Bei der Montage dieses Gerätes auf einem Holzuntergrund ist zum Überhitzungs- bzw. Brandschutz eine Asbestzement-Platte (Pfeil) installiert worden.

Abb. 5.7.19: Leuchten

An Leuchten befinden sich asbesthaltige Unterlegscheiben im Bereich der Porzellanfassungen (Pfeil), unter den Transformatoren und unter den Gehäusen.

Asbest

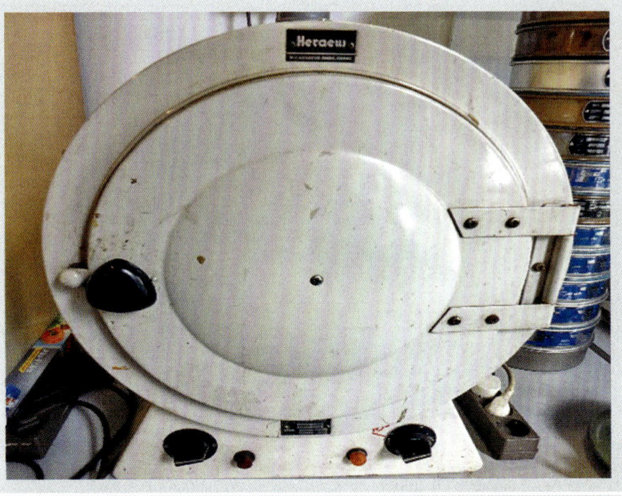

Abb. 5.7.20: Wärmeschränke

Technisches Inventar wie z. B. alte Wärmeschränke oder Sterilisatoren mit Hausanschlüssen weist asbesthaltige Bauteile auf.

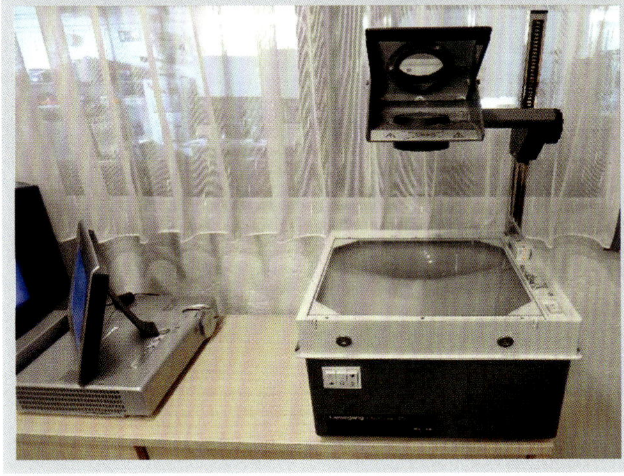

Abb. 5.7.21: Projektoren

Alte Diaprojektoren (oberes Bild), Filmprojektoren und Episkope können asbesthaltige Bauteile enthalten.

Overheadprojektoren (unteres Bild) können als thermische Trennungen ebenfalls asbesthaltige Bauteile enthalten.

PCB

Abb. 5.7.22: Transformatoren

Ältere Transformatoren enthalten PCB-haltige Isolierflüssigkeiten. Auch nach Austausch der Öle gilt die Füllung noch als PCB-haltig.

Abb. 5.7.23: Großkondensatoren

Großkondensatoren (Pfeil) enthalten als Tränkmittel vielfach PCB. Die Typenschilder geben oft anhand der Kürzel wie z. B. PCB, 4CD, 3CD oder CD Auskunft, welches Tränkmittel verwendet wurde.

Asbest: Sanitäranlagen

Abb. 5.8.1: Warmwasserleitungen: Dämmungen mit Litaflex-Schaumstoffen

Asbesthaltige Schaumstoffe (Litaflex-Schaumstoffe) als Ummantelung von Warmwasserleitungen (Pfeil) waren bis 1994 asbesthaltig.

Asbesthaltige und asbestfreie Litaflex-Schaumstoffe können optisch nicht unterschieden werden.

Abb. 5.8.2: Warmwasserleitungen: Dämmungen mit Kieselgur

Alte Warmwasserleitungen mit Glasfaserdämmungen können mit einem rotbraunen Mörtel aus Kieselgur (Diatomeenerde) umhüllt sein. Obwohl diese Mörtel überwiegend geringere Asbestfaseranteile hatten, führt ihre leichte Zerstörbarkeit zu starken Kontaminationen der betreffenden Räume.

Abb. 5.8.3: Warmwasserleitungen: Dämmungen mit Asbesttextilien

Warmwasserleitungen im Dachbereich (hier ein Sheddach) wurden auch mit Asbestgewebe (Pfeil) ummantelt.

Asbest: Sanitäranlagen

Abb. 5.8.4: Warmwasserleitungen: Dämmungen mit Gipsmanschetten

Warmwasser- und Heizleitungen wurden mit einer Mineralfaserdämmung und einer Gipsmanschette versehen. Gewebe und Gipslage können Asbest enthalten. Dem Gips wurde oft vor Ort Asbest zugesetzt (in größerer Menge insbesondere im Bereich von Rohrkrümmungen, daher kann die Asbestkonzentration stark schwanken).

Abb. 5.8.5: Flanschdichtungen in Wasserleitungen

It-Hochdruckdichtungen in Rohrflanschen (oberes Bild, Pfeile) enthalten zumeist Asbest. Diese Dichtungen werden auch als CAF-Dichtungen bezeichnet (CAF: compressed asbestos fibre sheets). Solche asbesthaltigen Flachdichtungen können mit emissionsarmen Verfahren entfernt werden.

Asbesthaltige Flachdichtungen liegen oft noch als Lagerbestand vor (unteres Bild) und werden daher trotz Asbestverbots zum Teil bis heute verbaut. Durch den weltweiten Handel kommen trotz Verbotes zudem immer wieder neue asbesthaltige Flachdichtungen auf den Markt.

Produktnamen von Flachdichtungen, die Asbest enthalten können, sind z. B. Anchor Packing, Chesterton, Dana Corporation, Flexitallic, Garlock, Garlock Chemiseal, John Crane, Johns Manville, Klingerit, Unarco und Westinghouse.

Asbest: Sanitäranlagen

Abb. 5.8.6: Hitzeschutzhandschuhe aus weißem Asbest

Weitere Asbesttextilien sind Löschdecken (häufig in technischen Lehrräumen) oder Anzüge mitsamt Stiefeln der Feuerwehr.

Abb. 5.8.7: Abwasserleitungen: Rohre aus Asbestzement

Abwasserrohre aus Asbestzement mit Farbanstrichen können leicht mit Gussrohren verwechselt werden. Bei bestimmungsgemäßem Gebrauch stellen Abwasserrohre aus Asbestzement keine Gefährdung dar.

Asbestzement-Rohre wurden von ca. 1930 bis zum Verbot 1992 verbaut, aus Lagerbeständen unter Umständen aber auch noch danach.

Produktnamen sind z. B. Eternit, Wanit, Fulgurit, Himanit, Durit, Toschi und Ambroc.

Abb. 5.8.8: Abwasserleitungen: Gleitlager von Rohrschellen

Zwischen Rohrschellen und Rohren können als Gleitlager Asbestpappen eingesetzt sein.

Asbest: Sanitäranlagen

Abb. 5.8.9: Abwasserleitungen: Stopfdichtungen

Das Bild zeigt eine asbesthaltige Schnurstopfdichtung (Pfeil) zwischen einem Hüllrohr und einem gusseisernen Fallrohr.

Abb. 5.8.10: Asbestschnur im Hüllrohrspalt

Wird bei der Inspektion die Isolierung nur nahe an der Wand geöffnet, ist die im Hüllrohr vorliegende Asbeststopfschnur (Pfeil) nicht erkennbar.

Abb. 5.8.11: Asbestschaum im Rohrspalt

Asbestschaum wurde in Fugen verschiedener Art eingesetzt, hier an einer Rohrdurchführung.

Asbest: Heizungsanlagen

Abb. 5.8.12: Heizkessel: Ummantelungen

Das Bild zeigt eine typische, mit Asbestmaterialien wie Textilien oder Wurfmassen gedämmte Heizkesselummantelung.

Abb. 5.8.13: Heizkessel: Brennerdichtungen

Brennerdichtungen und andere Isolierungen und Dichtungen in Heizkesselanlagen können Asbest enthalten.

Abb. 5.8.14: Heizkessel: Brennstoffzuleitungen

Diese Brennstoffzuleitung wurde mit einer asbesthaltigen Flanschdichtung (Pfeil) versehen.

Asbest: Heizungsanlagen

Abb. 5.8.15: Ausdehnungsgefäße

Ausdehnungsgefäße sind in den Anschlüssen zum Warmwasser häufig mit einer Asbestrundschnur (oberes Bild, Pfeil) versehen.

Oft sind noch Lagerbestände vorhanden (unteres Bild), die bis heute trotz Asbestverbots verbaut werden.

Abb. 5.8.16: Rauchgas-Revisionstür

Rauchgsabzüge wurden mit Revisionstüren verschlossen, die im gesamten Türblatt eine Asbestpappe aufweisen. An den Kontaktstellen verklebt diese Pappe oft und reißt in sich auf.

Asbest: Heizungsanlagen

Abb. 5.8.17: Asbestcoating an Anlagen

Anlagenbauteile wurden mit körperreicher Farbe gestrichen, die Asbestfasern enthielt. Sie diente dem Brandschutz und dem Korrosionsschutz.

Abb. 5.8.18: Dampfdruckleitungen

Auf dem Bild ist unter einer Mineralfaserdämmung mit Blechmantel der asbesthaltige rotbraune Leichtmörtel aus Kieselgur (Diatomeenerde) zu erkennen (Pfeil).

Abb. 5.8.19: Heizleitungen: Dämmungen

Die Heizleitungen wurden häufig mit schwach gebundenen Asbestprodukten (Pfeil) gedämmt, im abgebildeten Beispiel frei liegend mit einem hohen Faserfreisetzungspotenzial.

Asbest: Heizungsanlagen

Abb. 5.8.20: Heizleitungen: Wand- und Deckendurchdringungen

Ältere Heizleitungen können im Bereich von Wand- und Deckendurchdringungen mit einer asbesthaltigen Pappe oder mit Asbestrundschnüren (Pfeil) umwickelt sein. Sie dienten dem Brandschutz und zugleich als Gleitlager.

Abb. 5.8.21: Rohrschott

Das Rohrschott wurde mit einem Spritzasbest-Weichschott auf einer leichten asbesthaltigen Platte und mit Brandschutzmörtel aufgebaut.

Asbest: Heizungsanlagen

4.8.22: Abstandshalter mit Asbest-Trennpappen

Die Abstandshalter dieser Rohrisolierung mit Blechmantel wurden mit einer Asbestpappe vom Hüllblech getrennt.

Abb. 5.8.23: Rauchgasrohreinfädelungen von Zimmeröfen

Zum Materialvorrat der Handwerker zählten verschiedene Asbesttextilgewebe, die für die verschiedensten Verwendungen eingesetzt wurden. Das Bild zeigt eine offen liegende Stopfung der Rauchgasrohreinfädelung.

Auch die mit Öl, Gas, Kohle oder Holz betriebenen Zimmeröfen enthalten asbesthaltige Isolierungen und Dichtungen.

Abb. 5.8.24: Rippenheizkörper

Ältere Heizkörper enthalten zwischen den Rippen asbesthaltige Hochdruckdichtungen (Pfeil).

Asbest: Heizungsanlagen

Abb. 5.8.25: Luftleitplatten an Radiatoren und Induktionsheizungen

In den Schacht von Unterflurlamellenradiatoren wurden häufig Asbestzement-Platten (Pfeil) eingestellt, um die thermisch aufsteigende Luft durch die Lamellen zu leiten.

Abb. 5.8.26: Heizkörperverkleidungen

Holzverkleidungen von Heizkörpern oder Gaszimmeröfen wurden zum Brandschutz häufig mit Asbestpappen (Pfeil) versehen. Ebenso wurde die Unterseite von Holzfensterbänken vielfach mit Asbestpappen isoliert.

Asbest: RLT-Anlagen

Abb. 5.8.27: Lüftungskanäle: Asbestzement-Formteile

Lüftungskanäle wurden aus ineinandergesteckten Asbestzement-Formteilen hergestellt. Sie enthalten sowohl kurze Verbindungsstücke als auch sehr lange Bauteile.

Abb. 5.8.28: Lüftungskanäle: Holzfaser-Asbestzement-Platten

Holzfaser-Asbestzement-Platten (Fulgupal-Platten; Pfeil) wurden wegen ihrer guten Bearbeitbarkeit häufig verwendet. Die jeweils benötigten Formstücke wurden vor Ort zugesägt.

Abb. 4.8.29: Lüftungskanäle: Asbestplatten

Lüftungs- und Installationskanäle wurden als selbsttragende Konstruktionen ausgeführt. Im Bild ist eine zerbrochene Übergangsmanschette zu erkennen.

Abb. 4.8.30: Lüftungskanäle: Stahlbleche mit Asbestplatten

Dieser Lüftungskanal aus Zinkstahlblech ist im unteren Bereich durch leichte asbesthaltige Platten ausgebildet worden. Das sichtbare Reststück zeigt das typische Waffelmuster der Platten.

Asbest: RLT-Anlagen

Abb. 5.8.31: Lüftungskanäle: Ummantelungen

Oberhalb von abgehängten Deckenkonstruktionen befinden sich häufig weitere Konstruktionselemente, wie hier die Ummantelung eines Lüftungskanals mit Promabest-Platten.

Abb. 4.8.32: Lüftungskanäle: Segmentflansche

Ältere Lüftungskanäle weisen in Segmentflanschen (oberes Bild, Pfeil) entweder eine graue, plastische Kittmasse, die asbesthaltig sein kann, oder eine helle, dünne Asbestrundschnur (unteres Bild, Pfeil) auf.

Abb. 5.8.33: Betonierte Lüftungsschächte

Das Bild zeigt einen betonierten Lüftungsschacht mit verlorener Schalung (Detailaufnahme) aus einer Asbestsandwichplatte (Aufbau: Asbestzement, Styropor, Asbestzement).

Asbest: RLT-Anlagen

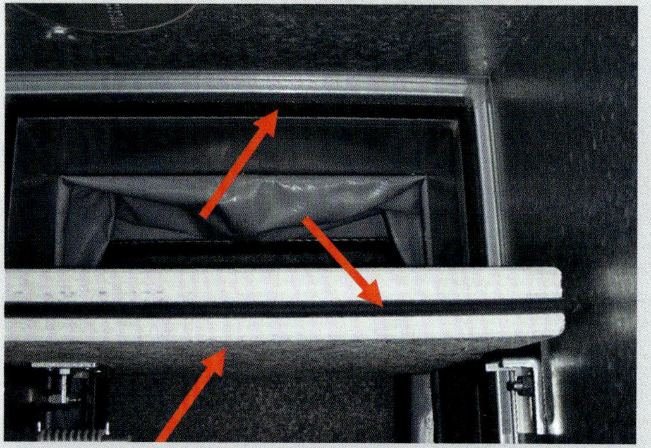

Abb. 5.8.34: Brandschutzklappen: asbesthaltige Bauteile

Bei älteren Brandschutzklappen (Feuerschutzklappen) bestehen mehrere Bauteile wie die Anschlagdichtung (mittleres Bild, oberer Pfeil) oder das Klappenblatt (mittleres Bild, untere Pfeile) aus asbesthaltigem Material. Solche Brandschutzklappen sind in Dringlichkeitsstufe III gemäß Asbest-Richtlinie einzuordnen, wenn sie unbeschädigt sind. Eine Neubewertung ist in diesem Fall in Zeitabständen von 5 Jahren vorzunehmen.

Die inzwischen über 30 Jahre alten Brandschutzklappen weisen jedoch meist Beschädigungen auf. Das untere Bild zeigt Klappenblatt (oberer Pfeil) und Anschlagdichtung (unterer Pfeil) einer Brandschutzklappe, die beide beschädigt sind.

Asbest: RLT-Anlagen

Abb. 5.8.35: Brandschutzklappen: runde Ausführung

Die runden Brandschutzklappen für Lüftungsleitungen enthalten angepasste asbesthaltige Klappenblätter mit asbesthaltigen Dichtungen (Asbestschaumstoff) und Einbaurahmen.

Das obere Bild zeigt ein Klappenblatt von innen, das untere Bild eine Anschlagdichtung.

Abb. 5.8.36: Brandschutzklappen: Maueranschlüsse

Als Wandanschluss wurden auch Asbestzement-Platten zwischen Klappe und Wand verwendet. Das Bild zeigt eine ausgebaute Brandschutzklappe mit einer solchen Asbestzement-Platte (Pfeil).

Asbest: RLT-Anlagen

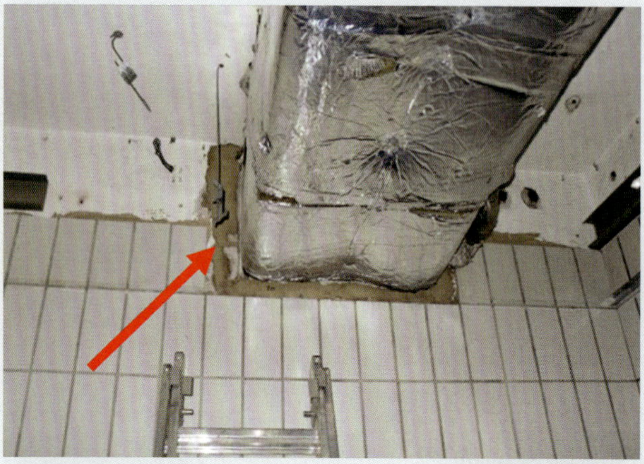

Abb. 5.8.37: Brandschotten

Lüftungskanäle sind in den Wand- oder Deckendurchdringungen zum Teil auch dann mit einem asbesthaltigen Brandschutzmörtel (Pfeil) umschlossen, wenn sie mit einer aluminiumkaschierten KMF-Ummantelung versehen sind.

Abb. 5.8.38: Kompensatoren

Aus Brandschutz- und aus Festigkeitsgründen bestehen Kompensatoren in lufttechnischen Anlagen zumeist aus einem Asbesttextil (Pfeil).

Abb. 5.8.39: Entlüftungen

Entlüftungskanäle aus Asbestzement sind oftmals in Kellern als Überreste alter Heizungsanlagen verblieben.

Asbest: RLT-Anlagen

Abb. 5.8.40: Lüftungsventile

Be- und Entlüftungsventile (Pfeil) enthielten zum Brandschutz einen asbesthaltigen Mörtel hinter der Klappe sowie 2 ca. fingerdicke Asbestrundschnüre um die Führungshülse.

Asbest: Installationsschächte

Abb. 5.8.41: Revisionsöffnungen

Schächte für Lüftungskanäle verfügen an einer Brandschutzklappe oft über eine Revisionsöffnung. Das Bild zeigt eine mit einer dickwandigen Asbestzement-Platte verschlossene Revisionsöffnung.

Abb. 5.8.42: Verkleidungen

Dieser im oberen Bereich auf der Rückseite außen mit einer Gipskartonplatte verkleidete Schacht enthält innen eine gesonderte Abkofferung aus leichten asbesthaltigen Platten (Pfeil).

KMF: Sanitäranlagen

Abb. 5.8.43: Dämmungen von Warmwasserleitungen

Warmwasserleitungen wurden ab ca. 1945 bis 2002 zumeist mit einer oder mehreren Lagen KMF (Glaswolle/Mineralwolle oder Steinwolle) ummantelt (oberes Bild), um Wärmeverluste zu verringern.

Das mittlere Bild zeigt eine Warmwasserleitung aus dem Jahr 1950 mit Glaswolleummantelung und einer mit Gipsmörtel ummantelten Schicht aus Kieselgur (Diatomeenerde) auf Gewebe.

Das untere Bild zeigt Warmwasserleitungen mit einer Dämmstoffummantelung aus Glasfasern. Der äußere Mantel besteht zumeist aus Wellpappe mit einer Gipsmanschette, vereinzelt auch mit Bitumenpappe.

KMF: RLT-Anlagen

Abb. 5.8.44: Lüftungskanäle: Dämmungen mit KMF-Ummantelungen

Das Bild zeigt eine Dämmstoffummantelung mit einer Dämmlage aus KMF hinter der Aluminiumfolie. Oft wurden die Kanäle später mit weiteren Lagen aus Gipskarton verkleidet.

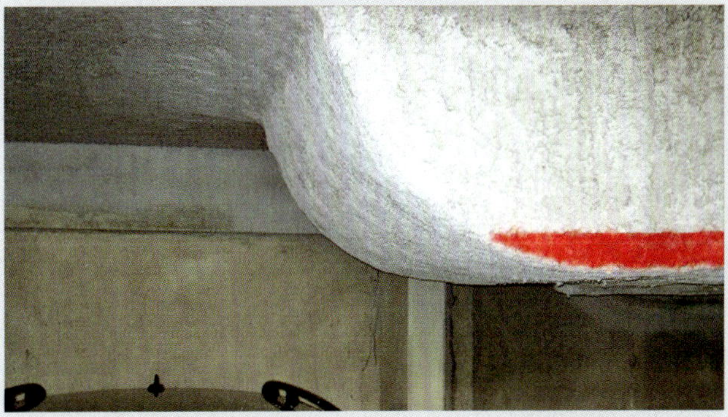

Abb. 5.8.45: Lüftungskanäle: Dämmungen mit Spritzmassen

Auf Lüftungskanäle wurden auch Spritzmassen aus Mineralfasern aufgebracht. In diesem Beispiel in einer Tiefgarage ist die Spritzmasse von der Kalkmilchbindung abgesehen ungebunden und setzt leicht Fasern frei.

PCB: Heizungsanlagen

Abb. 5.8.46: Farbanstriche von Heizkörpern

Heizkörperlacke enthalten häufig PCB, das noch nach mehreren Jahrzehnten in hohen Konzentrationen nachweisbar ist.

Blei

Abb. 5.8.47: Rohrleitungen

Wasserrohre bestanden aus Blei. Auch wenn sie im Gebäude ersetzt wurden, verblieben die Hausanschlüsse noch länger als Bleirohr.

Abb. 5.8.48: Korrosionsschutz

Stahlbauteile wurden vorwiegend mit Bleimennige vor Rost geschützt.

Ergänzende Hinweise

Asbest

Promabest-Platten, die in der Regel Chrysotil- und Amositasbest enthalten, besitzen auch im Ruhezustand ein hohes Faserfreisetzungspotenzial.

Im Bereich von Wanddurchdringungen sind **Brandschutzklappen** mit einer Abschottung aus Promabest-Platten versehen. In der Wanddurchführung können ebenfalls asbesthaltige Abschottungen vorhanden sein.

In **Anstrichen mit Brandschutzfarben** kann generell Asbest enthalten sein.

6 Anhang

6.1 Normen, Rechtsvorschriften und Literatur

Normen

DIN 68800-1:1974-05 Holzschutz im Hochbau; Allgemeines

DIN 68800-2:1974-05 Holzschutz im Hochbau; Vorbeugende bauliche Maßnahmen

DIN 68800-3:1974-05 Holzschutz im Hochbau; Vorbeugender chemischer Schutz von Vollholz

DIN 68800-4:1974-05 Holzschutz im Hochbau; Bekämpfungsmaßnahmen gegen Pilz- und Insektenbefall

DIN EN 12766-2:2001-12 Mineralölerzeugnisse und Gebrauchtöle – Bestimmung von PCBs und verwandten Produkten – Teil 2: Berechnung des Gehaltes an polychlorierten Biphenylen (PCB)

ISO 22262-2:2014-09 Air quality – Bulk materials – Part 2: Quantitative determination of asbestos by gravimetric and microscopical methods

TGL 22973:1980-11 Fachbereichstandard. Anorganische Brandschutzplatte für Gebäude

TGL 24452/01:1980-08 Fachbereichstandard. Leichtbauplatte Sokalit MFK. Technische Bedingungen

TGL 24452/02:1980-08 Fachbereichstandard. Leichtbauplatte Sokalit MFK. Prüfung

TGL 29312:1973-10 Fachbereichstandard. Anorganische Feuerschutzplatte (Neptunit). Technische Lieferbedingungen

TGL 37478:1985-06 Fachbereichstandard. Anorganische Feuerschutzplatten – nicht-brennbar. Technische Bedingungen

[VOB/A]: DIN 1960:2012-09 VOB Vergabe- und Vertragsordnung für Bauleistungen – Teil A: Allgemeine Bestimmungen für die Vergabe von Bauleistungen

[VOB/B]: DIN 1961:2012-09 VOB Vergabe- und Vertragsordnung für Bauleistungen – Teil B: Allgemeine Vertragsbedingungen für die Ausführung von Bauleistungen

[VOB/C]: DIN 18299:2012-09 VOB Vergabe- und Vertragsordnung für Bauleistungen – Teil C: Allgemeine Technische Vertragsbedingungen für Bauleistungen (ATV) – Allgemeine Regelungen für Bauarbeiten jeder Art

[VOB/C]: DIN 18448:2023-09 VOB Vergabe- und Vertragsordnung für Bauleistungen – Teil C: Allgemeine Technische Vertragsbedingungen für Bauleistungen (ATV) – Arbeiten an schadstoffbelasteten baulichen und technischen Anlagen

[VOB/C]: DIN 18459:2016-09 VOB Vergabe- und Vertragsordnung für Bauleistungen – Teil C: Allgemeine Technische Vertragsbedingungen für Bauleistungen (ATV) – Abbruch- und Rückbauarbeiten

Rechtsvorschriften

Abfallverzeichnis-Verordnung: Verordnung über das Europäische Abfallverzeichnis (Abfallverzeichnis-Verordnung – AVV) v. 10.12.2001 (BGBl. I S. 3379), die zuletzt durch Artikel 1 der Verordnung v. 30.06.2020 (BGBl. I S. 1533) geändert worden ist

Allgemeine Verwaltungsvorschrift zum Schutz gegen Baulärm – Geräuschimmissionen v. 19.08.1970, Bundesanzeiger, Jg. 22, Nr. 160, Beilage, 01.09.1970

Altholzverordnung: Verordnung über Anforderungen an die Verwertung und Beseitigung von Altholz (Altholzverordnung – AltholzV) v. 15.08.2002

Arbeitsschutzgesetz: Gesetz über die Durchführung von Maßnahmen des Arbeitsschutzes zur Verbesserung der Sicherheit und des Gesundheitsschutzes der Beschäftigten bei der Arbeit (Arbeitsschutzgesetz – ArbSchG) v. 07.08.1996 (BGBl. I S. 1246), das zuletzt durch Artikel 32 des Gesetzes v. 15.07.2024 (BGBl. 2024 I Nr. 236) geändert worden ist

Arbeitsstättenverordnung: Verordnung über Arbeitsstätten (Arbeitsstättenverordnung – ArbStättV) v. 12.08.2004 (BGBl. I S. 2179), die zuletzt durch Artikel 10 des Gesetzes v. 27.03.2024 (BGBl. 2024 I Nr. 109) geändert worden ist

Baugesetzbuch (BauGB) v. 23.06.1960

Baustellenverordnung: Verordnung über Sicherheit und Gesundheitsschutz auf Baustellen (Baustellenverordnung – BaustellV) v. 10.06.1998(BGBl. I S. 1283), die zuletzt durch Artikel 1 der Verordnung v. 19.12.2022 (BGBl. 2023 I Nr. 1) geändert worden ist

der Verwendung von Teerölen zum Holzschutz (Teerölverordnung – TeerölV) v. 27.05.1991

Trinkwasserverordnung: Verordnung über die Qualität von Wasser für den menschlichen Gebrauch (Trinkwasserverordnung – TrinkwV 2001) v. 21.05.2001

Verordnung (EG) Nr. 850/2004 des Europäischen Parlaments und des Rates v. 29. April 2004 über persistente organische Schadstoffe und zur Änderung der Richtlinie 79/117/EWG [EU-POP-Verordnung] [aufgehoben, ersetzt durch Verordnung (EU) Nr. 2019/1021]

Verordnung (EG) Nr. 1272/2008 des Europäischen Parlaments und des Rates v. 16. Dezember 2008 über die Einstufung, Kennzeichnung und Verpackung von Stoffen und Gemischen, zur Änderung und Aufhebung der Richtlinien 67/548/EWG und 1999/45/EG und zur Änderung der Verordnung (EG) Nr. 1907/2006 [CLP-Verordnung]

Verordnung (EG) Nr. 1907/2006 des Europäischen Parlaments und des Rates v. 18. Dezember 2006 zur Registrierung, Bewertung, Zulassung und Beschränkung chemischer Stoffe (REACH), zur Schaffung einer Europäischen Chemikalienagentur, zur Änderung der Richtlinie 1999/45/EG und zur Aufhebung der Verordnung (EWG) Nr. 793/93 des Rates, der Verordnung (EG) Nr. 1488/94 der Kommission, der Richtlinie 76/769/EWG des Rates sowie der Richtlinien 91/155/EWG, 93/67/EWG, 93/105/EG und 2000/21/EG der Kommission [REACH-Verordnung]

Verordnung (EU) Nr. 125/2012 der Kommission v. 14.02.2012 zur Änderung des Anhangs XIV der Verordnung (EG) Nr. 1907/2006 des Europäischen Parlaments und des Rates zur Registrierung, Bewertung, Zulassung und Beschränkung chemischer Stoffe (REACH)

Verordnung (EU) Nr. 253/2011 der Kommission v. 15. März 2011 zur Änderung der Verordnung (EG) Nr. 1907/2006 des Europäischen Parlaments und des Rates zur Registrierung, Bewertung, Zulassung und Beschränkung chemischer Stoffe (REACH) hinsichtlich Anhang XIII

Verordnung (EU) Nr. 2015/2030 der Kommission v. 13.11.2015 zur Änderung der Verordnung (EG) Nr. 850/2004 des Europäischen Parlaments und des Rates über persistente organische Schadstoffe hinsichtlich des Anhangs I

Verordnung (EU) Nr. 2019/1021 des Europäischen Parlaments und des Rates v. 20. Juni 2019 über persistente organische Schadstoffe (Neufassung) [EU-POP-Verordnung]

Verordnung (EU) 2019/1243 des Europäischen Parlaments und des Rates v. 20.06.2019 zur Anpassung von Rechtsakten, in denen auf das Regelungsverfahren mit Kontrolle Bezug genommen wird, an Artikel 290 und 291 des Vertrags über die Arbeitsweise der Europäischen Union

[2. Gefahrstoff-Änderungsverordnung]: Zweite Verordnung zur Änderung der Gefahrstoffverordnung v. 23.04.1990

[4. Chemikalienrechts-Änderungsverordnung]: Vierte Verordnung zur Änderung chemikalienrechtlicher Verordnungen v. 13.08.2002

[10. Bundes-Immissionsschutzverordnung]: Zehnte Verordnung zur Durchführung des Bundes-Immissionsschutzgesetzes (Verordnung über die Beschaffenheit und die Auszeichnung der Qualitäten von Kraft- und Brennstoffen – 10. BImSchV) v. 08.12.2010

Literatur

Ableitung von Geringfügigkeitsschwellenwerten für das Grundwasser. Düsseldorf: Bund-/Länderarbeitsgemeinschaft Wasser (LAWA), 216 [online]. https://www.lawa.de/documents/geringfuegigkeits_bericht_seite_001-028_1552302313.pdf [Zugriff: 12.05.2025]

[Ad-hoc-Arbeitsgruppe, 1996]: Ad-hoc-Arbeitsgruppe aus Mitgliedern der Innenraumlufthygiene-Kommission (IRK) des Umweltbundesamtes und des Ausschusses für Umwelthygiene der AGLMB (Arbeitsgemeinschaft der Leitenden Medizinalbeamtinnen und -beamten der Länder) (jetzt: Ausschuss für Innenraumrichtwerte [AIR]): Richtwerte für die Innenraumluft: Basisschema. In: Bundesgesundheitsblatt 39 (1996), Nr. 11, S. 422–426

[Ad-hoc-Arbeitsgruppe, 1997]: Ad-hoc-Arbeitsgruppe aus Mitgliedern der Innenraumlufthygiene-Kommission (IRK) des Umweltbundesamtes und des Ausschusses für Umwelthygiene (AUH) der Leitenden Medizinalbeamtinnen und -beamten der Länder (AGLMB) (jetzt: Ausschuss für Innenraumrichtwerte [AIR]): Richtwerte für die Innenraumluft: Pentachlorphenol. In: Bundesgesundheitsblatt 40 (1997), Nr. 7, S. 234–236

[Ad-hoc-Arbeitsgruppe, 2007]: Ad-hoc-Arbeitsgruppe der Innenraumlufthygiene-Kommission und der Obersten Landesgesundheitsbehörden (jetzt: Ausschuss für Innenraumrichtwerte [AIR]): Gesundheitliche Bewertung dioxinähnlicher polychlorierter Biphenyle in der Innenraumluft. In: Bundesgesundheitsblatt – Gesundheitsforschung – Gesundheitsschutz 50 (2007), Nr. 11, S. 1455–1465

[Ad-hoc-Arbeitsgruppe, 2013]: Ad-hoc-Arbeitsgruppe Innenraumrichtwerte der Kommission Innenraumlufthygiene und der Obersten Landesgesundheitsbehörden (jetzt: Ausschuss für Innenraumrichtwerte [AIR]): Richtwerte für Naphthalin und Naphthalinähnliche Verbindungen in der Innenraumluft. In: Bundesgesundheitsblatt – Gesundheitsforschung – Gesundheitsschutz 56 (2013), Nr. 10, S. 1448–1459

AfMu-Regel (MuSchR) 10.1.01. Regel des Ausschusses für Mutterschutz. Gefährdungsbeurteilung. Stand: März 2023. Berlin: Bundesministerium für Familie, Senioren, Frauen und Jugend, 2023

AGÖF-Leitfaden. Hausstaubuntersuchungen auf chemische Parameter. Version: 12.11.2020. Springe-Eldagsen: Arbeitsgemeinschaft ökologischer Forschungsinstitute e. V. (AGÖF), 2020 [online]. Internet: https://www.agoef.de/fileadmin/user_upload/dokumente/orientierungswerte/AGOEF-Leitfaden-Hausstaubuntersuchungen-final-2020.pdf [Zugriff: 14.05.2025]

AGÖF-Orientierungswerte für mittel- und schwerflüchtige organische Verbindungen und Schwermetalle im Hausstaub. Fassung Frühjahr 2004. Springe-Eldagsen: Arbeitsgemeinschaft ökologischer Forschungsinstitute e. V. (AGÖF), 2004 [online]. Internet: http://www.agoef.de/agoef/oewerte/photoarchiv/pdfs/AGOEF_Orientwerte_Staub [Zugriff: 28.07.2015]

[AHO-Heft 18]: Leistungsbild und Honorierung. Planungsbereich „Baufeldfreimachung/Rückbau". Stand: Oktober 2014. Erarb.: AHO-Fachkommission „Baufeldfreimachung/Altlasten". Hrsg.: Ausschuss der Verbände und Kammern der Ingenieure und Architekten für die Honorarordnung e. V. (AHO). 2., vollst. überarb. Aufl. Köln: Bundesanzeiger Verlag, 2014 (AHO-Schriftenreihe 18)

Allgemeine Versicherungsbedingungen für die Haftpflichtversicherung (AHB). Stand: Januar 2015. Berlin: Gesamtverband der Deutschen Versicherungswirtschaft e. V. (GUV), 2015

Anerkannte Regeln der Technik. Erstellt: 01.06.2013, zuletzt editiert: 01.06.2013 [online]. Internet: http://www.juraforum.de/lexikon/regeln-der-technik [Zugriff: 29.10.2015]

Antworten auf häufig gestellte Fragen zur BaustellV (FAQ). Praxishilfe für Adressaten und Anwender der BaustellV. O. O. [Dortmund]: Bundesanstalt für Arbeitsschutz und Arbeitsmedizin, o. J. [2005] [online]. Internet: http://www.baua.de/cae/servlet/contentblob/677758/publicationFile/49755/FAQ-Baustellen.pdf [Zugriff: 28.10.2015]

Asbest. Informationen über Abbruch, Sanierungs- und Instandhaltungsarbeiten. Ausgabe: 04/2015. Berlin: Berufsgenossenschaft der Bauwirtschaft, 2010

Asbesthaltige Putze, Spachtelmassen und Fliesenkleber in Gebäuden. Diskussionspapier zu Erkundung, Bewertung und Sanierung. Düsseldorf: Verein Deutscher Ingenieure; Berlin: Gesamtverband Schadstoffsanierung e. V., 2015

Asbest in den neuen Bundesländern. Tipps und Informationen zu einem gravierenden Umweltproblem. Berlin: Verbraucherzentrale Bundesverband e. V. (VZBV), o. J. [online]. Internet: https://www.umweltbundesamt.de/sites/default/files/medien/publikation/long/2615.pdf [Zugriff: 13.08.2015]

[Asbest-Richtlinie 1989]: Richtlinien für die Bewertung und Sanierung schwachgebundener Asbestprodukte in Gebäuden (Asbest-Richtlinien). Fassung Mai 1989. In: IBt-Mitteilungen 20 (1989), Nr. 6, S. 186–192

[Asbest-Richtlinie 1996]: Richtlinie für die Bewertung und Sanierung schwach gebundener Asbestprodukte in Gebäuden (Asbest-Richtlinie). Fassung Januar 1996. In: DIBt-Mitteilungen 27 (1996), Nr. 3, S. 88–94

[Asbest-Richtlinie 2020]: Richtlinie für die Bewertung und Sanierung schwach gebundener Asbestprodukte in Gebäuden (Asbest-Richtlinie). Fassung November 2020. In: DIBt-Mitteilungen 1 (2021), S. 327–336

Ballschmiter, K.; Zell, M.: Analysis of polychlorinated biphenyls (PCB) by glass capillary gas chromatography: Composition of technical Aroclor and Clophen PCB mixtures. In: Fresenius' Journal of Analytical Chemistry (1980), Nr. 302, S. 20–31

Bewertung von chemischen Innenraumluftverunreinigungen auf der Grundlage von Messergebnissen. Leitfaden des Ausschusses für Innenraumrichtwerte (AIR). In: Bundesgesundheitsblatt 68 (2025), S. 190–200

[Bekanntmachung Bundesministerium für Arbeit und Soziales, 2013]: Bundesministerium für Arbeit und Soziales, Bundesanstalt für Arbeitsschutz und Arbeitsmedizin: Bekanntmachung von Technischen Regeln; TRGS 900 „Arbeitsplatzgrenzwerte" 02.07.2013, Gemeinsames Ministerialblatt, Nr. 47, 19.09.2013, S. 943–947

BGI 664. Berufsgenossenschaftliche Informationen für Sicherheit und Gesundheit bei der Arbeit. BG-Information. Verfahren mit geringer Exposition gegenüber Asbest bei Abbruch-, Sanierungs- und Instandhaltungsarbeiten (bisher ZH 1/511). Stand: Juli 2000. Sankt Augustin: Hauptverband der gewerblichen Berufsgenossenschaften, Berufsgenossenschaftliches Institut für Arbeitssicherheit des HVBG (BIA), 2000 [jetzt: DGUV Information 201-012]

Binder, Markus; Obenland, Herbert; Maraun, Wigbert: Fertighausgeruch durch Chloranisole in der Raumluft älterer Fertighäuser – eine erste Studie zum Vorkommen. Oberursel: ARGUK Umweltlabor GmbH, 2003

Blessing, Roland; Derra, Roland: Holzschutzmittelbelastungen durch Pentachlorphenol und Lindan in Wohn- und Aufenthaltsräumen. In: Staub – Reinhaltung der Luft 52 (1992), Nr. 7–8, S. 265–271

[Bundesrat, Drucksache 456/10]: Verordnung der Bundesregierung: Verordnung zur Neufassung der Gefahrstoffverordnung und zur Änderung sprengstoffrechtlicher Verordnungen, Bundesrat, Drucksache 456/10, 22.07.2010

[BUWAL-Richtlinie, 2003]: Richtlinie. PCB-haltige Fugendichtungsmassen. Stoffe/Abfall. Beurteilung des Handlungsbedarfs und Empfehlungen für das Vorgehen bei Bauten. Bern: Bundesamt für Umwelt, Wald und Landschaft (BUWAL), 2003 (Vollzug Umwelt)

Committee for Risk Assessment (RAC): Opinion proposing harmonized classification and labelling at EU level of Lead. Adopted 5 December 2013. Helsinki: European Chemicals Agency (ECHA), 2013 (EC number: 231-100-4; CAS number: 7439-92-1; CLH-O-0000002512-83-02/F) [online]. Internet: http://echa.europa.eu/documents/10162/57ceb1ac-aafc-4852-9aa5-db81bcb04da3 [Zugriff: 29.07.2015]

Determination of airborne fibre number concentrations. A recommended method, by phase-contrast optical microscopy (membrane filter method). Genf: World Health Organization, 1997 [online]. Internet: http://www.who.int/occupational_health/publications/airfibre/en [Zugriff: 29.07.2015]

DGUV Information 201-012. Emissionsarme Verfahren nach TRGS 519 für Tätigkeiten an asbesthaltigen Materialien. Stand: Juli 2021. Berlin: Deutsche Gesetzliche Unfallversicherung e. V. (DGUV), 2021

DGUV Information 201-013. Baustein-Merkheft. Abbrucharbeiten (bisher: BGI 665). Stand: Juli 2012. Berlin: Berufsgenossenschaft der Bauwirtschaft, 2012 [gestrichen]

DGUV Information 201-028. Gesundheitsgefährdungen durch Biostoffe bei der Schimmelpilzsanierung. Stand: November 2022. Berlin: Deutsche Gesetzliche Unfallversicherung e. V. (DGUV), 2022

DGUV Information 201-031. Handlungsanleitung zur Gefährdungsbeurteilung nach Biostoffverordnung (BioStoffV). Gesundheitsgefährdungen durch Taubenkot (bisher: BGI 892). Stand: November 2006. Berlin: Berufsgenossenschaft der Bauwirtschaft, 2006

DGUV Information 203-018. Instandsetzungsarbeiten an elektrischen Anlagen auf Brandstellen (bisher: BGI 766). Stand: Oktober 2009. Köln: Berufsgenossenschaft Energie Textil Elektro Medienerzeugnisse, 2009

DGUV Information 213-045. Tätigkeiten mit PCB-haltigen Produkten (bisher: BGI/GUV-I8665). Stand: April 2014. Berlin: Deutsche Gesetzliche Unfallversicherung e. V., 2014

DGUV Regel 100-001. Grundsätze der Prävention. Stand: Mai 2014. Berlin: Deutsche Gesetzliche Unfallversicherung e. V. (DGUV), 2014

DGUV Regel 101-004. Kontaminierte Bereiche (bisher: BGR 128). Stand: Februar 2006. Köln: Hauptverband der gewerblichen Berufsgenossenschaften, Fachausschuss „Tiefbau“ der BGZ, 2006

DGUV Regel 101-603. Branche Abbruch und Rückbau. Stand: Februar 2019. Berlin: Deutsche Gesetzliche Unfallversicherung e. V. (DGUV), 2019

DGUV Regel 112-189. Benutzung von Schutzkleidung (bisher: BGR 189). Stand: April 1994. Aktualisierte Nachdruckfassung Oktober 2007. Berlin: Deutsche Gesetzliche Unfallversicherung e. V. (DGUV), 2007

DGUV Regel 112-190. Benutzung von Atemschutzgeräten (bisher: BGR/GUV-R 190). Stand: Dezember 2011. Berlin: Deutsche Gesetzliche Unfallversicherung e. V. (DGUV), 2011

DGUV Vorschrift 1. Unfallverhütungsvorschrift. Grundsätze der Prävention (bisher: BGV A1/GUV-V A1). Stand: November 2013. Berlin: Deutsche Gesetzliche Unfallversicherung e. V. (DGUV), 2013

DGUV Vorschrift 7. Unfallverhütungsvorschrift. Arbeitsmedizinische Vorsorge (bisher: GUV-V A4). Stand: Januar 1997

Diefenbacher, P.: Chlorparaffine in Gebäuden. In: Bossemeyer, Hans-Dieter; Grün, Lothar; Zwiener, Gerd (Hrsg.): Gebäudeschadstoffe und Innenraumluft: PCB, Chlorparaffine, Radon, Quarz, Asbest. Schriftenreihe, Ausgabe 2.2017. Köln: Verlagsgesellschaft Rudolf Müller, 2017, S. 22–30

Entschließung des Europäischen Parlaments v. 14. März 2013 zu asbestbedingten Gefährdungen der Gesundheit am Arbeitsplatz und Aussichten auf Beseitigung von sämtlichem noch vorhandenen Asbest (2012/2065[INI]) [online]. Internet: http://www.europarl.europa.eu/sides/getDoc.do?pubRef=-//EP//TEXT+TA+P7-TA-2013-0093+0+DOC+XML+V0//DE [Zugriff: 14.08.2015]

Fuchs, Bastian; Schalk, Günther: Müssen öffentliche Auftraggeber künftig „übliche" Schadstoffe im Boden nicht mehr ausschreiben? In: BauPortal 125 (2013), Nr. 7, S. 6–11

Geesmann, [Rainer]: Staubbelastungen beim Betrieb mobiler Bauschuttaufbereitungsanlagen aus immissionsschutzrechtlicher Sicht. In: Abbruch aktuell (2010), Nr. 12, S. 11–12

Handlungshilfe zur Anwendung der LAGA Mitteilung 32 (LAGA PN 98). Stand: Oktober 2024. O. O.: Bund/Länder-Arbeitsgemeinschaft Abfall (LAGA), 2024

Hinweise zur Anwendung der Abfallverzeichnis-Verordnung v. 10. Dezember 2001, BGBl. I S. 3379. Bekanntmachung des Bundesministeriums für Umwelt, Naturschutz und Reaktorsicherheit, Bundesanzeiger, Jg. 57, Nr. 148a, Beilage, 09.08.2005, S. 1–48

[HSM-Handlungsanleitung, 2007]: Umgang mit holzschutzmittelbelasteten Bauteilen, Gegenständen und Materialien. HSM-Handlungsanleitung. Umbau – Instandhaltung – Rückbau. 1.1 überarbeitete Neuauflage November 2007. Berlin: Landesamt für Arbeitsschutz, Gesundheitsschutz und technische Sicherheit Berlin (LAGetSi), Abteilung III, 2007

[IARC, 1991]: Pentachlorphenol. In: Occupational Exposures in Insecticide Application, and Some Pesticides. Lyon: World Health Organization, International Agency for Research on Cancer (IARC), 1991 (IARC Monographs on the Evaluation of Carcinogenic Risks to Humans 53), S. 371–402

[IARC, 2016]: Polychlorinated and Polybrominated Biphenyls. Lyon: World Health Organization, International Agency for Research on Cancer (IARC), 2016 (IARC Monographs on the Evaluation of Carcinogenic Risks to Humans 107)

Köhler & Klett Partnerschaft von Rechtsanwälten mbB: Ende der Abfalleigenschaft [online]. Köln: Köhler & Klett Partnerschaft von Rechtsanwälten mbB, o. J. Internet: http://www.koehler-klett.de/fachbeitrag/ende-der-abfalleigenschaft [Zugriff: 29.10.2015]

Kropp, Olaf: Erzeuger und Besitzer von Bauabfällen. In: Zeitschrift für Umweltrecht 21 (2010), Nr. 10, S. 461–466

[LAGA-Mitteilung 20]: Anforderungen an die stoffliche Verwertung von mineralischen Reststoffen/Abfällen – Technische Regeln. 5., erw. Aufl. Stand: 6. November 2003. Berlin: Erich Schmidt, 2004 (Mitteilungen der Länderarbeitsgemeinschaft Abfall [LAGA] 20)

[LAGA-Mitteilung 23]: Vollzugshilfe zur Entsorgung asbesthaltiger Abfälle. Stand: Mai 2023. O. O.: Bund/Länder-Arbeitsgemeinschaft Abfall (LAGA), 2023 (Mitteilung der Bund/Länder-Arbeitsgemeinschaft Abfall [LAGA] 23)

[LAGA-Mitteilung 41]: Vollzugshilfe zur Umsetzung der abfallrechtlichen Vorgaben der EU-POP-Verordnung. Stand: Februar 2024. O. O.: Bund/Länder-Arbeitsgemeinschaft Abfall (LAGA), 2024 (Mitteilung der Bund/Länder-Arbeitsgemeinschaft Abfall [LAGA] 41)

[LAGA PN 98]: Richtlinie für das Vorgehen bei physikalischen, chemischen und biologischen Untersuchungen im Zusammenhang mit der Verwertung/Beseitigung von Abfällen. Stand: Oktober 2024. O. O.: Bund/Länder-Arbeitsgemeinschaft Abfall (LAGA), 2024 (Mitteilung der Bund/Länder-Arbeitsgemeinschaft Abfall [LAGA 32])

[LAI-Bericht, 2004]: Bericht des Länderausschusses für Immissionsschutz (LAI) „Bewertung von Schadstoffen, für die keine Immissionswerte festgelegt sind – Orientierungswerte für die Sonderfallprüfung und für die Anlagenüberwachung sowie Zielwerte für die langfristige Luftreinhalteplanung unter besonderer Berücksichtigung der Beurteilung krebserzeugender Luftschadstoffe" v. 21. September 2004. O. O.: Länderausschuss für Immissionsschutz (LAI), 2004 [online]. Internet: http://www.lanuv.nrw.de/gesundheit/pdf/LAI2004.pdf [Zugriff: 17.07.2015]

Leitlinien für Abbruch- und Umbauarbeiten an Gebäuden vorgeschaltete Abfallaudits. Bewirtschaftung von Bau- und Abbruchabfällen in der EU. Stand: Mai 2018. Europäische Kommission, 2018 [online]. Internet: https://ec.europa.eu/docsroom/documents/31524/attachments/1/translations/de/renditions/native [Zugriff: 27.05.2019]

Lenoir, Joachim: Haftungsrisiken und Versicherungsschutz bei der Schadstoffsanierung. Vortrag. Fachkonferenz „Bauen im Bestand. Pflichten und Chancen für Bauherren. Aktuelle rechtliche und wirtschaftliche Aspekte beim Bauen im Bestand mit Schadstoffbelastungen", 28.02.2013, Mainz

Lisow, Wadim; Schmidt, Matthias; Mertens, Jörg; Thumulla, Jörg; Weis, Norbert; Köhler, Michael; Pilgramm, Manfred: Olfactrometric Determination of the Odour Detection Threshold and the Identification Threshold of Naphthalene. In: Loomans, Marcel; Kulve, Marije te (Hrsg.): Healthy Buildings Europe 2015, 18–20 May 2015, Eindhoven, The Netherlands. Conference Proceedings. Eindhoven: International Society of Indoor Air Quality and Climate (ISIAQ), 2015

LV 45: Leitlinien zur Gefahrstoffverordnung. 3. überarbeitete Auflage mit Ergänzung im Abschnitt I „Asbest" [online]. Ausgabe 2012. Länderausschuss für Arbeitsschutz und Sicherheitstechnik (LASI), 2012. Internet: https://lasi-info.com/uploads/media/lv45-3.pdf [Zugriff: 20.05.2019]

MAK- und BAT-Werte-Liste 2024. Maximale Arbeitsplatzkonzentrationen und Beurteilungswerte in biologischem Material. Hrsg.: Deutsche Forschungsgemeinschaft, Ständige Senatskommission zur Prüfung gesundheitsschädlicher Arbeitsstoffe. Weinheim: Wiley-VCH, 2024 (Mitteilung 60 der Ständigen Senatskommission zur Prüfung gesundheitsschädlicher Arbeitsstoffe)

Merkblatt Asbest in alten Elektro-Speicherheizgeräten (Nachtstromspeicherheizungen). Hinweise zur Verwendung von Asbest in alten Elektro-Speicherheizgeräten, zur Dringlichkeit des Austausches und zum Entsorgen der Geräte. Hrsg.: Zentralverband der Elektrotechnik- und Elektronikindustrie e. V. 3. Aufl. Frankfurt am Main: VWEW Energieverlag, 2004

Merkblatt Nr. 4.5/15. Einleitung kontaminierter Wässer. Hinweise zur Einleitung von Wasser mit Restbelastungen an Schadstoffen in oberirdische Gewässer und öffentliche Abwasseranlagen. Stand: 25.07.2005. München: Bayerisches Landesamt für Wasserwirtschaft, 2005

[Merkblatt zum Rückbau von Plattenbauten, 2009]: Merkblatt der Bundesländer Berlin, Brandenburg, Mecklenburg-Vorpommern, Sachsen, Sachsen-Anhalt und Thüringen zum Rückbau von Plattenbauten mit Kamilit in den Betonaußenwandplatten. Hrsg.: Arbeitsgruppe der Bundesländer Berlin, Brandenburg, Mecklenburg-Vorpommern, Sachsen, Sachsen-Anhalt und Thüringen. O. O. [Berlin]: LAGetSi [Landesamt für Arbeitsschutz, Gesundheitsschutz und technische Sicherheit Berlin], 2009 [online]. Internet: http://www.berlin.de/imperia/md/content/lagetsi/hinweise/kamilit.pdf?start&ts=1432038095&file=ka milit.pdf [Zugriff: 10.08.2015]

Merkblatt zur Berufskrankheit Nummer 4114 „Lungenkrebs durch das Zusammenwirken von Asbestfaserstaub und polyzyklischen aromatischen Kohlenwasserstoffen bei Nachweis der Einwirkung einer kumulativen Dosis, die einer Verursachungswahrscheinlichkeit von mindestens 50 Prozent nach der Anlage 2 entspricht", Bek. des BMAS v. 30.12.2009 – IVa4-45222-4114 – GMBl 5/6/2010, S. 107 ff. Berlin: Bundesministerium für Arbeit und Soziales, Ärztlicher Sachverständigenbeirat „Berufskrankheiten" [online]. Internet: http://www.baua.de/de/Themen-von-A-Z/Berufskrankheiten/Dokumente/Merkblaetter.html [Zugriff: 28.07.2015]

Muster-Liste der Technischen Baubestimmungen – Fassung September 2010. Berlin: Deutsches Institut für Bautechnik, 2010 [online]. Internet: http://www.bauministerkonferenz.de/Dokumente/42313483.pdf [Zugriff: 13.08.2015]

Muster-Liste der Technischen Baubestimmungen – Fassung März 2014. Berlin: Deutsches Institut für Bautechnik, 2014 [online]. Internet: http://www.bauministerkonferenz.de/verzeichnis.aspx?id=991&o=759O986O991 [Navigation: Liste der Technischen Baubestimmungen Teil I (Musterliste):] [Zugriff: 13.08.2015]

Muster-Verwaltungsvorschrift Technische Baubestimmungen (MVV TB). Ausgabe 2025/1. Berlin: Deutsches Institut für Bautechnik (dIBt), 2025

OECD Council: Protection of the Environment by Control of Polychlorinated Biphenyls. Decision C(73)1(Final), 13.02.1973 [online]. Internet: http://sedac.ciesin.columbia.edu/entri/texts/oecd/OECD-4.13.html [Zugriff: 30.07.2015]

[PAK-Handlungsanleitung, 2007]: Umgang mit teerhaltigen Materialien im Hochbau. PAK-Handlungsanleitung. Umbau – Instandhaltung – Rückbau. 1.2 überarbeitete Neuauflage November 2007. Berlin: Landesamt für Arbeitsschutz, Gesundheitsschutz und technische Sicherheit Berlin (LAGetSi), Abteilung III, 2007

[PAK-Hinweise, 2000]: Projektgruppe Schadstoffe der Fachkommission Bautechnik der Bauministerkonferenz – Konferenz der für Städtebau, Bau- und Wohnungswesen zuständigen Minister und Senatoren der Länder (ARGEBAU): Hinweise für die Bewertung und Maßnahmen zur Verminderung der PAK-Belastung durch Parkettböden mit Teerklebstoffen in Gebäuden (PAK-Hinweise) – Fassung April 2000. In: DIBt-Mitteilungen 31 (2000), Nr. 4, S. 114–123

[PCB-Richtlinie ARGEBAU, 1994]: Projektgruppe „Schadstoffe" der Fachkommission

Baunormung der Arbeitsgemeinschaft der für das Bau-, Wohnungs- und Siedlungswesen zuständigen Minister der Länder (ARGEBAU): Richtlinie für die Bewertung und Sanierung PCB-belasteter Baustoffe und Bauteile in Gebäuden (PCB-Richtlinie). Fassung September 1994. In: DIBt-Mitteilungen 26 (1995), Nr. 2, S. 50–59

[PCB-Richtlinie Hessen, 1993]: Richtlinien für die Bewertung und Sanierung PCB-belasteter Baustoffe und Bauteile in Gebäuden – Stand September 1993. Erlass des Hessischen Ministeriums für Landesentwicklung, Wohnen, Landwirtschaft, Forsten und Naturschutz v. 25.10.1993, VIII 2 – 64 b16/99 – 8/93, Staatsanzeiger für das Land Hessen, Nr. 47, 22.11.1993, S. 2848–2855

[PCB-Richtlinie Nordrhein-Westfalen, 1996]: Richtlinie für die Bewertung und Sanierung PCB-belasteter Baustoffe und Bauteile in Gebäuden (PCB-Richtlinie NRW), Fassung Juni 1996. Runderlass des Ministeriums für Bauen und Wohnen v. 03.07.1996, II B 4-476.101, Ministerialblatt für das Land Nordrhein-Westfalen, Nr. 52, 09.08.1996, S. 1260–1268

[PCP-Richtlinie ARGEBAU, 1996]: Projektgruppe „Schadstoffe" der Fachkommission Baunormung der Arbeitsgemeinschaft der für das Bau-, Wohnungs- und Siedlungswesen zuständigen Minister der Länder (ARGEBAU): Richtlinie für die Bewertung und Sanierung Pentachlorphenol (PCP)-belasteter Baustoffe und Bauteile in Gebäuden. Fassung Oktober 1996. In: DIBt-Mitteilungen 28 (1997), Nr. 2, S. 6–15

Polychlorierte Dioxine und Furane (PCDD/PCDF) in der Außenluft. Jahresmittelwerte 2014 in fg/m^3. Stand: 04.03.2015. Recklinghausen: Landesamt für Natur, Umwelt und Verbraucherschutz Nordrhein-Westfalen NRW [LANUV NRW], 2015 [online]. Internet: http://www.lanuv.nrw.de/luft/immissionen/ber_trend/SS-jk2014dioxine_PCB.pdf [Zugriff: 13.08.2015]

Potrykus, Alexander; Milunov, Milos; Weißenbacher, Jakob: Ermittlung von potenziell POP-haltigen Abfällen und Recyclingstoffen – Ableitung von Grenzwerten [online]. Texte 34/2015. Dessau-Roßlau: Umweltbundesamt, 2015. Internet: https://www.umweltbundesamt.de/sites/default/files/medien/378/publikationen/texte_34_2015_ermittlung_von_potenziell_pop_haltigen_abfaellen.pdf [Zugriff: 20.05.2019]

Priority Pollutants [online]. United States Environmental Protection Agency (EPA), 03.12.2014. Internet: http://water.epa.gov/scitech/methods/cwa/pollutants.cfm [Zugriff: 14.08.2015]

RAB 30. Regeln zum Arbeitsschutz auf Baustellen. Geeigneter Koordinator (Konkretisierung zu § 3 BaustellV). Stand: 27.03.2003. Ausschuss für Sicherheit und Gesundheitsschutz auf Baustellen (ASGB), 2003, Bundesarbeitsblatt, Nr. 6, 2003, S. 64

RAB 31. Regeln zum Arbeitsschutz auf Baustellen. Sicherheits- und Gesundheitsschutzplan – SiGe-Plan. Stand: 12.11.2003. Ausschuss für Sicherheit und Gesundheitsschutz auf Baustellen (ASGB), 2003, Bundesarbeitsblatt, Nr. 3, 2004, S. 59

RAL Gütezeichen „Erzeugnisse aus Mineralwolle" (RAL-GZ 388) [online]. Internet: http://www.ral-mineralwolle.de/ral-guetezeichen-4.html#2 [Zugriff: 13.08.2015]

RAL Gütezeichen „Schadstoffsanierung" (RAL-GZ 540) [online]. Internet: https://ral-schadstoffsanierung.de/ [Zugriff: 03.05.2025]

Richtwerte für Polychlorierte Biphenyle (PCB) in der Innenraumluft. Mitteilung des Ausschusses für Innenraumrichtwerte (AIR). Bekanntmachung des Umweltbundesamtes. In: Bundesgesundheitsblatt 68 (2025), S. 201–218

Seibel, Mark: Abgrenzung der „allgemein anerkannten Regeln der Technik" vom „Stand der Technik". In: Neue Juristische Wochenschrift 66 (2013), Nr. 41, S. 3000–3004

Selbstverpflichtungen der chemischen Industrie. Frankfurt am Main: Verband der chemischen Industrie e. V., 07.06.2013 [online]. Internet: https://www.vci.de/langfassungen-pdf/selbstverpflichtungen-der-chemischen-industrie.pdf [Zugriff: 21.08.2015]

Spritzasbest und ähnliche Asbestprodukte in Innenräumen – erkennen, bewerten, sanieren. Berlin: Institut für Bautechnik, 1986 [Vorläufer der Asbest-Richtlinien 1989 und 1996]

Stand der Technik. Erstellt: 01.06.2013, zuletzt editiert: 01.06.2013 [online]. Internet: http://www.juraforum.de/lexikon/stand-der-technik [Zugriff: 29.10.2015]

Surkau, G.: Die neue POP-Abfall-Überwachungsverordnung. Vortrag. Seminar 5.12.2017 Seminar „Die neue POP-Abfall-ÜberwV–Erste Erfahrungen", Sonderabfall-Management-Gesellschaft Rheinland-Pfalz mbH (SAM), 05.12.2017, Budenheim

Technische Hinweise zur Einstufung von Abfällen nach ihrer Gefährlichkeit. Stand: Februar 2024. O. O.: Bund/Länder-Arbeitsgemeinschaft Abfall (LAGA), 2024

Toxic and Priority Pollutants [online]. United States Environmental Protection Agency (EPA), 02.05.2014. Internet: http://water.epa.gov/scitech/methods/cwa/pollutants-background.cfm [Zugriff: 14.08.2015]

TRBA 001. Technische Regeln für Biologische Arbeitsstoffe. Allgemeines und Aufbau des Technischen Regelwerks zur Biostoffverordnung. Anwendung von Technischen Regeln für Biologische Arbeitsstoffe (TRBA). Ausgabe: November 2007. Bundesanstalt für Arbeitsschutz und Arbeitsmedizin, Ausschuss für Biologische Arbeitsstoffe (ABAS), 2007, Gemeinsames Ministerialblatt, Nr. 4, 14.02.2008, S. 82–83

TRBA 400. Technische Regeln für Biologische Arbeitsstoffe. Handlungsanleitung zur Gefährdungsbeurteilung und für die Unterrichtung der Beschäftigten bei Tätigkeiten mit biologischen Arbeitsstoffen. Ausgabe: April 2006. Bundesanstalt für Arbeitsschutz und Arbeitsmedizin, Ausschuss für Biologische Arbeitsstoffe (ABAS), 2006, Bundesarbeitsblatt, Nr. 6, 2006, S. 62–77

TRBA 500. Technische Regeln für Biologische Arbeitsstoffe. Grundlegende Maßnahmen bei Tätigkeiten mit biologischen Arbeitsstoffen. Ausgabe: April 2012. Bundesanstalt für Arbeitsschutz und Arbeitsmedizin, Ausschuss für Biologische Arbeitsstoffe (ABAS), 2012, Gemeinsames Ministerialblatt, Nr. 15–20, 25.04.2012, S. 373–379

TRGS 001. Technische Regeln für Gefahrstoffe. Das Technische Regelwerk zur Gefahrstoffverordnung. Allgemeines – Aufbau – Übersicht – Beachtung der Technischen Regeln für Gefahrstoffe (TRGS). Ausgabe: Dezember 2006. Bundesanstalt für Arbeitsschutz und Arbeitsmedizin, Ausschuss für Gefahrstoffe (AGS), 2006, Bundesarbeitsblatt, Nr. 12, 2006, S. 149–150

TRGS 201. Technische Regeln für Gefahrstoffe. Einstufung und Kennzeichnung bei Tätigkeiten mit Gefahrstoffen. Ausgabe: Februar 2017. Bundesanstalt für Arbeitsschutz und Arbeitsmedizin, Ausschuss für Gefahrstoffe (AGS), 2017, Gemeinsames Ministerialblatt, Nr. 12/13, 06.04.2018, S. 234–235

TRGS 400. Technische Regeln für Gefahrstoffe. Gefährdungsbeurteilung für Tätigkeiten mit Gefahrstoffen. Ausgabe: Dezember 2010. Bundesanstalt für Arbeitsschutz und Arbeitsmedizin, Ausschuss für Gefahrstoffe (AGS), 2010, Gemeinsames Ministerialblatt, Nr. 2, 31.01.2011, S. 19–32, zuletzt geändert u. ergänzt: Gemeinsames Ministerialblatt, Nr. 40, 13.09.2012, S. 715

TRGS 401. Technische Regeln für Gefahrstoffe. Gefährdung durch Hautkontakt. Ermittlung – Beurteilung – Maßnahmen. Ausgabe: Juni 2008. Bundesanstalt für Arbeitsschutz und Arbeitsmedizin, Ausschuss für Gefahrstoffe (AGS), 2008, Gemeinsames Ministerialblatt, Nr. 40–41, 19.08.2008, S. 818–845, zuletzt berichtigt: Gemeinsames Ministerialblatt, Nr. 9, 30.03.2011, S. 175

TRGS 402. Technische Regeln für Gefahrstoffe. Ermitteln und Beurteilen der Gefährdungen bei Tätigkeiten mit Gefahrstoffen: Inhalative Exposition. Ausgabe: Januar 2010. Bundesanstalt für Arbeitsschutz und Arbeitsmedizin, Ausschuss für Gefahrstoffe (AGS), 2010, Gemeinsames Ministerialblatt, Nr. 12, 25.02.2010, S. 231–253, geändert u. ergänzt: Gemeinsames Ministerialblatt, Nr. 12, 02.04.2014, S. 254–257

TRGS 500. Technische Regeln für Gefahrstoffe. Schutzmaßnahmen. Ausgabe: Januar 2008. Bundesanstalt für Arbeitsschutz und Arbeitsmedizin, Ausschuss für Gefahrstoffe (AGS), 2008, Gemeinsames Ministerialblatt, Nr. 11/12, 13.03.2008, S. 224–258, geändert u. ergänzt: Gemeinsames Ministerialblatt, Nr. 26, 04.07.2008, S. 528–529

TRGS 505. Technische Regeln für Gefahrstoffe. Blei. Ausgabe: Februar 2007. Bundesanstalt für Arbeitsschutz und Arbeitsmedizin, Ausschuss für Gefahrstoffe (AGS), 2007, Gemeinsames Ministerialblatt, Nr. 12, 08.03.2007, S. 254–267

TRGS 517. Technische Regeln für Gefahrstoffe. Asbest. Ausgabe: September 1988. Bundesanstalt für Arbeitsschutz und Arbeitsmedizin, Ausschuß für Gefahrstoffe (AGS), 1988, Bundesarbeitsblatt, Nr. 9, 1988, S. 53–61

TRGS 517. Technische Regeln für Gefahrstoffe. Tätigkeiten mit potenziell asbesthaltigen mineralischen Rohstoffen und daraus hergestellten Gemischen und Erzeugnissen. Ausgabe: Februar 2013. Bundesanstalt für Arbeitsschutz und Arbeitsmedizin, Ausschuss für Gefahrstoffe (AGS), 2013, Gemeinsames Ministerialblatt, Nr. 18, 09.04.2013, S. 382–396, geändert u. ergänzt: Gemeinsames Ministerialblatt, Nr. 7, 02.03.2015, S. 137–138

TRGS 519. Technische Regeln für Gefahrstoffe. Asbest. Abbruch-, Sanierungs- oder Instandhaltungsarbeiten. Ausgabe: September 1990. Bundesanstalt für Arbeitsschutz und Arbeitsmedizin, Ausschuß für Gefahrstoffe (AGS), 1990, Bundesarbeitsblatt, Nr. 9, 1990, S. 54–63

TRGS 519. Technische Regeln für Gefahrstoffe. Asbest. Abbruch-, Sanierungs- oder Instandhaltungsarbeiten. Ausgabe: Januar 2014. Bundesanstalt für Arbeitsschutz und Arbeitsmedizin, Ausschuss für Gefahrstoffe

(AGS), 2014, Gemeinsames Ministerialblatt, Nr. 8–9, 20.03.2014, S. 164–201, zuletzt geändert u. ergänzt: Gemeinsames Ministerialblatt, Nr. 7, 28.02.2025, S. 144–145

TRGS 521. Technische Regeln für Gefahrstoffe. Abbruch-, Sanierungs- und Instandhaltungsarbeiten mit alter Mineralwolle. Ausgabe: Februar 2008. Bundesanstalt für Arbeitsschutz und Arbeitsmedizin, Ausschuss für Gefahrstoffe (AGS), 2008, Gemeinsames Ministerialblatt, Nr. 14, 25.03.2008, S. 278–292

TRGS 524. Technische Regeln für Gefahrstoffe. Schutzmaßnahmen bei Tätigkeiten in kontaminierten Bereichen. Ausgabe: Februar 2010. Bundesanstalt für Arbeitsschutz und Arbeitsmedizin, Ausschuss für Gefahrstoffe (AGS), 2010, Gemeinsames Ministerialblatt, Nr. 21, 01.04.2010, S. 419–450, zuletzt geändert u. ergänzt: Gemeinsames Ministerialblatt, Nr. 49–51, 19.12.2011, S. 1018–1019

TRGS 528. Technische Regeln für Gefahrstoffe. Schweißtechnische Arbeiten. Ausgabe: Februar 2020. Bundesanstalt für Arbeitsschutz und Arbeitsmedizin, Ausschuss für Gefahrstoffe (AGS), 2020, Gemeinsames Ministerialblatt, Nr. 12–13, 30.03.2025, S. 236–276, zuletzt geändert: Gemeinsames Ministerialblatt, Nr. 23, 07.08.2020, S. 463

TRGS 551. Technische Regeln für Gefahrstoffe. Teer und andere Pyrolyseprodukte aus organischem Material. Ausgabe: August 2015. Bundesanstalt für Arbeitsschutz und Arbeitsmedizin, Ausschuss für Gefahrstoffe (AGS), 2015. Gemeinsames Ministerialblatt, Nr. 54, 06.10.2015, S. 1066–1083, zuletzt geändert u. ergänzt: Gemeinsames Ministerialblatt, Nr. 1, 27.01.2016, S. 8–10

TRGS 553. Technische Regeln für Gefahrstoffe. Holzstaub. Ausgabe: Juli 2022. Bundesanstalt für Arbeitsschutz und Arbeitsmedizin, Ausschuss für Gefahrstoffe (AGS), 2022, Gemeinsames Ministerialblatt, Nr. 42, 12.12.2022, S. 950–964, zuletzt geändert u. ergänzt: Gemeinsames Ministerialblatt, Nr. 7, 28.02.2025, S. 138–144

TRGS 558. Technische Regeln für Gefahrstoffe. Tätigkeiten mit Hochtemperaturwolle. Ausgabe: Juni 2010. Bundesanstalt für Arbeitsschutz und Arbeitsmedizin, Ausschuss für Gefahrstoffe (AGS), 2010, Gemeinsames Ministerialblatt, Nr. 43, 04.08.2010, S. 902–911

TRGS 559. Technische Regeln für Gefahrstoffe. Quarzhaltiger Staub. Ausgabe: April 2020. Bundesanstalt für Arbeitsschutz und Arbeitsmedizin, Ausschuss für Gefahrstoffe (AGS), 2020, Gemeinsames Ministerialblatt, Nr. 16, 27.04.2020, S. 306–319, berichtigt: Gemeinsames Ministerialblatt, Nr. 19, 06.06.2020, S. 371

TRGS 560. Technische Regeln für Gefahrstoffe. Luftrückführung bei Tätigkeiten mit krebserzeugenden, erbgutverändernden und fruchtbarkeitsgefährdenden Stäuben. Ausgabe: Januar 2012. Bundesanstalt für Arbeitsschutz und Arbeitsmedizin, Ausschuss für Gefahrstoffe (AGS), 2012, Gemeinsames Ministerialblatt, Nr. 2, 2012, S. 17–18

TRGS 600. Technische Regeln für Gefahrstoffe. Substitution. Ausgabe: Juli 2020. Bundesanstalt für Arbeitsschutz und Arbeitsmedizin, Ausschuss für Gefahrstoffe (AGS), 2020, Gemeinsames Ministerialblatt, Nr. 21, 24.07.2020, S. 405–418

TRGS 602. Technische Regeln für Gefahrstoffe. Ersatzstoffe und Verwendungsbeschränkungen – Zinkchromate und Strontiumchromat als Pigmente für Korrosionsschutz-Beschichtungsstoffe. Ausgabe: Mai 1988. Bundesanstalt für Arbeitsschutz und Arbeitsmedizin, Ausschuß für Gefahrstoffe (AGS), 1988, Bundesarbeitsblatt, Nr. 5, 1988, S. 46–48

TRGS 900. Technische Regeln für Gefahrstoffe. Arbeitsplatzgrenzwerte. Ausgabe: Januar 2006. Bundesanstalt für Arbeitsschutz und Arbeitsmedizin, Ausschuss für Gefahrstoffe (AGS), 2006, Bundesarbeitsblatt, Nr. 1, 2006, S. 41–55, zuletzt geändert u. ergänzt: Gemeinsames Ministerialblatt, Nr. 7, 02.03.2015, S. 139–140

TRGS 903. Technische Regeln für Gefahrstoffe. Biologische Grenzwerte (BGW). Ausgabe: Februar 2013. Bundesanstalt für Arbeitsschutz und Arbeitsmedizin, Ausschuss für Gefahrstoffe (AGS), 2013. Gemeinsames Ministerialblatt, Nr. 17, 04.04.2013, S. 364–372, zuletzt geändert u. ergänzt: Gemeinsames Ministerialblatt, Nr. 37, 10.10.2024, S. 783–785

TRGS 905. Technische Regeln für Gefahrstoffe. Verzeichnis krebserzeugender, keimzellmutagener oder reproduktionstoxischer Stoffe. Ausgabe: März 2016. Bundesanstalt für Arbeitsschutz und Arbeitsmedizin, Ausschuss für Gefahrstoffe (AGS), 2016, Gemeinsames Ministerialblatt, Nr. 19, 03.05.2016, S. 378–390, zuletzt geändert u. ergänzt: Gemeinsames Ministerialblatt, Nr. 15, 02.05.2018, S. 259

TRGS 906. Technische Regeln für Gefahrstoffe. Verzeichnis krebserzeugender Tätigkeiten oder Verfahren nach § 2 Absatz 3 Nummer 4 GefStoffV. Ausgabe: April 2023. Bundesanstalt für Arbeitsschutz und Arbeitsmedizin, Ausschuss für Gefahrstoffe (AGS), 2023, Gemeinsames Ministerialblatt, Nr. 30, 20.04.2023, S. 634–635

TRGS 907. Technische Regeln für Gefahrstoffe. Verzeichnis sensibilisierender Stoffe und von Tätigkeiten mit sensibilisierenden Stoffen. Ausgabe: November 2011. Bundesanstalt für Arbeitsschutz und Arbeitsmedizin, Ausschuss für Gefahrstoffe (AGS), 2011. Gemeinsames Ministerialblatt, Nr. 49–51, November 2011, S. 1019

TRGS 910. Technische Regeln für Gefahrstoffe. Risikobezogenes Maßnahmenkonzept für Tätigkeiten mit krebserzeugenden Gefahrstoffen. Ausgabe: Februar 2014. Bundesanstalt für Arbeitsschutz und Arbeitsmedizin, Ausschuss für Gefahrstoffe (AGS), 2014, Gemeinsames Ministerialblatt, Nr. 12, 02.04.2014, S. 258–270, zuletzt geändert u. ergänzt: Gemeinsames Ministerialblatt, Nr. 64, 28.10.2014, S. 1313

Untersuchungen zur Innenraumbelastung durch faserförmige Feinstäube aus eingebauten Mineralwolle-Erzeugnissen. Berlin: Umweltbundesamt, 1994 (Texte Umweltbundesamt 94, 30)

Untersuchungs- und Analysenstrategien für asbestverdächtige Materialien und Abfälle – Bestimmung des Gehaltes an Asbest in Abfällen. Stand: Oktober 2024. O. O.: Bund/Länder-Arbeitsgemeinschaft Abfall (LAGA), 2024

[VBG 119, 1979]: VBG 119. Unfallverhütungsvorschrift. Schutz gegen gesundheitsgefährlichen mineralischen Staub v. 1. April 1973 in der Fassung v. 1. Oktober 1979. Frankfurt am Main: Bau-Berufsgenossenschaft, 1979

[VBG 119, 1982]: VBG 119. Unfallverhütungsvorschrift. Schutz gegen gesundheitsgefährlichen mineralischen Staub v. 1. April 1973 in der Fassung v. 1. April 1982. Mit Durchführungsanweisungen v. April 1982. Frankfurt am Main: Bau-Berufsgenossenschaft, 1982

VDI 3492:2013-06. Messen von Innenraumluftverunreinigungen – Messen von Immissionen – Messen anorganischer faserförmiger Partikel – Rasterelektronenmikroskopisches Verfahren. Düsseldorf: Verein Deutscher Ingenieure, 2013

VDI 3492 E:2024-12. Innenraumluft, Außenluft – Messen anorganischer faserförmiger Partikel – Rasterelektronenmikroskopisches Verfahren. Düsseldorf: Verein Deutscher Ingenieure, 2024

VDI 3866 Blatt 4:2002-02. Bestimmung von Asbest in technischen Produkten – Phasenkontrastmikroskopisches Verfahren. Düsseldorf: Verein Deutscher Ingenieure, 2002

VDI 3866 Blatt 5:2015-07. Bestimmung von Asbest in technischen Produkten – Rasterelektronenmikroskopisches Verfahren. Düsseldorf: Verein Deutscher Ingenieure, 2015

VDI 3876:2018-11. Messen von Asbest in Bau- und Abbruchabfällen sowie daraus gewonnenen Recyclingmaterialien – Probenaufbereitung und Analyse. Düsseldorf: Verein Deutscher Ingenieure, 2018

VDI 3877 Blatt 1:2011-09. Messen von Innenraumverunreinigungen – Messen von auf Oberflächen abgelagerten Faserstäuben – Probennahme und Analyse (REM/EDXA). Düsseldorf: Verein Deutscher Ingenieure, 2011

VDI 3877 Blatt 2:2014-12 Messen von Innenraumverunreinigungen – Messen von auf Oberflächen abgelagerten Faserstäuben – Probenahmestrategie und Bewertung der Ergebnisse. Düsseldorf: Verein Deutscher Ingenieure, 2014

VDI 4300 Blatt 1:2024-02. Messen von Innenraumluftverunreinigungen – Allgemeine Aspekte der Messstrategie. Düsseldorf: Verein Deutscher Ingenieure, 2024

VDI 4300 Blatt 2:1997-12. Messen von Innenraumluftverunreinigungen – Meßstrategie für polycyclische aromatische Kohlenwasserstoffe (PAH), polychlorierte Dibenzo-p-dioxine (PCDD), polychlorierte Dibenzofurane (PCDF) und polychlorierte Biphenyle (PCB). Düsseldorf: Verein Deutscher Ingenieure, 1997

VDI 4300 Blatt 4:2022-01 Messen von Innenraumluftverunreinigungen – Messstrategie für Pentachlorphenol (PCP) und gamma-Hexachlorcyclohexan (Lindan) in der Innenraumluft. Düsseldorf: Verein Deutscher Ingenieure, 2022

VDI 4300 Blatt 7:2001-07. Messen von Innenraumluftverunreinigungen – Bestimmung der Luftwechselzahl in Innenräumen. Düsseldorf: Verein Deutscher Ingenieure, 2001

VDI 4300 Blatt 8:2001-06. Messen von Innenraumluftverunreinigungen – Probenahme von Hausstaub. Düsseldorf: Verein Deutscher Ingenieure, 2001 [2012 zurückgezogen]

VDI 4300 Blatt 9:2005-08. Messen von Innenraumluftverunreinigungen – Messstrategie für Kohlendioxid (CO2). Düsseldorf: Verein Deutscher Ingenieure, 2005

VDI 4300 Blatt 11:2013-12. Messen von Innenraumluftverunreinigungen – Messstrategie für die Erfassung von luftgetragenen Partikeln im Innenraum – PM2,5-Fraktion. Düsseldorf: Verein Deutscher Ingenieure, 2013

VDI 4300 Blatt 12:2021-10. Messen von Innenraumluftverunreinigungen – Messstrategie und Bestimmung von ultrafeinen Partikeln. Düsseldorf: Verein Deutscher Ingenieure, 2021

VDI 4300 Blatt 13 E:2025-03. Messen von Innenraumluftverunreinigungen – Durchführung mikroskopischer Analysen von Materialproben zur Beurteilung von mikrobiellem Wachstum. Düsseldorf: Verein Deutscher Ingenieure, 2025

VDI 6202 Blatt 3:2021-09. Schadstoffbelastete bauliche und technische Anlagen – Asbest – Erkundung und Bewertung. Düsseldorf: Verein Deutscher Ingenieure, 2021

VDI 6202 Blatt 3.1 E:2024-09. Schadstoffbelastete bauliche und technische Anlagen – Asbesthaltige Brandschutzklappen. Düsseldorf: Verein Deutscher Ingenieure, 2024

VDI 6202 Blatt 10 E:2024-11. Schadstoffbelastete bauliche und technische Anlagen – Asbest im Bauschutt, in Recyclingmaterial und in Altablagerungen. Düsseldorf: Verein Deutscher Ingenieure, 2024

VDI 6202 Blatt 20:2017-11. Schadstoffbelastete bauliche und technische Anlagen – Qualifizierung von Personal. Düsseldorf: Verein Deutscher Ingenieure, 2017

VDI-EE 4300 Blatt 14:2021-09. Messen von Innenraumluftverunreinigungen – Anforderungen an mobile Luftreiniger zur Reduktion der aerosolgebundenen Übertragung von Infektionskrankheiten. Düsseldorf: Verein Deutscher Ingenieure, 2021

VDI/GVSS 6202 Blatt 1:2013-10. Schadstoffbelastete bauliche und technische Anlagen – Abbruch-, Sanierungs- und Instandhaltungsarbeiten

VDI/GVSS 6202 Blatt 2. Schadstoffbelastete bauliche und technische Anlagen – Qualifizierung von Personal [in Vorbereitung]

VDI-MT 6202 Blatt 20.1:2024-09. Schadstoffbelastete bauliche und technische Anlagen – Asbest – Qualifizierung von Personal. Düsseldorf: Verein Deutscher Ingenieure, 2024

VDI-Richtlinien und Normen zu Innenraumluft. Stand: Dezember 2024. Düsseldorf: Verein Deutscher Ingenieure e. V., 2024

VdS 2357:2014-06 (06). Publikationen zur Sach-Schadensanierung. Richtlinien zur Brandschadensanierung. Köln: Gesamtverband der Deutschen Versicherungswirtschaft e. V., 2014

Vinyl 2010. Freiwillige Selbstverpflichtung der PVC-Industrie zur nachhaltigen Entwicklung. Oktober 2001. Brüssel: European Council of Vinyl Manufacturers (EVCM) [Europäischer Verband der PVC-Hersteller]; European Council for Plasticisers and Intermediates (ECPI) [Europäischer Verband der Hersteller von Weichmachern und Zwischenprodukten]; European Stabiliser Producers Association (ESPA) [Europäischer Verband der Hersteller von Stabilisatoren]; European Plastics Converters (EuPC) [Verband der europäischen Kunststoffverarbeiter], 2001 [online]. Internet: https://www.vinnolit.com/vinnolit.nsf/id/A288CA718A5E7158C12573060051C5DA/$file/Vinyl2010.pdf [Zugriff: 14.08.2015]

Vorläufiger Leitwert für Benzo[a]pyren (B[a]P) in der Innenraumluft. Mitteilung des Ausschusses für Innenraumrichtwerte (AIR). Bekanntmachung des Umweltbundesamtes. In: Bundesgesundheitsblatt 64 (2021), S. 1036–1046

WHO Guidelines for Indoor Air Quality: Selected Pollutants. Kopenhagen: WHO Regional Office for Europe, 2010

6.2 Stichwortverzeichnis

A

Abfall 19
Abfalldeklaration 20, 85
Abfallrecht 39
Abfallschlüssel 20, 172
Abfallverzeichnis 172
- -Verordnung 20, 46, 58, 172
Abwasserleitung 296
AGW 172
Akustikdeckenplatte 247
Akzeptanzkonzentration 173
Akzeptanzrisiko 173
Alkan, polychloriert 133
Allgemeine Verwaltungsvorschrift Baulärm 48, 60
Altlastenrecht 15
anerkannte Regel der Technik 30
Anschlussfuge 276
Anstrich 250
Antidröhnmasse 271
Arbeitsschutzgesetz 14, 23, 64
Arbeitsschutzrecht 39
Arbeitsschutzsystem, duales 23
Arbeitsstättenverordnung 56, 66
Arbeits- und Sicherheitsplan (A+S-Plan) 36
Asbest 74, 97, 189, 197, 216, 228, 253, 266, 279, 293
–, Abbrucharbeit 52
–, Bestimmungsblatt zur visuellen Bestimmung von 183
- in Abfall 184
–, Instandhaltungsarbeit 52
- -Richtlinie 44, 56
–, Sanierungsarbeit 52
Asbestgewebematte 243
asbesthaltiger
- Altbelag 257
- Klebstoff 256, 257
Asbestrisiko 94
Asbestschaumplatte 210
Asbestzement 270
- -Bruchstück 190
- -Dach 223
- -Platte 198, 236
- -Sandwichplatte 203
- -Träger 201
ASI-Arbeit 173
Asphaltplatten für Schwerlastbelag 263
Asphalt-Tiles 256
Attikaverkleidung 219
Auffrischungskurs 187
Auftraggeber 13
Auftragnehmer 13
Aufzugtür 273
Ausdehnungsgefäß 299
Ausgleichsmörtel 260
Aussagesicherheit 186
Außenbeschichtung im Fundamentbereich 193

B

BAT-Wert 174
Baugesetzbuch 14, 15
Bauherr 13
–, Aufgabe 186
baujahresabhängige Verwendung im Gebäude 185
Bauordnungsrecht 14, 39
Bauschuttrecyclingmaterial 190
Bauschutt, Umfang der notwendigen Stichprobe für Asbesterkundung im 187
Baustellenkoordinator 40
Baustellenverordnung 26, 27, 50, 66
Bauteilentkopplung 226
Bauvertrag 35
Belastungsfaktor 185
Belastungsklasse 184
Beprobung von Raumluft 183
Betonfertigteil 212, 214
Betonfertigteilfassade 202
BGR 174
biopersistent 174
Biostoffverordnung 25, 66
Bitumenschindel 218
Bitumenspachtel 260
Blechfassade 205
Blei 76, 159, 189, 197, 216, 228, 253, 266, 293
Bodenbelag 256
Bodenbeschichtung 257
Bodenfuge 263
Bodenspachtelmasse 259
Brandabschottung 240
Brandschott 308
Brandschutz 240
Brandschutzfenster 269
Brandschutzklappe 306
Brandschutzklappe, individuelle Bewertung von asbesthaltiger 186
Brandschutzstützenverkleidung 238, 239
Brandschutzverkleidung 220, 221
Brandschutzwandelement 237
Bremsbelag in Antriebsanlage 288
Brüstung 203, 204
Brüstungsfüllung 271
Bundes-
- Bodenschutzgesetz 14
- Immissionsschutzgesetz 14, 21, 48, 60
Bunkertür 273
Buntsteinputz 206, 246

C

Chemikaliengesetz 22, 48, 60
Chemikalienrecht 22
–, europäisches 22
–, nationales 22
Chemikalien-Verbotsverordnung 48, 60
Chemikalienverordnung der EU 167
Chloralkan 133
Chloranisol 174
Chlorierungsgrad 133
Chlorparaffin (CP) 75, 133
Clophen 175
CLP-Verordnung 22, 168

D

Dach 216
Dachbahn 219, 225
Dachbinder 220
Dachdeckermörtel 218
Dacheindeckung 217, 218
Dämmlage 262
Dämmung 224, 300, 311
Dampfdruckleitung 300
Decke 228
Dehnfuge 211
Deponieverordnung 46, 60
DGUV
- Information 54
- Regel 54, 175
- Regel 101-603 52, 70
- Vorschrift 1 52
Dichtstoffmasse 210, 213
DIN-Norm 30
Distanzstreifen 202
Dünnbettmörtel 208, 246
Dünnestrich 257

E

elektrische Geräte und Anlagen 279
Elektroheizgerät 289
Entnahme und Aufbereitung der Probe 184
Entsorgung 18, 86
EPA 175
- -PAK 176
Erdtankisolierung 195

F

Fachkundiger 87
Fachplaner 90
Farbanstrich 276, 311
Fassade 197
Fassadenbekleidung 198, 199, 212
Fassadenelement 201, 275
Fassadenfuge 210
Fassadenspachtel 206
Fenster 266
Fensterbank 270, 271
Fensterkitt 268, 275
Fensterlaibung 267
Fensterrahmen 275
Flachdachdämmung 224
Fuge 210, 211, 213
Fugenband, elastisches 267
Fugenfüllung von Bodenplatten 192, 194
Fugenmasse 249, 251
Fugenspachtel 207
Funkenlöschkammer 285

G

Gefährdungsbeurteilung 37
Gefahrstoffkoordinator 41
Gefahrstoffverordnung 23, 48, 50, 62, 66
genotoxisch 176
Gewerbeabfallverordnung 48, 60
Gipskartonplatte 237, 244
Glasbaustein 269
Glasfassade 208
Großkondensator 291
Gussasphalt 263
Gutachter 90

H

Haftbrücke 207
Heizkessel 298
Heizkörper 311
Heizkörperverkleidung 303
Heizleitung 300, 301
Heizungsanlage 293
Holzbalkendecke 241
Holzbauteil im Außenbereich 195
Holzfaser-Asbestzement-Platte 241
Holzkonstruktion 237
Holztragwerk 226
Horizontalsperre 192
Hotspot-Beprobung 184

I

IARC 176
Immissionsschutzrecht 39
Innenanstrich 248
Innenraumluftsituation 183
Innenraumluftverunreinigung 184
Instandhaltung 43

K

Kabelabschottung 280
Kabelbrandschutz 280
Kabeldurchführung 281
Kabelführungsbühne 282
Kabelkanal 283
Kabeltrasse 283
Kamilit 176
Kamin 223
karzinogen 169, 176
keimzellmutagen 176
Klebemörtel 208
Klinkerfassade 213
KMF 75, 111, 176, 189, 197, 216, 228, 253, 266, 279, 293
– -Dämmstoff 208
– -Ummantelung 311
KMR-Stoff 177
Kölner Lüftung 222
Kompensator 308
Kondensator 292
Kontaktprobe 184
Korkschrotplatte, Dämmung mit 251
Kreislaufwirtschaftsgesetz 14, 17, 46, 58
Kunstschiefer 199, 218
Kunststeinboden 257

L

Leuchtstoffröhrenlampe 292
Lichtkuppelband 269
Lüftungsgitter 222
Lüftungskanal 304, 311
Lüftungsschacht 305
Lüftungsventil 309

M

Magnesitestrich 258
MAK-
– Kommission 177
– und BAT-Wert-Liste 171
– Wert 177
Massivtrennwand 229, 231
Messplanung 185
Metabolit 178
Mineralwolle, alte
–, Abbrucharbeit 52
–, Instandhaltungsarbeit 52
–, Sanierungsarbeit 52
Musterbauordnung 16, 31, 44, 54, 56
Muster-Verwaltungsvorschrift Technische Baubestimmung 44, 56
mutagen 178

N

Nachtspeicherheizgerät 288
Nachweisverordnung 46, 58
Natursteinfassade 208
Notstromaggregat 288

P

PAK 75, 137, 178, 189, 216, 228, 253
Paneeldecke 247
Paraffin, chloriert 133
PBT-Stoff 178
PCB 75, 121, 179, 197, 228, 253, 266, 279, 293
– -Richtlinie 46, 58
PCDD 179
PCDF 179
PCP 76, 149, 179, 189, 216, 228
– -Richtlinie 46, 58
persistent 179
Planervertrag 35
Pohlmann-Decke 251
Poissonwert 179
POP-
– Abfall-Überwachungs-Verordnung 46, 60
– Verordnung 22, 75, 167
Probenahme 184
Probenahmestrategie 184
Projektor 290
Promabest-Platte 242
Putz 206, 207, 245, 246
Putzfassade 206
PVC-
– Bahnenware 254
– Plattenware 255

R

Radiator 303
Rasterelektronenmikroskop 184
Raumlufttechnische Anlage 186
REACH-Verordnung 22, 167
Referenzwert 185
reproduktionstoxisch 170, 179
Revisionsöffnung 309
Richt- und Leitwert 185
Rippenheizkörper 302
RLT-Anlage 293
Rohrisolierung 193
Rohrleitung, Dämmstoff um 225
Rolltorkasten 274
Rundschnur 211

S

Sachkunde 187
Sachkundiger 87
Sachverständiger 87
–, Schulungsinhalt und Prüfung von 187
Sanierungsunternehmen 91
Sanitäranlage 293
Schadstoffkataster 80
Schadstoffquelle 183
Schadstoff, Quellen und Senken 185
Schaltanlage 284
Schaltraum 283
Schiebe- und Rolltor 274
Schmelzsicherung 286
Sicherheitstür 272
Sicherheits- und Gesundheitsschutzplan (SiGe-Plan) 26, 36
Sockelleiste 257
Spachtel 206, 207, 244
Spritzasbest 239, 282
Spritzasbestkontamination 235
Spritzbrandschutz 225
Stahlbetonskelettbau 209
Stahlbrandschutztür 273
Stahlstütze 209
Ständerfußboden 261
Straßenbelag 191, 194

T

TA
- Lärm 60
Technische
- Baubestimmung 16
- Regel für biologischen Arbeitsstoff 26
- Regel für Gefahrstoff (TRGS) 24
Teeranstrich 219
Teerklebstoff 259
- für Holzboden 264
Teerspachtelmasse 265
TEQ 181
Terrazzoboden 257
TGL 182
Toilettentrennwand 236
Toleranzkonzentration 182
Toleranzrisiko 182
Tor 266
Transformator 291
Trapezblechfassade 207
TRGS
- 519 50, 52, 64
- 521 50, 52, 64
- 524 50, 52, 62
- 905 169
Trittschalldämmung 261
Trockenbauwand 236, 237
Tür 266
Türfüllung 272
Türzarge 272

U

Unfallversicherung 28
Unit Risk 182
Untersuchung im Zusammenhang mit der Verwertung/Beseitigung von Abfall 187

V

VDI/GVSS 6202
- Blatt 1 30, 77
VDI-Richtlinie 30, 183
VDI-Sachverständiger Asbest 187
Verantwortungsbereiche 13
Verdachtsmoment 186
Verordnung (EG) Nr. 1272/2008 (CLP-Verordnung) 169
Versorgungsschacht, Verkleidungen von 239
Vorbereitung zur Analyse 184
Vorschrift der Berufsgenossenschaft 14
vPvB-Stoff 178

W

Wandanschlussprofil 244
Wanddämmung 224
Wandputz 245
Wandverkleidung aus Holz 252
Warmdachkonstruktion 220
Wärmedämm-Verbundsystem 208, 211
Wärmeschrank 290
Warmwasserleitung 294, 310
Wartung 43
Waschbetonfassade 213
Wasserleitung 295
Wellplatte 198, 217
Werkvertrag 35
WHO 182
Wilhelmi-Deckenplatte 250

Z

Zaun 196
Zimmertür 271
Zwischensparrendämmung 224